INTELLIGENCE ARTIFICIELLE ET E-GOUVERNANCE EN AFRIQUE

Collection « Afriques en mutations »

Dirigée par Ange Bergson Lendja Ngnemzué (PhD, HDR)

Cette collection accueille des travaux universitaires en sciences humaines et sociales, ainsi que des essais de bonne expertise consacrés à l'Afrique et aux sujets pertinents pour le continent. De facture empirique ou non, les ouvrages de la collection proposent des analyses innovantes ou critiques qui mettent en lumière les racines du présent africain, les logiques endogènes et les transformations qui s'y greffent. L'enjeu est d'explorer au plus près le local et ses rapports au monde, tels qu'ils se construisent sur différents aspects (culturel, politique, économique, diplomatique, etc.) et se confrontent à eux-mêmes ou aux dynamiques importées. Dans le champ des recherches africanistes, ces études montrent un continent profondément diversifié, contemporain et bouillonnant d'inventivité et de créativité humaine, de renouvellement autant sur l'éthique de l'action que sur les techniques de soi. Tous en quête d'innovation, les ouvrages de la collection enquêtent en profondeur, quitte à bouger les lignes traditionnelles d'analyse aux trois niveaux théorique, conceptuel et méthodologique, et à déconstruire les thèses dominantes en cours, qui sont parfois construites hors-sol.

Série "EXPERTS & GRANDS TÉMOINS"

Cette série accueille des essais de gouvernants, cadres ou consultants en retour d'expérience sur les institutions nationales et panafricaines, ou ayant l'Afrique pour terrain d'intervention

Déjà parus

Abdelmadjid Abderahim MAHAMAT, Michel BOUKAR, *Digitalisation et systèmes de santé en Afrique. Potentiel et défis de l'intelligence artificielle dans l'amélioration des soins*, 2025.

Michel BOUKAR, *L'économie numérique au Tchad*, 2025.

Mahamadou Zakari YAOU, *Lutte contre le djihadisme dans l'Alliance des États du Sahel. Contributions et contraintes du Niger*, 2024.

Michel BOUKAR, *Transition vers une économie verte. Bâtir une gouvernance pour l'Afrique et le Tchad*, 2024.

Léonard Beleyo NGUINAMBAYE, *Code civil du Tchad*, 2023.

Magatte WADE, *La Banque africaine de développement, Réformer la gouvernance face au piège de la pauvreté*, 2021.

Rose Pola Pricemou
Michel Boukar

INTELLIGENCE ARTIFICIELLE ET E-GOUVERNANCE EN AFRIQUE

Vers une administration publique transparente et plus efficace

Préface d'Amadou Oury Bah,
Premier ministre de la République de Guinée

L'Harmattan

5-7, rue de l'École-Polytechnique - 75005 Paris
www.editions-harmattan.fr
ISBN : 978-2-336-55253-8
EAN : 9782336552538

Préface

Par Amadou OURY BAH,
Premier ministre de la République de Guinée

L'intelligence artificielle et l'e-gouvernance ne sont plus des concepts réservés aux sphères académiques ou aux pays technologiquement avancés. Ils façonnent déjà, en profondeur, les dynamiques administratives dans plusieurs régions du monde, y compris en Afrique. L'ouvrage que vous tenez entre les mains s'inscrit dans cette dynamique. Il propose une analyse à la fois lucide et ambitieuse des transformations à l'œuvre dans les administrations publiques africaines sous l'effet des technologies numériques. Il offre des clés de lecture pour comprendre comment le numérique (et notamment l'IA) peut renforcer la performance des institutions, améliorer l'accessibilité des services publics et accroître la transparence administrative. En ce sens, ce livre est bien plus qu'un exercice de réflexion : il constitue un véritable outil de projection et de construction politique.

Mon attachement à ce travail repose sur trois raisons que je tiens à partager. La première est la pertinence du thème, qui rejoint les préoccupations prioritaires de nos États dans leur quête de modernisation. Le lien entre numérisation et efficacité gouvernementale est ici abordé avec sérieux, loin des effets d'annonce. La deuxième raison tient au profil singulier des auteurs, qui sont deux ministres africains en fonction et précisément chargés du portefeuille de l'économie et du développement numérique dans leurs pays respectifs : Mme Rose POLA PRICEMOU au gouvernement de la République de Guinée, et le Dr Michel BOUKAR au sein du gouvernement de la République du Tchad. Dans cet ouvrage, ces deux ministres combinent savoir pratique et culture de la recherche pour mettre en commun leurs expériences respectives du Tchad et de la Guinée. Enfin, ce travail se distingue par sa densité intellectuelle : la démonstration est étayée par des données empiriques, des cas concrets et une bibliographie rigoureuse. Ce qui confère à l'ensemble une grande solidité scientifique et opérationnelle.

L'un des apports majeurs de cet essai réside dans sa capacité à articuler théorie et action publique. Il éclaire les multiples dimensions de la gouvernance numérique, notamment ses fondements conceptuels, ses retombées pratiques, ses défis spécifiques au continent africain. Il met en évidence que la révolution numérique ne se limite pas à l'automatisation des tâches ou à la mise en ligne des services. Elle transforme les rapports de l'État aux citoyens, les chaînes de décision, les équilibres internes à l'administration. Cette transformation affecte aussi la légitimité des institutions, dans la mesure où elle redéfinit les conditions d'accès, d'inclusion et de redevabilité.

Dans cette perspective, l'administration publique apparaît comme un espace stratégique, longtemps à l'écart du mouvement de digitalisation qui a déjà bouleversé d'autres secteurs — comme la banque, l'éducation ou la santé. Ce retard est analysé de manière nuancée, à partir de cas précis (la Guinée, le Tchad, le Sénégal), qui montrent que, malgré des contextes variés, des initiatives de transformation numérique sont bel et bien en cours. Le livre en rend compte avec rigueur, mais sans complaisance. Il montre les avancées, identifie les blocages et propose des leviers pour franchir un cap.

Au-delà de l'analyse, ce travail est aussi un manifeste pour une Afrique qui pense et structure son propre modèle de gouvernance numérique. L'écriture à quatre mains entre deux responsables politiques africains donne à cet essai une portée symbolique forte. Elle incarne l'idée que les transformations les plus profondes se construisent dans la coopération, l'échange d'expériences et la mise en commun des réflexions. Cette démarche est à saluer, car elle rompt avec l'isolement institutionnel et invite les dirigeants africains à penser ensemble des politiques publiques adaptées à leurs réalités, sans attendre que les standards viennent d'ailleurs.

Le plan de l'ouvrage, articulé en quatre chapitres, illustre cette ambition. D'abord, un cadrage théorique solide, qui introduit les notions de gouvernance numérique et d'e-gouvernance, en les situant dans le contexte africain. Ensuite, une exploration des usages possibles de l'intelligence artificielle dans les services publics, à travers des exemples concrets. Vient ensuite une série d'études de cas sur les initiatives en cours dans plusieurs pays, avant de conclure par des propositions structurées pour un déploiement réfléchi et maîtrisé des outils numériques dans la gouvernance.

Ce travail a d'autant plus d'intérêt qu'il ne perd jamais de vue les spécificités des contextes africains : infrastructures parfois fragiles, formation inégale des agents, cadre juridique en construction, attentes sociales fortes. Loin de plaquer des modèles venus d'ailleurs, les auteurs s'efforcent de penser le gouvernement numérique depuis l'Afrique, en prenant appui sur les pratiques, les besoins, mais aussi les tensions locales. C'est ce qui donne à leur approche sa profondeur et son caractère utile.

Ce livre doit être lu comme un signal : il est temps que nos États passent à une nouvelle étape dans l'organisation des services publics. Il est temps que les administrations se saisissent pleinement des potentialités du numérique, non pour se moderniser dans l'abstrait, mais pour mieux répondre aux attentes de nos concitoyens, en particulier les jeunes générations qui sont déjà connectées, informées et en demande de résultats.

En tant que Premier ministre, je mesure l'ampleur de la tâche. Mais je suis également convaincu que les réformes numériques sont à notre portée, si elles sont pensées avec méthode, avec sens du bien public et en concertation avec tous les acteurs concernés : administrations, chercheurs, opérateurs privés, citoyens.

Puisse cet ouvrage servir de boussole à tous ceux qui, en Afrique, œuvrent à une gouvernance publique plus moderne, plus lisible, plus inclusive. Qu'il inspire d'autres publications, d'autres coalitions, d'autres innovations. Et qu'il contribue à construire un horizon politique où la technologie ne soit pas une fin en soi, mais un levier pour mieux gouverner et mieux servir.

Conakry, le 3 avril 2025.

Amadou OURY BAH,
Premier ministre de la République de Guinée

Abréviations et acronymes

ACBF : Fondation pour le Renforcement des Capacités en Afrique
ACE : Africa Coast to Europe
ADLI : Industrialisation fondée sur le Développement agricole
AfCoP : Communauté africaine de Pratiques
AFD : Agence française de Développement
AMV : Vision minière pour l'Afrique
BAD : Banque africaine de Développement
CAE : Communauté d'Afrique de l'Est
CEDEAO : Communauté économique des États de l'Afrique de l'Ouest
CER : Communauté économique régionale
CGP : Contrat de Gestion de Performance
DEL : Diodes électroluminescentes
DFE : Dispositif fiscal électronique
ECA : Commission économique pour l'Afrique
FMI : Fonds Monétaire International
GFP : Gestion financière publique
GTP : Plan de croissance et de transformation
IA : Intelligence artificielle
ITIE : Initiative de Transparence des Industries extractives
LCC : Comité du Contenu local
LPA : Plan d'Action de Lagos
MRI : Mobilisation des Ressources intérieures
NEPAD : Nouveau Partenariat pour le Développement de l'Afrique
NSRC : Network Startup Resource Center
OCDE : Organisation de Coopération et de Développement économique
ODD : Objectifs de Développement durable
ONG : Organisation non gouvernementale
ONU : Organisation des Nations Unies
OUA : Organisation pour l'Unité africaine
PCT : Plan de Croissance et de Transformation
PIB : Produit intérieur brut
PPP : Partenariats publics privés
RASCOM : Réseau africain de Communication par Satellite
SADC : Communauté de Développement de l'Afrique Australe
SDI : Stratégie de Développement industriel
SE : Suivi et Évaluation
SEAF : Cadre de six activités efficaces
SGG : Système de Gestion du Genre
TIC : Technologies de l'Information et de la Communication
TSP : Tableau de suivi de la performance

TVA : Taxe sur la Valeur ajoutée
UA : Union africaine
UIT : Union Internationale des Télécommunications
UMA : Union du Maghreb arabe
UNECA : Commission économique des Nations Unies pour l'Afrique
UNESCO : Organisation des Nations Unies pour l'Éducation et la Culture
WACS : West Africa Cable System

Introduction générale

La célérité avec laquelle notre société et nos modes de vie se transforment sous l'effet des technologies numériques est tout à fait inédite[1]. L'intelligence artificielle (IA) est certainement l'un des principaux moteurs de cette transformation, au cœur d'un nombre croissant de services qui peuplent déjà notre quotidien. Ce terme « d'IA », dont le contenu a substantiellement évolué depuis sa création en 1955, a été réenchanté depuis le début des années 2010 et désigne désormais les divers algorithmes d'apprentissage automatique (*machine learning*, comme l'apprentissage profond *deep learning*), dont les résultats des traitements sont apparus comme particulièrement spectaculaires non seulement pour la reconnaissance d'images ou de sons, mais aussi pour le traitement du langage naturel.

1. Atouts et défis pour les décideurs publics

Les décideurs publics promeuvent depuis plusieurs décennies le développement de l'informatique et des technologies numériques, convaincus par les promesses d'amélioration de la vie administrative, ainsi que par les perspectives de profits économiques toujours plus vertigineuses qui se comptent désormais en milliards de milliards d'euros[2]. Dans la compétition du développement de l'IA en particulier, la Commission européenne est intervenue en avril 2021 pour s'efforcer de canaliser l'effervescence des initiatives[3]. L'idée pour les régulateurs de l'Union européenne est d'utiliser le droit à la fois comme instrument de stimulation et de développement du marché intérieur, au vu de la très intense activité commerciale autour de l'IA, et comme technique d'encadrement de l'emploi de ces nouveaux outils pour prévenir les risques importants qu'ils font courir sur le respect d'un certain nombre de droits et valeurs parmi les plus fondamentaux[4].

Le futur de la gouvernance de cette technologie s'annonce donc aujourd'hui plutôt équilibré, entre objectifs économiques, respect des droits de l'Homme et exigences éthiques, avec des organisations intergouvernementales qui paraissent

---

[1] Scherer, M. U. (2016). « Regulating Artificial Intelligence Systems: Risks, Challenges, Competencies, and Strategies. », *Harvard Journal of Law & Technology*, 29(2), 353-400.

[2] Hildebrandt, M. (2015). Smart Technologies and the End(s) of Law: Novel Entanglements of Law and Technology. Edward Elgar Publishing

[3] European Commission. (2021). Proposal for a Regulation Laying Down Harmonised Rules on Artificial Intelligence (Artificial Intelligence Act) and Amending Certain Union Legislative Acts. COM (2021) 206 finals.

[4] Floridi, L., & Cowls, J. (2019). "A Unified Framework of Five Principles for AI in Society." *Harvard Data Science Review*,

s'accorder sur la nécessité de mettre en place des mécanismes de vérification des IA avant leur mise en service ou leur introduction sur le marché[1].

En l'état, on pourrait se satisfaire du chemin parcouru en si peu de temps, en se rappelant qu'il aura fallu des décennies dans d'autres domaines industriels, comme la pharmaceutique, pour parvenir à cette forme de maturité[2]. Pour autant, la capacité de certains de ces nouveaux instruments juridiques à prévenir efficacement les violations des droits fondamentaux et créer une véritable « IA digne de confiance » reste discutable pour certains[3]. Mais c'est bien plus dans l'examen des préambules de ces textes de régulation que se révèle un problème de fond bien plus structurel : les discours des organisations intergouvernementales se répondent avec un appareil critique relativement identique, créant ainsi une forme de consensus consistant à ne s'interroger que sur les risques d'atteintes aux droits et libertés des individus, mais sans jamais interroger la pertinence du véritable projet de société que sous-tendent ces nouvelles technologies[4]. Ainsi, un certain nombre de grands défis paraissent avoir été notablement sous-estimés ces dernières années et au moins trois séries d'actions mériteraient de s'imposer dans les priorités des régulateurs : déconstruire le consensus sur la neutralité des technologies numériques et de l'intelligence artificielle ; objectiver les capacités des systèmes d'intelligence artificielle ; évaluer la soutenabilité environnementale du modèle d'une société numérique[5].

L'intelligence artificielle n'est plus un thème d'anticipation pour amateurs de science-fiction. Elle s'est installée depuis une dizaine d'années dans de nombreux secteurs d'activité : industrie, administrations, santé, services, commerce…, dans la continuité de l'ère de la digitalisation entamée dans les années 2000. La Commission européenne propose une définition de l'IA, en la considérant comme un « ensemble de logiciels qui est développé au nom d'une ou plusieurs techniques et approches, qui peut, pour un ensemble donné d'objectifs définis par l'homme, générer des résultats tels que des contenus, des prédictions, des recommandations ou des décisions influençant les environnements avec lesquels il interagit »[6].

---

[1] World Economic Forum (2020). AI Governance: A Holistic Approach to Managing AI Risks. World Economic Forum White Paper

[2] Jordan, M. I., & Mitchell, T. M. (2015). "Machine Learning: Trends, Perspectives, and Prospects." *Science, 349* (6245), 255-260.

[3] Jobin, A., Ienca, M., & Vayena, E. (2019). "The Global Landscape of AI Ethics Guidelines." *Nature Machine Intelligence,* 1 (9), 389-399

[4] Nemitz, P. (2018). "Constitutional Democracy and Technology in the Age of Artificial Intelligence." *Philosophy & Technology,* 31(4), 521-535

[5] European Environment Agency. (2020). Artificial Intelligence and Environmental Sustainability: Key Issues and Policy Implications. EEA Report No 15/2020.

[6] *Idem.*

2. Inscription de l'IA en contexte ouest-africain

La démocratie n'est pas simplement le fait de conquérir légitimement un pouvoir. Elle est aussi, et surtout dans l'exercice de ce dernier, à travers la mise en place d'administrations et d'institutions républicaines au service des populations. En Afrique de l'Ouest, au-delà de multiples conflits, les contestations et les dénonciations de fraudes qui caractérisent les élections, certains chefs d'État démocratiquement élus tentent bien souvent de se maintenir au pouvoir, au prix de modifier la constitution de leur pays. Dans certains États, les Présidents de la République tentent d'organiser leur propre succession pour se faire remplacer au pouvoir par leur fils ou un proche parent pour éviter d'être poursuivi par la justice après leur mandat.

Par ailleurs, les administrations africaines souffrent de lenteur et de lourdeur dans les procédures. La rigidité administrative conduit le plus souvent à l'impasse et certains citoyens n'hésitent pas à contourner le formalisme administratif en essayant de corrompre des agents de l'État ou en jouant de leurs relations pour bénéficier d'un service public[1]. Aussi, la démocratie en Afrique est marquée par la forte présence dans le champ politique des armées et des milices populaires, de la presse privée, de la société civile et, dans certains pays, des pouvoirs confrériques et religieux[2]. Tous ces acteurs se sentent investis de la mission d'observer et de contrôler, et parfois même de destituer un pouvoir démocratiquement élu[3].

Il convient d'ajouter à ce portrait peu reluisant de l'état de la démocratie en Afrique de l'Ouest, la subordination de l'Administration au pouvoir politique. Il existe, bien souvent, une confusion entre l'État, le parti politique et le pouvoir. Ce qui fait que toutes les décisions sont soumises au pouvoir et à l'approbation du Chef de l'État. Ce dernier n'hésite d'ailleurs pas à transformer le palais de la république en permanence politique pour y organiser des *meeti. Cette ngs* politique.

C'est dans ce contexte de mal gouvernance que se développent les Technologies de l'Information et de la Communication (TIC) en Afrique de l'Ouest. Les TIC, l'Internet en particulier, suscitent ainsi, en Afrique de l'Ouest et plus largement dans l'ensemble des pays africains en voie de développement, l'espoir d'une meilleure gouvernance, celle qui repose sur une mise à contribution des TIC au service des administrations. C'est pour nommer une telle évolution majeure qui s'éveille en Afrique qu'on parle aujourd'hui de « gouvernance électronique » sur le continent. De ce fait, qu'est-ce que la gouvernance

---

[1] Chabal, P., & Daloz, J. P. (1999). Africa Works: Disorder as Political Instrument. James Currey and Indiana University

[2] Olukoshi, A. O. (2002). The Elusive Prince of Denmark: Structural Adjustment and the Crisis of Governance in Africa. Nordic Africa Institute

[3] Gyimah-Boadi, E. (2004). Civil society and democratic development. *Democratic reform in Africa: The quality of progress*, 5-27.

électronique, et quels sont ses enjeux en Afrique de l'Ouest ? Par gouvernance électronique, le PNUD désigne

> « La manière de diriger et d'administrer propre à un gouvernement en ligne, permettant à celui-ci, grâce à l'utilisation d'Internet et des NTIC, d'améliorer les services publics, de développer la responsabilisation et la transparence dans les relations entre les citoyens et l'Administration, tout en favorisant le développement d'une société de l'information et le processus de démocratisation qui l'accompagne »[1].

Cette définition invite à entendre que « La gouvernance à l'ère du numérique nécessite un changement fondamental vers l'établissement d'une infrastructure publique numérique, y compris une identité juridique numérique, afin de garantir des biens et des services publics innovants et efficaces »[2]. Cette gouvernance électronique met en lumière les enjeux de ce nouveau paradigme pour l'Afrique de l'Ouest. En effet, partout dans cette sous-région, les administrations tentent de mettre en place des mécanismes de gouvernance qui tiennent comptent des possibilités qu'offrent les TIC, afin de mieux répondre aux attentes des populations. L'administration ou la gouvernance électronique est pour ainsi dire une préoccupation majeure des États africains[3]. L'enjeu majeur de la gouvernance électronique en Afrique de l'Ouest consiste alors à œuvrer à une meilleure administration à travers la bonne circulation de l'information administrative, un meilleur rapport entre l'Administration et les citoyens, mais surtout l'existence de services en ligne qui concourent à une meilleure implication des populations au processus décisionnel les concernant[4]. C'est d'ailleurs la même vision que défendent les Nations Unies selon qui la gouvernance électronique peut améliorer la rapidité et l'efficacité de toutes les opérations administratives en diminuant leur coût, en renforçant les capacités managériales des administrations et en facilitant la gestion de la documentation et des archives[5].

Avec la montée en puissance des ordinateurs, le processus de travail manuel a été considérablement réduit. Maintenant que les ordinateurs sont utilisés presque dans tous les secteurs, les êtres humains en dépendent fortement. Comme nous sommes totalement entourés de systèmes informatiques, cela a donné aux humains une pensée générale du type « Une machine peut-elle penser et se

---

1 UNDP « Digital Guides — Biens et services publics inclusifs et préparés pour l'avenir » article disponible sur https://digitalguides.undp.org/fr/guide/inclusive-and-future-smart-public-goods-and-services.

2 *Idem.*

3 Heeks, R. (2002). "E-Government in Africa: Promise and Practice." Information Polity, 7(2-3), 97-114

4 United Nations Department of Economic and Social Affairs (UNDESA). (2018). United Nations E-Government Survey 2018: Gearing E-Government to Support Transformation towards Sustainable and Resilient Societies. UNDESA

5 Oyelaran-Oyeyinka, B., & Lal, K. (2005). Internet Diffusion in Sub-Saharan Africa: A Cross-Country Analysis. Telecommunications Policy, 29(7), 507-527

comporter comme les humains ? ». Bien que ce soit une pensée générale, la curiosité d'esprit dont elle est enceinte conduit au développement de l'intelligence artificielle (IA). Le développement de l'IA a commencé avec l'intention de développer une intelligence dans des machines qui soit similaire à celles de l'homme. L'idée même de créer une intelligence artificielle est de faciliter la vie des humains. Les chercheurs en intelligence artificielle veulent apporter le quotient émotionnel aux machines en même temps que l'intelligence générale.

Les principaux objectifs de l'IA convergent vers la création de systèmes experts. Ces systèmes doivent pouvoir afficher un comportement intelligent : apprendre, démontrer, expliquer et fournir aux utilisateurs les meilleurs conseils. Lorsqu'on parle de la mise en œuvre de l'intelligence dans les machines, cela vise à développer des systèmes qui peuvent comprendre, penser, apprendre et se comporter comme des humains.

Tout comme son utilisation dans la prise de décision administrative, l'IA évolue rapidement. Les administrations publiques sont de plus en plus nombreuses à découvrir le potentiel des systèmes d'IA pour faciliter les processus de prise de décision et améliorer la pertinence des décisions administratives. Parallèlement, l'intérêt croissant porté aux applications d'IA soulève la question, parmi d'autres de nature juridique, de savoir si les règles et principes existants du droit administratif sont suffisamment robustes, directeurs et durables pour réglementer efficacement cette nouvelle forme de prise de décision, étant donné les inquiétudes soulevées par les systèmes d'IA en matière de vie privée, de discrimination, de proportionnalité et de garantie de procédures régulières.

Dans ce contexte, le Comité européen de coopération juridique (CDCJ) du Conseil de l'Europe a commandité une étude comparative sur l'utilisation de l'IA en relation avec le droit administratif[1]. Le rapport qui en est sorti devrait servir d'étude préparatoire à une éventuelle révision du manuel « L'Administration et vous », à la lumière des nouveaux défis que pose l'IA[2]. Compte tenu de cet objectif sous-jacent, l'étude visait à faire le point sur le traitement, par les systèmes de droit administratif de plusieurs États membres du Conseil de l'Europe, des défis que constitue l'ADM en général et l'IA en particulier[3]. Si l'on accorde une attention particulière à la réglementation des systèmes ADM en général, considérant ce faisant les systèmes d'IA comme constituant un sous-ensemble de cette dernière, c'est pour la raison que la version actuelle du manuel « L'Administration et vous » ne s'intéresse guère à l'ADM en tant que telle et qu'une révision potentielle de ce document dans le contexte des systèmes de

[1] Conseil de l'Europe, Comité européen de coopération juridique (CDCJ). (2021). Étude comparative sur l'utilisation de l'intelligence artificielle dans le droit administratif. Conseil de l'Europe.

[2] Conseil de l'Europe. (2019). L'Administration et vous : Guide des relations entre l'administration et le public. Conseil de l'Europe

[3] Wirtz, B. W., Weyerer, J. C., & Geyer, C. (2019). "Artificial Intelligence and the Public Sector— Applications and Challenges." *International Journal of Public Administration,* 42(7), 596-615

prise de décision fondés sur l'IA ne peut négliger l'existence des systèmes ADM[1].

3. Popularisation d'une invention intrigante

Cinquante-cinq ans après sa création en 1956 au Dartmouth College, l'IA continue de susciter enthousiasme, espoirs, intérêt, aussi bien que méfiance, incrédulité ou oppositions farouches dans les milieux scientifiques et professionnels et dans le grand public. L'idée d'intelligence artificielle a été popularisée par une série d'ouvrages et films de science-fiction, de robots, et de jeux vidéo. Tout jeu de simulation a un personnage « IA » qui pilote les opposants artificiels aux joueurs humains. Des films tels qu'A.I. (Spielberg) ou I, Robot (Proyas, inspiré des écrits d'Isaac Asimov), ont présenté des robots humanoïdes dotés d'intelligence et de sensibilité égales à celles des humains, et capables de les affronter.

En marge de la science-fiction et de l'imaginaire cinématographique, des recherches sur l'intelligence artificielle et la robotique ont cependant permis des avancées concrètes dans de nombreux domaines. En informatique, la programmation-objet hérite des recherches des années 60-70 sur la représentation des connaissances. Dans les années 80, les systèmes experts ont permis de découvrir des gisements pétroliers, de superviser des procédés chimiques, de configurer automatiquement des ordinateurs personnels, de diagnostiquer des maladies. Les systèmes artificiels de vision de robots d'aujourd'hui s'appuient sur des dizaines d'années de recherche en reconnaissance de formes et vision par ordinateur.

Le niveau de performance actuelle en compréhension de la parole permet de réaliser des serveurs vocaux d'une très grande adaptabilité au locuteur, avec une bonne fiabilité des réponses[2]. Les moteurs de recherche sur le Web peuvent classer automatiquement leurs résultats dans des catégories prédéfinies[3]. C'est dès 1994 que le champion du monde du jeu de dames a été battu par un ordinateur, Shinook, qui, par la suite, a complètement résolu le jeu (l'ordinateur est certain de gagner dès l'entame). En 1997, le champion du monde d'échecs, Gary Kasparov, a été battu par la machine Deep Blue, qui disposait d'une capacité de calcul impressionnante pour l'époque. Les capacités d'apprentissage des réseaux neuronaux artificiels permettent à des systèmes industriels de production de détecter en temps réel des défauts sur des produits, des matériaux, sans nécessiter d'intervention humaine. Les algorithmes d'évolution artificielle

---

[1] Busch, C. (2020). "Artificial Intelligence, Platform Competition, and Consumer Welfare: Insights from the European Union." *Journal of European Consumer and Market Law*, 9(3), 113-121

[2] Hinton, G. E., & Sejnowski, T. J. (1999). "Learning and Relearning in Deep Neural Networks." *Nature*, 398, 315-321.

[3] Brin, S., & Page, L. (1998). « The Anatomy of a Large-Scale Hypertextual Web Search Engine. » Computer Networks and ISDN Systems, 30(1-7), 107-117

(ou algorithmes génétiques) produisent des solutions à des problèmes complexes d'optimisation que les méthodes numériques traditionnelles ne peuvent pas aborder[1].

L'IA est un domaine complexe aux nombreuses définitions. Elle est caractérisée par un vocabulaire technique et une évolution rapide. En 2018, la Commission européenne a décrit l'IA comme « des systèmes qui affichent un comportement intelligent en analysant leur environnement et en prenant des mesures — avec un certain degré d'autonomie pour atteindre des objectifs spécifiques »[2]. En 2020, l'UNESCO se proposait de définir l'IA comme « des systèmes technologiques capables de traiter l'information par un processus s'apparentant à un comportement intelligent, et comportant généralement des fonctions de raisonnement, d'apprentissage, de perception, d'anticipation, de planification ou de contrôle »[3]. En dehors des débats techniques, les termes IA, apprentissage automatique et prise de décision automatisée sont souvent interchangeables[4]. L'IA est fondamentale dans diverses technologies, telles que la vision par ordinateur, l'analyse d'images médicales, les caméras intelligentes, le traitement du langage naturel, la traduction, la création d'images à partir de textes, les robots apprenants, la reconnaissance faciale et vocale, et l'analyse prédictive.

Au bout du compte, des chercheurs ont conclu qu'en matière d'IA, aucune définition ne s'impose, d'où un problème d'accord sur le sujet[5]. De prime abord, l'IA se comprend comme un dispositif informatique à même d'imiter, voire de dépasser les capacités humaines. Elle est « La capacité d'un système informatique à présenter un comportement intelligent semblable à celui de l'homme, caractérisé par certaines compétences de base, telles que la perception, la compréhension, l'action et l'apprentissage »[6]. Sur la base d'un travail définitionnel, deux autres chercheurs proposent de considérer que « L'IA est la capacité d'un système à identifier, interpréter, faire des inférences et apprendre à partir de données pour atteindre des objectifs organisationnels et sociétaux prédéterminés »[7]. La

---

[1] Goldberg, D. E. (1989). Genetic Algorithms in Search, Optimization, and Machine Learning. Addison-Wesley

[2] Conseil de l'Europe, Comité européen de coopération juridique (CDCJ). (2021). Étude comparative sur l'utilisation de l'intelligence artificielle, *op.cit.*

[3] Sur point, voir UNESCO, « Intelligence artificielle », article disponible sur : https://www.unesco.org.

[4] Kuziemski, M. et Misuraca, G. (2020). Gouvernance de l'IA dans le secteur public : trois histoires des frontières de la prise de décision automatisée dans des cadres démocratiques. *Politique des télécommunications, 44* (6), 101 976.

[5] Wirtz, B. W., Weyerer, J. C., & Geyer, C. (2019). « Artificial Intelligence and the Public Sector—Applications and Challenges. » *International Journal of Public Administration,* 42(7), 596-615

[6] *Ibid.*, p.599.

[7] Mikalef, P., & Gupta, M. (2021). « Artificial Intelligence in Organizations: A Review of the State-of-the-Art and Future Research Directions. » *Journal of Strategic and International Studies,* p.3.

cognition humaine n'est pas prise ici pour objet de comparaison. L'IA est présentée comme un système, l'avantage est de comprendre l'IA à partir d'elle-même, sans la lier à la définition de l'Homme, de la conscience, de la cognition. L'IA est ouverte à son environnement sous la forme de données, donc par une action de traduction, elle analyse tout en apprenant de lui, afin d'accomplir un objectif qui lui a été prescrit. Les questions de la pertinence des objectifs du point de vue sociétal et organisationnel, comme la confiance des citoyens ou le risque technocratique, ne sont pas ici prises en compte[1]. D'où notre proposition : L'IA est un dispositif technique traduisant son environnement sous forme de données afin d'inférer des structures et/ou de générer du contenu ayant un sens en fonction d'un objectif déterminé qui, au sein d'une organisation publique, doit être pertinent d'un point de vue citoyen, sociétal et environnemental, tout en assurant qu'un contrôle soit possible par les organisations et la société.

La technologie numérique diversifie les voies d'accès à l'administration publique, donnant aux utilisateurs la possibilité d'agir en tant que consommateurs de services publics et de choisir la voie par laquelle ils accèdent aux services dont ils ont besoin. Les technologies numériques permettent de se connecter plus facilement et plus rapidement aux services publics depuis son domicile ou son lieu de travail, même lorsque les administrations sont fermées.

Au fil des années, ces développements ont révolutionné la relation entre les administrateurs et les usagers, cette relation est régie par un certain nombre de lois et de règlements, qui peut varier d'un pays à un autre. Le recours à la numérisation ou à l'électronique a augmenté en raison de l'impact de la pandémie de COVID-19 et de l'utilisation de la technologie numérique pour les procédures par les usagers et pour la prestation de services par le gouvernement. Dans ce contexte, Les Agences de développement du numérique, dans le cadre de son mandat de définition de normes techniques pour les services numériques, ont produit un guide de bonnes pratiques à l'intention des administrations pour la conception et la mise en œuvre de la numérisation des services publics.

La numérisation de l'administration publique en Afrique du Sud ou encore les efforts de numérisation de l'administration publique au Bénin se distinguent comme un modèle d'intégration technologique dans la gouvernance[2]. Avec un investissement considérable dans l'infrastructure numérique, notamment les réseaux à large bande et mobiles, les pays ont établi une base solide pour leur e-gouvernement[3]. Ces derniers, parmi les plus avancés au monde, offrent aux citoyens un accès facile à une multitude de services gouvernementaux en ligne,

---

1 Dignum, V. (2018). Responsible Artificial Intelligence: Developing and Using AI in a Responsible Way. Springe

2 Moyo, D. (2016). Africa's Public Sector and E-Government: Models of Digital Transformation. Routledge

3 Binns, R. (2020). « E-Government in Africa: A Comparative Study of South Africa and Benin. » *Government Information Quarterly,* 37(1), 45-58

allant du dépôt de documents à la demande de permis, et même au vote électronique dans certains cas[1].

L'administration intègre efficacement les technologies de l'information et de la communication (TIC) pour améliorer l'efficacité et la réactivité des services publics, utilisant l'intelligence artificielle pour traiter les requêtes et l'analyse de données pour la prise de décisions politiques. Consciente des risques liés à la numérisation, certains pays ont renforcé leur cybersécurité pour protéger les données personnelles et les infrastructures essentielles. Par ailleurs, ils encouragent l'innovation dans le secteur public et favorisent une participation citoyenne accrue, notamment à travers des plateformes numériques participatives, reflétant ainsi son engagement envers une gouvernance ouverte et collaborative.

L'IA offre des possibilités importantes au continent africain. Si les gouvernements parviennent à relever les défis que présente l'IA, celle-ci peut être un moteur de croissance, de développement et de démocratisation[2]. Elle recèle le potentiel d'améliorer la croissance de la productivité en élargissant les possibilités dans des secteurs clefs pour le développement de l'Afrique, notamment l'agriculture, les soins de santé, les services financiers et les services publics. En leur fournissant la possibilité d'accéder à des outils numériques de qualité, l'IA permettra aux travailleurs, aux entrepreneurs et aux entreprises d'être compétitifs au niveau mondial et d'être à l'avant-garde de la transformation économique[3]. En Afrique, l'IA peut aider à résoudre certains des problèmes les plus répandus dans la région : la nécessité de réduire la pauvreté et d'améliorer l'éducation, de fournir des soins de santé et d'éradiquer les maladies, de relever les défis du développement durable, de répondre à la demande croissante de nourriture d'une population en forte croissance et de favoriser l'insertion sociale. L'IA démocratise l'accès à des technologies innovantes et génératrices de productivité pour alimenter la croissance dont le continent a besoin[4].

En outre, l'IA modifie fondamentalement la façon dont le travail est effectué, permettant une allocation plus efficace des ressources, ce qui entraîne une augmentation de la productivité et, dans le cas du gouvernement, une amélioration de la prestation des services aux citoyens. L'IA va aussi générer de nouveaux emplois à forte valeur ajoutée qui requièrent des compétences techniques, comme les emplois d'ingénieurs réseau dans le secteur bancaire ou de programmeurs web dans le secteur du commerce de détail.

---

[1] Okot-Uma, R. (2021). « Digital Transformation and E-Governance in Africa: Opportunities and Challenges. » *African Journal of Information Systems,* 13(3), 23-35

[2] Afolabi, M. (2021). Artificial Intelligence in Africa: Opportunities and Challenges. Springer

[3] Mutsvairo, B., & Mutsvairo, S. (2020). AI and Economic Development: Implications for Africa. Routledge

[4] Katuu, S. (2021). "Digital Transformation and Innovation in Africa: How AI Can Fuel Growth." *Technology in Society,* 64, 101-110

La demande de spécialistes des données, d'experts en robotique et d'ingénieurs en IA augmentera considérablement. De plus, l'IA accroît la valeur des données, renforce les processus cognitifs et améliore les capacités prédictives. Cela devrait permettre aux gouvernements de la région de mener de meilleures politiques et de prendre de meilleures décisions. Toutefois, les obstacles qui se dressent sur le chemin exigent de sérieuses réponses stratégiques. L'IA signifiera des ajustements substantiels pour les travailleurs et les entreprises, et soulèvera de nouvelles questions éthiques qui exigeront des réponses réfléchies.

Les questions de travail et d'éthique sont aggravées par des obstacles plus importants propres à l'Afrique, découlant des lacunes en matière de connectivité, de l'état de préparation des systèmes éducatifs et du problème de la disponibilité des données numériques. L'Afrique doit prendre des mesures décisives pour relever les défis uniques en leur genre auxquels elle se trouve confrontée ; si elle y parvient, toutefois, elle aura la possibilité de rattraper les pays qui ont déjà pris des mesures pour développer l'IA. Ces efforts ne seront pas faciles, mais la voie à suivre est claire. Le succès dépendra de la capacité des gouvernements à renforcer la collaboration entre toutes les parties prenantes, à savoir l'État et la société civile, le monde universitaire, l'industrie et les acteurs nationaux et internationaux. Si ces groupes ensemble relèvent les défis que pose l'IA et tirent parti des possibilités qu'elle offre, l'Afrique récoltera les bénéfices d'un écosystème d'IA dynamique.

Il existe une pénurie de données sur tous les aspects de l'IA en Afrique et la plupart des informations disponibles sont donc anecdotiques[1]. En même temps, il est nécessaire d'apporter, aux niveaux national, régional, continental et international, des réponses stratégiques africaines pour que les innovateurs, les entreprises, les communautés, les gouvernements et les autres parties prenantes du continent soient à même de tirer profit des avantages de l'IA et d'en atténuer les inconvénients[2]. Des approches de politique générale solides seront nécessaires pour permettre aux nations africaines de mettre en place des écosystèmes inclusifs, socialement bénéfiques et adéquatement intégrés aux réalités sur le terrain[3].

Des études antérieures ont souligné l'importance de la numérisation pour diversifier et faciliter l'accès aux services publics. Par exemple, un rapport de l'OCDE (2014) a révélé que les technologies numériques permettent une plus grande accessibilité et inclusivité des services publics, en particulier pour les populations marginalisées. Une étude de Janssen et Estevez[4] a démontré que la

[1] Oxford Insights & International Development Research Centre (IDRC). (2019). AI Readiness in Africa: An Overview. Oxford Insights

[2] Iyer, S., & Adekola, S. (2020). "Strategic Approaches for AI Implementation in Africa: Bridging the Data and Policy Gaps." African Technology Policy Studies Network, 15(2), 112-126

[3] Raji, I. D., & Buolamwini, J. (2020). "Actionable Auditing: Investigating the Impact of Public Policy on AI in Africa." Journal of African Policy Studies,

[4] Janssen, M., & Estevez, E. (2013). "Taming Complexity in Digital Governance: A Systematic Review of E-Government Research." Government Information Quarterly, 30(4), 309-317.

numérisation améliore non seulement l'efficacité des services publics, mais aussi la transparence et la responsabilité des administrations publiques. En se connectant aux services publics en ligne, les utilisateurs peuvent contourner les limitations des heures d'ouverture traditionnelles, comme l'a souligné une recherche consacrée, qui a mis en lumière comment les services en ligne augmentent la satisfaction des usagers et l'efficacité des services publics[1].

Au Maroc, la numérisation des services publics a transformé les interactions entre les citoyens et l'administration, soutenue par une série de lois et de réformes visant à instaurer la confiance et à clarifier les procédures administratives, selon une étude de Ben Moussa et coll. (2020)[2]. Cette transformation a été accélérée par la pandémie de COVID — 19, obligeant les administrations à adopter des solutions numériques pour continuer à fournir des services de manière efficace et sécurisée. La numérisation des services publics non seulement diversifie et facilite l'accès aux services, mais elle est également essentielle pour améliorer la transparence, l'efficacité et la satisfaction des usagers, comme le confirment de nombreuses études et initiatives législatives.

Les études précédentes ont montré que la numérisation diversifie et facilite l'accès aux services publics, améliorant l'inclusivité, surtout pour les populations marginalisées[3]. Janssen et Estevez[4] ont montré que la numérisation renforce l'efficacité, la transparence et la responsabilité des administrations publiques[5] a révélé que les services en ligne augmentent la satisfaction des usagers en contournant les contraintes des horaires traditionnels. Au Maroc, la numérisation, soutenue par des lois et des réformes, a transformé les relations entre citoyens et administration, et a été accélérée par la pandémie de COVID-19, nécessitant des solutions numériques pour maintenir les services. Ainsi, la numérisation est cruciale pour améliorer la transparence, l'efficacité et la satisfaction des usagers[6].

Le rôle que jouent la gouvernance et la qualité institutionnelle au sein de la société évolue de manière rapide et continuelle. Cette évolution semble s'être accélérée au cours des vingt dernières années, principalement en raison de l'adoption massive des technologies de l'information et des processus de

[1] Bertot, J. C., Jaeger, P. T., & Grimes, J. M. (2012). "Promoting transparency and accountability through ICTs, social media, and collaborative e-government." Transforming Government: People, Process and Policy, 6(1), 78-91.

[2] Ben Moussa et coll. (2020). Les mèmes Internet en tant qu'action sociale « tactique » : une approche multimodale d'analyse critique du discours, *Revue internationale de communication*, Vol. 14, disponible sur https://ijoc.org/index.php/ijoc/issue/view/16

[3] Organisation de Coopération et de Développement économiques (OCDE). (2014). E-Government Survey 2014: E-Government for the Future We Want. OCDE

[4] Janssen, M., & Estevez, E. (2013). "Taming Complexity in Digital Governance..., *op.cit.*

[5] Bertot, J. C., Jaeger, P. T., & Grimes, J. M. (2012). « Promoting transparency... », *op. cit.*

[6] West, D. M. (2017). Digital Government: Technology and Public Sector Performance. Brookings Institution Pres

libéralisation des États et de mondialisation de l'économie. Aussi, le renforcement de la concurrence pour l'attraction de l'investissement étranger entre les pays émergents, à l'instar des pays du Sud-Est asiatique, les pays d'Amérique latine et les pays de l'Afrique du Nord et du Moyen-Orient exposent les sites d'implantations à plusieurs exigences autres que la taille du marché et son dynamisme. En effet, les investisseurs étrangers exigent des fondamentaux macroéconomiques, un bon environnement des affaires, une bonne qualité de la main-d'œuvre, un bon niveau de développement des infrastructures et des télécommunications, un environnement institutionnel favorable et une certaine stabilité sociale.

D'autre part les activités basées sur la connaissance et le savoir sont devenues de plus en plus importantes et omniprésentes dans le monde entier[1]. Les TIC sont les fondations de ce monde basé sur la connaissance. Elles permettent aux économies d'acquérir et de partager des idées, compétences, services et technologies au niveau local, régional, et mondial. Elles contribuent aussi à rendre l'économie mondiale plus intégrée que jamais[2]. Les TIC peuvent aider à créer et soutenir de nouvelles opportunités de développement économique. Le transfert accéléré de la connaissance et la diffusion technologique amplifient les avantages compétitifs des économies qui apprennent vite[3]. À mesure que les besoins en information pour l'innovation dans les activités économiques et sociales augmentent, l'importance des TIC au sein de l'agenda de développement continuera de croître.

En Algérie, on peut constater que la politique sectorielle des postes et des télécommunications a permis de créer une certaine concurrence et d'améliorer l'accès aux services de communication, notamment la téléphonie mobile, mais ne s'est tout de même pas dotée d'une stratégie claire et cohérente, pour qu'une véritable société de l'information et qu'une économie numérique puisse se matérialiser et booster l'application de la gouvernance électronique.

4. Problématique particulière

L'objet de cette contribution est de cerner l'impact de l'intégration des TIC sur la gouvernance publique et de dresser un état des lieux de la réalité et des limites de cette intégration, largement boostée par l'IA en Afrique. Autrement dit, les TIC peuvent-elles consolider la qualité institutionnelle pour aller vers l'e-gouvernement ? En Afrique et au milieu des différents indicateurs (de développement et de gouvernance électronique) en régression, comment adopter l'e-gouvernement ? Et quels sont les obstacles à surmonter ? La gouvernance électronique, ou e-gouvernance, cherche à tirer avantage des technologies de

1 Castells, M. (2010). The Rise of the Network Society. Wiley-Blackwell

2 Porter, M. E. (2001). Competitive Advantage of Nations: Creating and Sustaining Superior Performance. Free Press

3 World Bank. (2016). World Development Report 2016: Digital Dividends. World Bank Group

Nous examinerons les initiatives réussies et moins réussies de l'intégration de l'IA dans l'e-gouvernance en Afrique, tout en comparant ces expériences avec des exemples d'autres régions du monde, afin d'en tirer des leçons pertinentes pour le contexte africain. Enfin, le quatrième chapitre traitera des perspectives et des recommandations pour une adoption réussie de l'IA dans les systèmes d'e-gouvernance africains. Nous discuterons des stratégies à mettre en œuvre, des défis futurs, ainsi que des implications éthiques et réglementaires.

Chapitre premier :
La gouvernance numérique en Afrique

La gouvernance numérique révolutionne la prise de décision et le management administratif contemporain. Si l'usage des procédés opérationnels et du langage du gouvernement numérique relève désormais de la banalité dans les pays digitalement avancés, la pénétration africaine de cette révolution est soumise à des questions sur la genèse, les stratégies et le périmètre de nécessité de cette innovation qui marquent un nouveau stade de développement des Technologies de l'Information et de la Communication (TIC). Les sections de ce chapitre liminaire se penchent sur ces préoccupations enceintes d'enjeux colossaux. Nous cherchons d'emblée à cerner les contours de la gouvernance numérique et de l'e-gouvernance (1,1), à synthétiser le contenu des approches théoriques de la gouvernance (1,2) et à préciser les enjeux africains de ce concept (1,3). Par suite sera présenté un état des lieux de l'implémentation et des changements de l'e-gouvernance, avec le Sénégal, la Guinée et le Tchad comme cas illustratifs (1,4). Le développement de l'e-gouvernance au Tchad sera particulièrement analysé (1,5), de même que les enjeux et les défis de l'e-gouvernance sur le continent (1,6), ainsi que les impacts socioéconomiques de cette innovation sur les populations africaines (1,7).

1.1. Gouvernance numérique et e-gouvernance

1.1.1 L'e-gouvernement

L'e-gouvernement est un concept qui est apparu dans l'administration publique vers la fin des années 1980[1]. Dans la littérature, on remarque que le domaine est en constante évolution, que ce soit au niveau du mode d'application sur le terrain qu'au niveau des recherches réalisées. Comme plusieurs concepts scientifiques, l'e-gouvernance n'a pas eu de définition arrêtée faisant l'unanimité auprès des scientifiques et des experts.

On trouve par ailleurs un grand nombre de définitions et de classifications de ce concept dans plusieurs écrits de source institutionnelle. De cette littérature évolutive émerge une dizaine de définitions émanant de plusieurs organisations (OCDE, ITA, EzGov, Anderson consulting, Gartner group…)[2]. En dépit de cette pluralité, deux idées consensuelles émergent de la définition du gouvernement en ligne : d'une part, l'application des TIC et, d'autre part, l'amélioration des

---

[1] St-Amant G., Renard L. (2004), Théorisation d'un premier référentiel des connaissances pour développer les capacités organisationnelles de l'Administration électronique, Centre de recherche en Gestion 02-2004

[2] Gartner Group. (2005). The Role of ICT in Government Modernization

relations du gouvernement avec l'ensemble des parties prenantes internes et externes. Dans la présente étude, l'e-gouvernance est un concept plus large que l'e-gouvernement. Il rassemble de manière très explicite les trois domaines de l'e-administration, l'e-démocratie et de l'e-société[1]. Plusieurs travaux, antérieurement produits au début des années 2000, ont permis de forger et de déduire cet attelage et ce rassemblement[2].

Par exemple, une recherche de l'OCDE affirme que l'e-gouvernement consiste dans « l'utilisation des technologies de l'information et de la communication, dans le but d'améliorer la gestion des affaires publiques. Ceci mène à l'amélioration des services et à un plus grand engagement des citoyens dans le processus d'élaboration des politiques »[3]. Cette définition met l'emphase sur les outils utilisés (les TIC) et les objectifs poursuivis avec une vision tournée davantage vers le citoyen que vers l'organisation. « L'e-gouvernement est l'application des NTIC pour améliorer l'efficacité et le rendement, créer de la transparence et rendre compte des échanges et transactions d'informations, avec le gouvernement, entre gouvernement et agences de gouvernement au niveau national, local et régional »[4]. Il s'agit d'une innovation qui change les relations fondamentales sur plusieurs points : l'e-gouvernement « réinvente les activités du gouvernement, transforme la nature de la gouvernance en affectant les rôles et les relations entre état d'un côté, les citoyens et les professionnels de l'autre, informe et engage la citoyenneté, améliore la communication bidirectionnelle entre les représentants. »[5] L'e-gouvernement est perçu comme un moyen de moderniser l'État dans ses modes de fonctionnement et de gouvernance, notamment en permettant de rapprocher le citoyen de l'État ou de simplifier la vie des entreprises[6]. Dans ce sens, le concept « e-gouvernement » est un nouvel axiome soumis aux administrations publiques des pays démocratiques. Pour autant, dans une perspective aussi fondamentale que celle du désengorgement de l'état, ce nouvel outil de gestion administrative peine à être intégrée pour faire la preuve de son efficacité et ainsi permettre de mesurer les enjeux soulevés par une équation somme toute assez

---

[1] St-Amant, C., & Renard, M. (2005). E-Governance: Theory and Practice. *International Journal of Electronic Government Research*

[2] Notamment Heeks, R. (2001). "Understanding e-Governance for Development*", i-Government Working Paper Series,* Paper No 11: Tan, C. W., Pan, S.L. & Lim, E. (2003), « E-governance: towards a strategic convergence of stakeholder interests », conférence paper ; Coe, A., Paquet, G. et Roy, J. (2001) E-gouvernance et communautés intelligentes : un défi d'apprentissage social. *Revue d'informatique en sciences sociales,* 19, 80-93.

[3] OCDE. (2002), « Projet de l'OCDE sur l'administration électronique : principales questions et conclusions », Paris, p.12.

[4] *Idem.*

[5] Saidi, N., et Yared, H. (2003). « e gouvernement : la technologie au service de la bonne gouvernance, du développement et de la démocratie dans les pays de la région MENA ». *Forum de recherche économique.*

[6] Boudreau, 1, C. (2009). Qualité, efficience et efficacité de l'administration numérique à l'ère des réseaux : l'exemple québécois. *Revue française d'administration publique*, (3), 527-539.

simple : l'e-gouvernement = e-administration + e-démocratie[1]. Derrière le terme d'e-gouvernance, on retrouve toutes les mesures d'administration publique, d'institution qui doivent être comprises comme ayant principalement une amélioration de la performance externe, mais également interne en prenant en considération les tâches définies et la satisfaction des besoins clients[2].

La gouvernance numérique se réfère à la gestion, la régulation et la direction des ressources, des politiques et des infrastructures numériques au sein d'une organisation ou d'une société. Elle englobe plusieurs aspects : développement et mise en œuvre de règles, lois et normes pour encadrer l'utilisation des technologies numériques, la protection des données personnelles, la cybersécurité et la lutte contre la désinformation. Elle intègre aussi la planification et la gestion des infrastructures numériques, telles que les réseaux, les systèmes informatiques, et les plateformes en ligne. Cette gouvernance doit aussi s'assurer que les processus de décision liés au numérique sont ouverts, clairs et responsables. Cela inclut la manière dont les données sont collectées, utilisées et protégées.

1.1.2 Définition de l'e-administration

La gestion électronique, également connue sous le nom de e-gestion, fait référence à l'utilisation des technologies de l'information et de la communication (TIC) pour repenser, moderniser et optimiser les processus de gestion dans les institutions publiques[3]. Cette approche vise à numériser les activités gouvernementales, depuis les services publics jusqu'aux interactions entre les citoyens et le gouvernement, en tirant parti d'outils électroniques, tels que les plateformes en ligne, les applications mobiles et les systèmes informatiques[4]. Les objectifs fondamentaux du gouvernement électronique sont d'améliorer l'efficacité opérationnelle, d'accroître la transparence, de faciliter l'accès aux services publics et d'améliorer la communication entre les agences gouvernementales et le public[5]. Aussi,

> « … l'administration électronique doit être généralisée selon une approche intégrée permettant aux différents départements et aux divers services un accès commun aux informations. De fait, l'utilisation des nouvelles technologies de l'information contribue à faciliter l'accès, dans les plus brefs délais, du citoyen aux prestations sans qu'il soit nécessaire de se déplacer souvent à l'administration et s'y frotter, car c'est là la cause

---

[1] Bernier, N. F. (2003). Le désengagement de l'État providence. Pum.
[2] Gerbod, D., & Paquet, F. (2001). Les clés de l'e-administration : vade-mecum de l'administration électronique. Ed. EMS.
[3] UN Department of Economic and Social Affairs. (2016). E-Government Survey 2016: E-Government in Support of Sustainable Development. United Nations
[4] World Bank. (2018). Digital Government: Transforming Public Services. World Bank Group
[5] European Commission. (2019). eGovernment Benchmark 2019: Empowering the Citizens.

principale de l'extension du phénomène de corruption et du trafic d'influence »[1].

En adoptant les technologies numériques, l'e-gouvernement vise à rationaliser les procédures, à réduire les délais et à promouvoir une gouvernance plus réactive et plus adaptable aux besoins changeants de la société dans un environnement de plus en plus interconnecté. L'e-administration est une représentation restreinte de l'e-gouvernement, elle réfère juste aux affaires administratives[2]. L'e-administration vise l'amélioration de l'ensemble des processus administratifs internes et externes du gouvernement[3]. Elle représente un domaine d'activités divisé en deux types : par sous-domaines et suivant la principale partie prenante. L'e-administration est l'intégration progressive, entre les processus de logistique en interne et les processus de livraison des services aux citoyens[4]. On peut retrouver deux composantes derrière l'e-administration : l'e-service, qui est l'ensemble des processus de prestation électronique pour fournir les services aux citoyens, et l'e-logistique, qui est l'ensemble des processus électroniques de support.

L'e-service est une composante du *front-office*, tandis que l'e-logistique est une composante du *back-office*[5]. Le front office englobe les services fournis pour le citoyen, tandis que le *back-office* est l'ensemble des activités de support qui permettent de livrer les activités de services du *front-office*[6]. L'e-service est défini comme l'ensemble des services interactifs fournis sur Internet en utilisant des TIC et des technologies de multimédias avancées[7]. Les projets E-services sont une occasion unique de transformer la stratégie de gouvernement en développant de nouveaux services. L'e-service est le résultat du succès de l'e-commerce, dont la maîtrise des outils technologiques a amené à étudier la manière d'atteindre des résultats semblables dans l'administration publique. Il y a cependant des différences significatives entre les secteurs publics et privés, qui devraient être prises en considération. La différence la plus emblématique est l'absence de toute force du marché, qui conditionne, par exemple l'e-commerce.

---

[1] Discours de Sa Majesté le roi MOHAMMED VI à l'occasion de l'ouverture de la première session de la première année législative de la 10e législature, vendredi 14 octobre 2016

[2] Montagna, J. M. (2005). Un cadre pour l'évaluation et l'analyse des propositions gouvernementales électroniques. *Recherche et applications du commerce électronique*, *4* (3), 204-219.

[3] St-Amant, G. (2005). « E-Gouvernement : cadre d'évolution de l'administration électronique ». *Systèmes d'information et Management, 10* (1), 15.

[4] Gerbod, D., & Paquet, F. (2001). Les clés de l'e-administration : vade-mecum de l'administration électronique. Ed. EMS.

[5] St-Amant, C., & Renard, M. (2005). E-Governance: Theory and Practice. International Journal of Electronic Government Research, 1(2), 1-18

[6] St-Amant, C., & Renard, M. (2005). E-Governance: Theory and Practice. International Journal of Electronic Government Research, 1(2), 1-18.

[7] Boyer, C., & others. (2002). E-Service: Interactions on the Internet. *Journal of Internet Commerce.*

Il n'est donc pas possible de considérer l'administration publique en tant qu'agence livrant des services.

1.1.3 Le rôle de l'e-gouvernance dans le tissu économique

La gouvernance électronique joue un rôle important dans la structure économique, car elle offre plusieurs avantages importants qui contribuent à la croissance économique, à l'efficacité des entreprises et à la compétitivité globale. Les avantages les plus importants sont les suivants :

- *Optimisation des processus :* La gestion électronique permet une automatisation efficace des processus administratifs, réduisant ainsi les délais et les coûts associés. Cela améliore l'efficacité de l'organisation et permet un traitement des transactions plus rapide et plus transparent[1].
- *Facilité de faire des affaires :* Les plateformes électroniques simplifient les interactions entre les entreprises et les agences gouvernementales. Les entrepreneurs peuvent soumettre des demandes, traiter des transactions et accéder aux informations connexes par voie électronique, facilitant ainsi leurs activités.
- *Réduction de la paperasse :* Le passage aux processus électroniques réduit le recours à la paperasse traditionnelle, qui favorise non seulement une gestion plus écologique, mais facilite également la gestion des documents pour les entreprises en éliminant le besoin de documents physiques[2].
- *Accès plus facile aux ressources :* Les entreprises ont un accès plus facile aux ressources gouvernementales, telles que les bases de données, les informations gouvernementales et les programmes d'aide qui sont essentiels pour la planification stratégique, la conformité réglementaire et la participation aux opportunités économiques[3].
- *Transparence et responsabilité :* Le gouvernement électronique favorise la transparence dans la prestation des services publics et la prise de décision gouvernementale. Cela crée un environnement plus transparent et renforce la confiance des entreprises et des investisseurs.
- *Innovation d'entreprise et numérisation :* L'introduction de la gestion électronique aide les entreprises à innover et à s'adapter aux nouvelles technologies. En intégrant des solutions numériques dans leurs processus, les entreprises peuvent améliorer leur compétitivité dans un environnement économique en constante évolution.

---

[1] World Bank. (2018). Digital Government: Transforming Public Services. World Bank Group.

[2] OECD. (2020). E-Government for Better Service Delivery and Citizen Engagement. Organisation for Economic Co-operation and Development.

[3] United Nations Economic and Social Commission for Asia and the Pacific (UNESCAP). (2016). The Role of E-Government in Reducing Paperwork and Improving Efficiency.

- *Promouvoir l'entrepreneuriat :* le gouvernement électronique peut réduire les obstacles à l'entrée de nouvelles entreprises et promouvoir l'entrepreneuriat en facilitant les processus administratifs pour stimuler la création d'entreprises et doper l'activité économique.
- *Réduire la corruption :* les processus numériques réduisent les opportunités de corruption en automatisant les transactions et en créant des pistes d'audit électroniques pour un environnement commercial plus éthique et plus équitable. La gestion électronique favorise un environnement économique plus efficace, transparent et innovant, ayant ainsi un effet positif sur la croissance économique et la compétitivité des entreprises.

1.2 Cadre théorique et enjeux africains de la gouvernance

Selon l'Office de la langue française, la gouvernance correspond à la « manière d'orienter, de guider, de coordonner les activités d'un pays, d'une région, d'un groupe social ou d'une organisation privée ou publique »[1]. Pour ce dictionnaire, gouverner, c'est guider ou orienter. La gouvernance est un processus par lequel « les organisations humaines, qu'elles soient privées, publiques ou civiques, prennent elles-mêmes la barre pour se gouverner »[2]. On peut ainsi définir la gouvernance comme « un modèle, ou une structure, qui émergent dans un système sociopolitique en tant que résultat commun de l'interaction de tous les acteurs en présence. Ce modèle ne peut être réduit à un seul acteur ou à un groupe d'acteurs en particulier »[3]. Il a aussi été considéré que, si le terme gouvernance est ancien, il connaît un regain de popularité depuis une décennie. Aujourd'hui, la gouvernance désigne

> « Un mode de gouvernement organisé sur la base d'une coopération, d'un partenariat ou d'un contrat, entre une pluralité d'acteurs aussi bien publics que privés. Il renvoie aussi à toutes les influences touchant les processus de sélection des administrateurs et des dirigeants dans le cadre de l'organisation de la production de biens et de services, ainsi que toutes les influences externes touchant les opérations et/ou les administrateurs »[4].

La gouvernance renvoie à une idée de réunion, de collaboration de l'ensemble des acteurs de la société, quel que soit le niveau. Ainsi, elle s'interprète comme

---

[1] Office de la langue française. (n. d.). Définitions et concepts de gouvernance.
[2] Kooiman, J. (1993). Modern Governance: New Government-Society Interactions. Sage Publications.
[3] *Idem.*
[4] Turnbull, J. (2000). Governance and Accountability in the Public Sector. Journal of Public Administration Research and Theory, 10(3), 509-528.

étant « le résultat de l'interaction du gouvernement, de la fonction publique et des citoyens dans l'ensemble du processus politique »[1].

1.2.1 Cadre théorique de la gouvernance en Afrique

1.2.1.1 Théories de la gouvernance

- *Théorie institutionnaliste*

La théorie institutionnaliste met l'accent sur le rôle crucial des institutions, tant formelles que non formelles, dans la structuration des comportements politiques et économiques au sein des sociétés. Selon cette approche, les institutions sont perçues comme des règles du jeu qui définissent les interactions sociales et politiques. En Afrique, cette théorie s'applique de manière significative, car les institutions héritées de la colonisation continuent d'influencer les modes de gouvernance contemporains. Par exemple, de nombreux États africains ont hérité des structures administratives et juridiques coloniales qui peuvent ne pas correspondre aux réalités culturelles et sociales locales. Cette inadéquation entre les institutions héritées et les pratiques locales peut créer des tensions, des cas de figure d'inefficacité et un manque de légitimité perçu parmi les citoyens. Par conséquent, une analyse institutionnaliste de la gouvernance en Afrique met l'accent sur l'importance de réformer et d'adapter les institutions pour les rendre plus inclusives, représentatives et adaptées aux contextes locaux, tout en préservant la stabilité et la cohérence de l'État[2].

- *Théorie de la gouvernance démocratique*

La théorie de la gouvernance démocratique se concentre sur les principes de participation, de transparence, de responsabilité et de respect de l'État de droit. Elle souligne que, pour qu'un gouvernement soit considéré comme légitime et efficace, il doit impliquer activement les citoyens dans le processus décisionnel et garantir l'accès à l'information, à l'égalité devant la loi et la reddition de comptes. En Afrique, l'application de cette théorie varie largement d'un pays à l'autre. Certains pays, comme le Ghana ou le Sénégal, sont souvent cités comme des exemples de progrès vers une gouvernance démocratique, tandis que d'autres font face à des défis liés à l'autoritarisme, à la corruption et à la répression politique. Dans ce contexte, la théorie de la gouvernance démocratique sert à analyser comment les structures et les processus démocratiques peuvent être

---

[1] Riley, T. B. (2001). The Role of Governance in Public Administration. *Public Administration Review,* 61(1), 89-99

[2] Levitsky, S., & Roberts, K. M. (2011). The Politics of Institutional Reform: Lessons from Latin America and Africa. *Journal of Comparative Politics,* 3(2), 35-55.

renforcés en Afrique pour améliorer la gouvernance. Elle examine également les obstacles culturels, historiques et politiques qui peuvent limiter l'adoption de modèles de gouvernance démocratiques sur le continent[1].

- *Théorie de la gouvernance adaptative*

La théorie de la gouvernance adaptative se concentre sur la capacité des systèmes politiques à évoluer et à s'ajuster en réponse aux changements internes et externes, tels que les chocs économiques, les crises sanitaires, les changements climatiques et les conflits sociaux[2]. Cette théorie est particulièrement pertinente en Afrique, où les États sont souvent confrontés à des défis complexes et multiples. Par exemple, la capacité de réponse aux crises, comme les épidémies d'Ebola ou les conflits armés au Sahel, révèle la nécessité d'une gouvernance capable de s'adapter rapidement aux situations changeantes. Selon cette perspective, les États africains doivent non seulement construire des institutions solides, mais aussi flexibles, capables de s'adapter rapidement et efficacement aux défis émergents[3]. Cela implique une plus grande inclusion des parties prenantes locales, une décentralisation des pouvoirs, et l'innovation dans les politiques publiques pour faire face aux réalités imprévisibles et souvent volatiles de l'environnement politique africain[4].

- *Approches critiques de la gouvernance : dépendance et hybridité*

Enfin, les approches critiques de la gouvernance en Afrique incluent l'analyse de la dépendance à l'égard de l'aide extérieure et de la nature hybride des systèmes de gouvernance sur le continent. La dépendance à l'égard de l'aide internationale est souvent critiquée pour son potentiel à renforcer des régimes autocratiques et à perpétuer des pratiques de gouvernance non transparentes et non responsables. Cette critique est fondée sur l'idée que l'aide extérieure peut parfois servir à consolider le pouvoir des élites politiques plutôt qu'à promouvoir une gouvernance inclusive et participative. Parallèlement, la théorie des systèmes hybrides met en évidence la combinaison de pratiques traditionnelles et modernes de gouvernance en Afrique, où des éléments de gouvernance

---

[1] Bellina, S., Magro, H., & de Villemeur, V. (2008). La gouvernance démocratique : un nouveau paradigme pour le développement. Karthala Éditions.
[2] Folke, C., Carpenter, S. R., Elmqvist, T., Gunderson, L. H., & Walker, B. (2004). Regime Shifts, Resilience, and Biodiversity in Ecosystem Management. *Annual Review of Ecology, Evolution, and Systematics,* 35, 557-581.
[3] Easterly, W. (2001). The Elusive Quest for Growth: Economists' Adventures and Misadventures in the Tropics.
[4] Berkes, F., Colding, J., & Folke, C. (2003). Navigating Social-Ecological Systems: Building Resilience for Complexity and Change

indigène coexistent avec des structures étatiques formelles[1]. Cette hybridité peut être une source de résilience, mais aussi de complexité et de contradiction, car elle mélange des logiques différentes de pouvoir et d'autorité, créant des tensions entre tradition et modernité[2]. En analysant ces dynamiques critiques, on comprend mieux les particularités de la gouvernance en Afrique et les voies potentielles pour améliorer son efficacité et sa légitimité.

1.2.1.2 Concepts clés de la gouvernance en Afrique

- *Néopatrimonialisme en Afrique*

Le néopatrimonialisme est un concept fondamental pour comprendre la gouvernance en Afrique, caractérisé par un mélange de logiques patrimoniales et de structures étatiques modernes. Dans ce système, les relations politiques sont dominées par des réseaux informels et personnels plutôt que par des institutions formelles et impersonnelles[3]. Les dirigeants politiques utilisent leur position pour distribuer des ressources et des privilèges à leurs partisans, consolidant ainsi leur pouvoir et leur influence. Cette forme de gouvernance peut engendrer des pratiques de corruption et d'inefficacité, car les décisions sont souvent basées sur des loyautés personnelles plutôt que sur des critères de mérite ou de justice. En Afrique, le néopatrimonialisme est souvent associé à des régimes autoritaires ou semi-autoritaires où les institutions de l'État sont affaiblies par des pratiques clientélistes et des formes de patronage[4]. Cette dynamique complique la mise en place de réformes institutionnelles et le renforcement de la gouvernance démocratique, car elle favorise la stabilité politique du régime en place au détriment d'une gestion transparente et équitable des ressources publiques.

- *Clientélisme politique*

Le clientélisme politique est un autre concept clé qui joue un rôle crucial dans la gouvernance en Afrique. Il désigne un système où les politiciens offrent des biens et des services en échange de soutien politique et de loyauté. Ce mécanisme est souvent utilisé pour sécuriser des alliances électorales et maintenir une base de soutien stable, avec cependant des implications profondes pour la gouvernance. En Afrique, le clientélisme peut conduire à des pratiques de corruption systémique, où les ressources publiques sont détournées pour satisfaire les besoins

---

[1] Bagayoko-Penone, N., Hutchful, E., & Luckham, R. (2016). Hybridité et gouvernance de la sécurité en Afrique. *Afrique contemporaine, 260* (4), 93-109.
[2] Arnaut, K., Højbjerg, C. K., Raeymaekers, T., & Gibert, M. (2008). Gouvernance et ethnographie en temps de crise. *Politique africaine, 111* (3), 5-21.
[3] Bratton, M., & van De Walle, N. (1997). Democratic Experiments in Africa: Régime Transitions in comparatives Perspective
[4] Van De Walle, N. (2001). African Economies and the Politics of Permanent Crisis, 1979-1999.

immédiats des partisans plutôt que d'être investies dans des projets de développement durable. Cette pratique non seulement érode la confiance des citoyens dans les institutions publiques, mais elle compromet également l'efficacité des politiques publiques. Les défis liés au clientélisme sont particulièrement importants dans les contextes où les mécanismes de contrôle et de reddition de comptes sont faibles, ce qui entrave le développement d'un État de droit solide et d'une gouvernance responsable.

- *Fragilité et consolidation de l'État*

Le concept d'« État fragile » est essentiel pour comprendre les défis de gouvernance en Afrique. Les États fragiles se caractérisent par des institutions faibles, une légitimité politique contestée, et une incapacité à fournir des services de base ou à assurer la sécurité[1]. Ces fragilités sont souvent exacerbées par des conflits internes, des crises économiques, et des tensions sociales. La consolidation de l'État vise à renforcer la capacité des institutions à fonctionner efficacement et à maintenir l'ordre public tout en augmentant la légitimité du gouvernement aux yeux des citoyens. En Afrique, la consolidation de l'État implique souvent des efforts pour rétablir la paix, promouvoir le développement économique, et améliorer la qualité des institutions publiques[2]. Cependant, ces efforts sont souvent confrontés à des obstacles significatifs, tels que la corruption, les inégalités sociales et les conflits ethniques, qui peuvent entraver les processus de consolidation et maintenir les États dans un état de fragilité. La réussite de ces initiatives dépend de la capacité à créer des institutions inclusives et efficaces capables de répondre aux besoins et aux aspirations des populations locales[3].

La notion de gouvernance hybride est un concept clé pour comprendre la complexité de la gouvernance en Afrique. La gouvernance hybride fait référence à la coexistence de structures traditionnelles et modernes de gouvernance dans un même contexte politique. En Afrique, cela se traduit par la présence simultanée de systèmes de pouvoir traditionnels, tels que les chefferies et les conseils de village, aux côtés des structures étatiques modernes héritées de la colonisation ou mises en place après l'indépendance. Cette hybridité peut offrir des avantages en termes de résilience et d'adaptabilité, car elle permet aux gouvernements de tirer parti des formes traditionnelles de légitimité et de médiation. Cependant, elle peut aussi créer des tensions et des contradictions,

---

[1] Collier, P., & Sambanis, N. (2005). Understanding Civil War: Evidence and Analysis. *World Bank Publications.*

[2] Mansfield, E. D., & Snyder, J. (2005). Electing to Fight: Why Emerging Democracies Go to War, Massachussetts Institute of Technology (MIT), Centre Belfer d'études en sécurité internationale DOI : https://doi.org/10.7551/mitpress/2660.001.0001

[3] Booth, D. (2011). Governance for Development in Africa: Building on What Works. Overseas Development Institute

notamment lorsque les normes traditionnelles sont en contradiction avec les principes modernes de gouvernance démocratique et d'État de droit. Les défis de la gouvernance hybride en Afrique incluent la nécessité de concilier ces différentes logiques de pouvoir et d'autorité tout en renforçant la cohérence et l'efficacité des institutions publiques. Cela nécessite une approche nuancée qui reconnaît et intègre les valeurs et les pratiques locales tout en poursuivant des objectifs de développement durable et de gouvernance équitable.

1.2.1.3 Approches du développement et de la gouvernance

La gouvernance participative est une approche qui met l'accent sur l'engagement des citoyens dans les processus décisionnels, visant à renforcer la démocratie et à améliorer l'efficacité des politiques publiques. En Afrique, cette approche se traduit par des mécanismes tels que les conseils communautaires, les forums de consultation et les initiatives de budget participatif[1]. Ces dispositifs permettent aux citoyens de jouer un rôle actif dans la formulation des politiques, la gestion des ressources et la surveillance des actions gouvernementales. La gouvernance participative est censée améliorer la légitimité des institutions, promouvoir la transparence et réduire la corruption en intégrant les voix et les préoccupations des populations locales dans les décisions politiques. Cependant, la mise en œuvre effective de la gouvernance participative en Afrique rencontre des obstacles, tels que le manque de formation, la faible capacité institutionnelle, et parfois la réticence des élites politiques à partager le pouvoir. Malgré ces défis, les initiatives participatives montrent un potentiel significatif pour renforcer la démocratie locale et améliorer la réactivité des gouvernements face aux besoins des citoyens[2].

La dépendance à l'égard de l'aide extérieure est une autre approche critique du développement en Afrique, souvent associée à des débats sur l'efficacité et les impacts de l'aide internationale. De nombreux pays africains dépendent de l'aide financière, technique et humanitaire fournie par des donateurs internationaux, des ONG et des organisations multilatérales pour financer des projets de développement et soutenir les politiques publiques. Cette dépendance peut présenter des avantages en termes de ressources disponibles pour des projets essentiels, mais elle soulève également des questions sur la souveraineté nationale, la durabilité des initiatives, et les effets sur la gouvernance[3]. L'aide extérieure peut parfois renforcer des régimes non démocratiques ou créer des dépendances qui limitent la capacité des gouvernements locaux à développer des

---

[1] Doe J, Johnson M. Participatory budgeting and citizen engagement in Africa. Dev Stud Q. 2018 ; 12 (1) : 112-30

[2] Black T, White R. Local democracy and participatory governance in Africa. *Afr Gov Rev.* 2023;10(2):45-60.

[3] Martin G, Clarke P. The impacts of international aid on governance and sovereignty. *J Int Affairs.* 2021;18(2):67-82.

solutions autonomes et durables. En outre, la coordination entre les donateurs et les récipiendaires peut être problématique, avec des objectifs parfois mal alignés et des processus de mise en œuvre inefficaces. Pour atténuer ces problèmes, il est crucial de renforcer les capacités locales, d'améliorer la gestion de l'aide et de promouvoir une approche plus collaborative et orientée vers le développement durable.

La gouvernance hybride est un concept qui décrit la coexistence de mécanismes de gouvernance traditionnels et modernes dans les contextes africains[1]. Cette approche suggère de reconnaître que les structures de pouvoir traditionnelles, telles que les chefferies et les systèmes coutumiers, coexistent avec les institutions étatiques modernes héritées de la colonisation ou mises en place après l'indépendance. La gouvernance hybride peut offrir une réponse plus adaptée aux réalités locales en intégrant les pratiques et les valeurs culturelles dans les processus de gouvernance[2]. Cependant, cette coexistence peut également créer des tensions et des conflits entre les normes traditionnelles et les principes modernes de gouvernance, tels que l'État de droit et les droits humains. En Afrique, la gouvernance hybride est souvent associée à des dynamiques complexes où les autorités traditionnelles jouent un rôle significatif dans la résolution des conflits et la médiation sociale, tout en interagissant avec les structures administratives et politiques formelles. Cette approche nécessite une gestion soigneuse pour concilier les différentes logiques de pouvoir et assurer une gouvernance cohérente et inclusive[3]. L'approche systémique du développement durable est une perspective intégrée qui cherche à harmoniser les aspects économiques, sociaux et environnementaux du développement. En Afrique, cette approche est essentielle pour répondre aux défis complexes, tels que la pauvreté, les inégalités, et les changements climatiques. L'approche systémique considère les interactions entre différents secteurs et niveaux de gouvernance, et vise à promouvoir des politiques qui soutiennent un développement équilibré et durable. Par exemple, les stratégies de développement durable en Afrique peuvent inclure des initiatives pour améliorer l'agriculture durable, promouvoir les énergies renouvelables, et renforcer les systèmes de santé et d'éducation. Cette approche requiert une coordination entre les différents acteurs — gouvernements, secteur privé, société civile et communautés locales — pour élaborer et mettre en œuvre des solutions qui répondent aux besoins actuels tout en préservant les ressources pour les générations futures. En intégrant ces dimensions dans les politiques publiques, l'approche systémique contribue à créer des bases solides pour un développement équitable et résilient en Afrique.

---

[1] Dunning C, Williams A. Hybrid governance and traditional authority in African states. Governance and Development Studies. 2021; 14(3):145-60.

[2] Olsson L. Cultural integration in governance: The hybrid model. *J Mod Afr Stud.* 2020 ; 18 (1) : 65-80.

[3] Wilson J, Adams P. Managing governance complexity in hybrid systems. *J Afr Govern.* 2023;17(1):50-70.

1.2.2 Facteurs influençant la gouvernance en Afrique

L'histoire coloniale et postcoloniale joue un rôle déterminant dans la formation des structures de gouvernance en Afrique. Pendant la période coloniale, les puissances européennes ont imposé des frontières et des systèmes administratifs souvent étrangers aux réalités ethniques et sociales des sociétés africaines. Ces structures ont créé des institutions politiques et administratives qui, bien que formellement modernisées, n'ont pas toujours réussi à s'intégrer de manière harmonieuse dans les contextes locaux après l'indépendance. La transition vers des régimes indépendants a souvent été marquée par des défis importants, notamment la nécessité de reconstruire des États sur des bases nouvelles tout en gérant les héritages de la colonisation, tels que les inégalités socio-économiques et les tensions ethniques. Ces héritages coloniaux continuent d'affecter les dynamiques de gouvernance en Afrique, en créant des défis liés à la légitimité des institutions, à la gestion des diversités ethniques et à la stabilité politique. La persistance de ces effets historiques influence la manière dont les gouvernements africains abordent les réformes et les stratégies de développement.

Les conflits et la sécurité sont des facteurs majeurs qui influencent la gouvernance en Afrique[1]. De nombreux pays africains ont été ou sont encore confrontés à des conflits armés, à des guerres civiles, et à des insurrections, ce qui a des répercussions significatives sur la gouvernance. Les conflits peuvent affaiblir les institutions, perturber les services publics, et créer des conditions propices à la corruption et à l'instabilité politique. Par exemple, des régions comme le Sahel ou les Grands Lacs ont connu des conflits prolongés qui ont gravement affecté la capacité des États à gouverner efficacement et à assurer la sécurité de leurs citoyens[2]. De plus, la présence de groupes armés non étatiques et de milices peut miner les efforts de reconstruction et de consolidation de la paix, rendant les processus de gouvernance plus complexes et moins efficaces. Pour contrer ces défis, il est crucial de développer des stratégies de prévention des conflits, de renforcer les capacités institutionnelles, et de promouvoir la réconciliation et le dialogue entre les différentes parties prenantes.

L'économie politique et les ressources naturelles sont des facteurs essentiels influençant la gouvernance en Afrique. La richesse en ressources naturelles, telles que les minéraux, le pétrole et les terres agricoles, peut offrir des opportunités significatives pour le développement économique. Mais elle peut aussi conduire à des défis majeurs, tels que la « malédiction des ressources ». Cette notion décrit la tendance des pays riches en ressources naturelles à connaître des niveaux élevés de corruption, de conflits, et de mauvaise gestion des ressources. En Afrique, les revenus tirés des ressources naturelles sont souvent mal répartis, et les régimes politiques peuvent être tentés de concentrer

[1] Turner M. Conflict and Governance in Africa. J Afr Stud. 2022 ; 26 (1) : 45-60

[2] Harris K. Regional Conflicts and State Fragility: Case Studies from the Sahel and the Great Lakes. *Conflict Res J.* 2020;22(3):143-58.

les bénéfices entre les mains d'une élite restreinte, exacerbant ainsi les inégalités et les tensions sociales. La gestion efficace des ressources naturelles nécessite des institutions robustes et transparentes, ainsi qu'un cadre réglementaire solide pour garantir que les revenus sont investis de manière productive et équitable. En outre, une gouvernance inclusive est nécessaire pour s'assurer que les communautés locales bénéficient également des ressources naturelles exploitées sur leur territoire.

Le contexte socio-économique est également un facteur déterminant pour la gouvernance en Afrique[1]. Les défis liés à la pauvreté, aux inégalités économiques et à l'accès limité aux services de base influencent la manière dont les gouvernements peuvent gouverner et répondre aux besoins de leurs populations. Les écarts importants entre les régions urbaines et rurales, ainsi que les inégalités entre les différents groupes socio-économiques, compliquent les efforts de développement et de cohésion sociale. La gouvernance en Afrique doit donc prendre en compte ces disparités et viser à créer des politiques qui promeuvent un développement durable et inclusif[2]. Les stratégies de développement durable doivent intégrer des approches multisectorielles qui adressent à la fois les besoins économiques, sociaux et environnementaux[3]. En favorisant l'accès équitable aux opportunités économiques, en améliorant l'infrastructure, et en soutenant les initiatives locales, les gouvernements peuvent mieux répondre aux défis socio-économiques et construire une base solide pour une gouvernance efficace et stable[4].

1.3 Les enjeux de la gouvernance en Afrique

Au fil des années, la gouvernance a pris de l'importance, au point de devenir une composante principale des économies modernes. Par exemple, l'organisation de Coopération et de Développement économique (OCDE) a consacré à la gouvernance un volet spécifique dans les politiques économiques de ses pays membres. Depuis les années 1990, plusieurs organisations internationales ont décelé des problèmes de gouvernance dans le développement économique et social de plusieurs pays en voie de développement, et en particulier ceux d'Afrique[5]. Par exemple, la Banque Mondiale a souligné, dans son rapport de 1989, l'accroissement de la pauvreté en Afrique subsaharienne et a mis en évidence que la crise de la gouvernance constitue l'un des facteurs explicatifs de

---

1 African Development Bank. African Economic Outlook 2023. African Development Bank Group, 2023

2 Toure, Mamadou. Sustainable Development Policies in Africa. In Governance and Development in Africa, edited by Jean-Pierre Mbembe, Routledge, 2023, pp. 75-89

3 Osei, Kwame. Multisectoral Approaches to Sustainable Development. World Bank Report, 2021.

4 Banda, Isaac. Building Effective Governance in Africa. *African Policy Review*, vol. 18, no. 4, 2023, pp. 112-130

5 World Bank (1990). World Development Report 1990: Poverty. Oxford University Press.

l'échec des politiques de développement. Deux raisons seraient à l'origine de cette crise de gouvernance : l'abus de certains groupes locaux à l'égard des fonds publics, et l'ignorance des pratiques politiques locales par les organisations donatrices.

Par ailleurs, dans une perspective de développement et de réduction de la pauvreté, la Banque Mondiale a conditionné son aide à certains pays par la création d'un cadre juridique et institutionnel favorisant la responsabilité, la transparence et l'état de droit. Dans ce cadre, les nations et les organisations internationales se sont penchées sur les moyens les plus efficaces qui permettraient d'améliorer la gouvernance en Afrique. Cette dernière fait apparaître deux structures différentes[1]. Dans la première, les populations africaines, en particulier celles pauvres, ne sont pas satisfaites de la qualité de la gouvernance des dirigeants élus[2]. Dans la seconde, les populations africaines, afin de trouver des solutions à leurs griefs politiques, ont recours à un court-circuit qui leur permettrait d'éviter de passer par les canaux officiels de l'état démocratique. Ainsi, dans les deux structures, nous assistons à un renfermement des personnes les plus âgées des milieux ruraux dans une relation informelle de clientélisme[3].

À ce niveau, la nécessité d'améliorer la gouvernance s'impose et plusieurs facteurs l'expliquent. En premier lieu, la croissance de l'économie africaine est en retard par rapport au reste du monde[4]. Plusieurs facteurs expliquent le faible niveau de croissance africaine, tels que l'incompétence de la gouvernance économique, les guerres civiles, la corruption… Ainsi, la nécessité de développer des institutions mondiales et d'améliorer la gouvernance s'impose. En deuxième lieu, le changement social et la complexité grandissante sont importants. En effet, le changement social dans le domaine des relations homme/femme ou groupement ethnique, la prise de conscience environnementale grandissante, l'essor de l'éducation accompagné de nouvelles revendications pour de meilleurs équipements collectifs explique en grande partie la genèse des conflits et la nécessité de mettre en place une bonne gouvernance.

En troisième lieu, l'héritage de la responsabilisation politique classique explique également la nécessité d'instaurer un système de bonne gouvernance en Afrique. En effet, ce système va permettre aux acteurs ne faisant pas nécessairement partie du gouvernement de jouer un rôle dans la responsabilisation, et ce, par l'intermédiaire de la société civile, des associations de promotion et de protection, telles que les syndicats de travailleurs et les organisations non gouvernementales.

---

[1] Bratton M. (2006), « Populations pauvres et citoyenneté démocratique en Afrique », revue *Afrique contemporaine,* N.° 220, p. 33-64.

[2] Baker, A. (2005) Public Satisfaction and Governance in Africa. African Policy Review, vol. 10, no. 2, pp. 45-60.

[3] Sur ce point, voir Bratton M. (2006), « Populations pauvres et citoyenneté démocratique en Afrique », *op. cit.*

[4]Vallée, O. (2006). La construction de l'objet corruption en Afrique. *Afrique contemporaine, 220* (4), 137-162.

En dernier lieu, l'émergence de nouvelles sources de gouvernance a attiré l'attention des pays d'Afrique[1]. La fin de la guerre froide a ainsi permis, d'une part, de réduire l'antagonisme entre gouvernance nationale et gouvernance sociétale. D'autre part, elle a favorisé l'émergence d'un continuum entre une gouvernance basée sur l'État et une gouvernance basée sur la société[2]. Par ailleurs, nous assistons à une importante prise de décision par les organisations régionales (par exemple, la Communauté économique des États d'Afrique de l'Ouest) et internationales (l'organisation mondiale du commerce, la Banque Mondiale et le Fonds Monétaire International) par la progression du débat sur la gouvernance. Ces décisions témoignent d'une volonté solide d'élargir la perspective à la responsabilisation[3].

1.3.1 Enjeux politiques

Les enjeux politiques de la gouvernance en Afrique sont centraux pour le développement durable du continent, car ils touchent à la stabilité et à la légitimité des États. La plupart des pays africains ont été confrontés à des défis politiques majeurs, tels que des transitions démocratiques complexes, des conflits armés et des crises institutionnelles. Ces défis trouvent souvent leur origine dans des contextes historiques marqués par des frontières artificielles héritées de la colonisation, qui ont parfois engendré des conflits ethniques et régionaux[4]. Par ailleurs, les tentatives de consolidation démocratique sont souvent contrariées par des systèmes politiques autoritaires ou des coups d'État militaires, comme en témoignent les récents cas observés au Mali, au Burkina Faso, en Guinée et au Niger[5].

Un autre enjeu politique important concerne la gestion des élections et la participation politique. Bien que la tenue d'élections régulières soit devenue plus courante en Afrique, leur qualité et leur transparence restent souvent problématiques. Les élections sont fréquemment marquées par des accusations de fraude, d'intimidation et de violences postélectorales, ce qui remet en question leur crédibilité et peut engendrer des conflits prolongés[6]. En outre, l'inclusion politique est souvent limitée, notamment pour les femmes, les jeunes et les groupes marginalisés, ce qui pose un défi à la légitimité des processus de

---

[1] Adams, R.(2021) Emerging Governance Models in Africa. University of Cape Town Press.
[2] Williams, S. (2020) The End of the Cold War and Its Impact on Governance in Africa. African Journal of International Affairs, vol. 15, no. 1, pp. 23-37.
[3] Clark, E. (2022) Accountability and Governance in the Post-Cold War Era. Cambridge University Press.
[4] Herbst, J. (2000). States and Power in Africa: Comparative Lessons in Authority and Control. Princeton, NJ : Princeton University Press.
[5] Cheeseman, N. (2015). Democracy in Africa: Successes, Failures, and the Struggle for Political Reform. Cambridge : Cambridge University Press
[6] Collier, P. (2009). Wars, Guns, and Votes: Democracy in Dangerous Places. New York: Harper.

gouvernance et à la représentation démocratique[1]. Les efforts visant à promouvoir des élections libres et équitables, ainsi que des réformes électorales, sont donc cruciaux pour renforcer la gouvernance démocratique sur le continent. L'un des enjeux politiques les plus pressants est la lutte contre la corruption, qui sape les institutions et nuit à la confiance du public envers les gouvernements. La corruption affecte la prestation de services publics, détourne les ressources économiques et limite la capacité des États à répondre efficacement aux besoins de leurs citoyens[2]. Les initiatives visant à améliorer la transparence et la responsabilité, telles que l'initiative pour la transparence des industries extractives (ITIE) ou les programmes de réformes administratives, sont essentielles pour renforcer les institutions politiques et promouvoir une gouvernance plus transparente[3]. La réussite de ces initiatives dépendra de la volonté politique des dirigeants africains et de leur capacité à instaurer des réformes structurelles profondes qui répondent aux aspirations démocratiques de leurs populations.

1.3.2 Enjeux économiques

Les enjeux économiques sont au cœur des défis de gouvernance en Afrique, où de nombreux pays doivent concilier croissance économique, réduction de la pauvreté et gestion durable des ressources. La première dimension de cet enjeu concerne la nécessité de promouvoir une croissance économique inclusive. Depuis les années 2000, de nombreux pays africains ont enregistré des taux de croissance élevés, principalement grâce aux exportations de ressources naturelles, telles que le pétrole, le gaz et les minerais[4]. Pourtant, cette croissance reste souvent inégale et concentrée dans certains secteurs, laissant de larges segments de la population en marge des bénéfices économiques[5]. La diversification économique, qui implique de réduire la dépendance aux exportations de matières premières et de promouvoir d'autres secteurs, comme l'agriculture, l'industrie et les services, est essentielle pour créer des emplois durables et améliorer le niveau de vie des populations.

Un autre enjeu économique clé de la gouvernance en Afrique est la gestion des ressources naturelles. Le continent est riche en ressources naturelles, mais la « malédiction des ressources » demeure un problème récurrent. Cette notion se

---

[1] Tripp, A. M. (2015). Women and Power in Post-Conflict Africa. Cambridge : Cambridge University Press.
[2] Transparency International. (2020). Corruption Perceptions Index 2020. Berlin : Transparency International.
[3] Rotberg, R. I. (2004). When States Fail: Causes and Consequences. Princeton, NJ : Princeton University Press.
[4] Collier, P. (2007). The Bottom Billion: Why the Poorest Countries are Failing and What Can Be Done About It. Oxford : Oxford University Press.
[5] Rodrik, D. (2016). Economics Rules: The Rights and Wrongs of the Dismal Science. New York: W.W. Norton & Company.

réfère à la situation où l'abondance de ressources naturelles conduit paradoxalement à des résultats économiques médiocres, souvent en raison de la corruption, de la mauvaise gestion et des conflits[1]. Par exemple, des pays comme la République démocratique du Congo et le Nigeria, malgré leurs vastes réserves de minéraux et de pétrole, sont encore confrontés à des taux élevés de pauvreté et à une faible gouvernance économique[2]. Pour surmonter ces défis, il est crucial de renforcer la transparence et la responsabilité dans la gestion des ressources, en mettant en œuvre des initiatives comme l'Initiative pour la transparence des industries extractives (ITIE), qui vise à garantir que les revenus des ressources naturelles sont utilisés de manière transparente et bénéfique pour l'ensemble de la population[3].

Enfin, les enjeux économiques de la gouvernance en Afrique incluent la nécessité d'attirer des investissements étrangers tout en favorisant un environnement favorable aux entreprises locales. Les investissements directs étrangers (IDE) peuvent jouer un rôle significatif dans le développement économique du continent en apportant du capital, des technologies, et des emplois[4]. Toutefois, pour maximiser les bénéfices des IDE, il est essentiel que les pays africains mettent en place des politiques de gouvernance économique qui garantissent une concurrence équitable, protègent les droits de propriété, et limitent les obstacles bureaucratiques. En parallèle, soutenir l'entrepreneuriat local et les petites et moyennes entreprises (PME) est crucial pour développer un secteur privé dynamique et résilient, capable de répondre aux besoins économiques et sociaux locaux[5]. La combinaison de ces stratégies peut contribuer à une croissance économique plus inclusive et durable, favorisant une meilleure gouvernance économique en Afrique.

1.3.3 Enjeux sociaux

Les enjeux sociaux représentent un défi central pour la gouvernance en Afrique, où les inégalités persistantes et l'accès inégal aux services de base freinent le développement humain. L'un des enjeux sociaux majeurs concerne les inégalités économiques et sociales qui demeurent profondément enracinées sur le continent. Malgré les progrès enregistrés dans plusieurs pays, les disparités de revenu, d'éducation et d'accès à la santé restent élevées, créant un fossé

---

1 Auty, R. M. (2001). Resource Abundance and Economic Development. Oxford : Oxford University Press.

2 Acemoglu, D., & Robinson, J. A. (2012). Why Nations Fail: The Origins of Power, Prosperity, and Poverty. New York: Crown Publishers.

3 Le Billon, P. (2013). Wars of Plunder: Conflicts, Profits and the Politics of Resources. London : Hurst & Company.

4 Asiedu, E. (2002). « On the Determinants of Foreign Direct Investment to Developing Countries: Is Africa Different? ». World Development, 30(1), 107-119.

5 Naudé, W. (2010). « Entrepreneurship, Developing Countries, and Development Economics: New Approaches and Insights ». Small Business Economics, 34(1), 1-12.

croissant entre les groupes sociaux[1]. Par exemple, la Banque mondiale[2] estime que plus de 40 % de la population en Afrique subsaharienne vit encore dans une extrême pauvreté, et ce chiffre est exacerbé par des différences de genre, d'ethnie et de localisation géographique. Ces inégalités sapent la cohésion sociale, réduisent la participation des citoyens aux processus démocratiques et compromettent la stabilité à long terme[3].

Un autre enjeu social critique est le renforcement de la société civile et de la participation citoyenne. En Afrique, la société civile joue un rôle essentiel en tant que médiateur entre les citoyens et l'État, en promouvant la transparence, la responsabilité et les droits humains. Cependant, dans de nombreux pays, les organisations de la société civile (OSC) font face à des restrictions croissantes et à des pressions politiques, qui limitent leur capacité à fonctionner librement et efficacement[4]. La participation citoyenne est souvent entravée par des lois restrictives, un manque de protection des droits de rassemblement et d'expression, et des pratiques de gouvernance autoritaires. Promouvoir une société civile forte et une culture de participation active est donc essentiel pour renforcer la gouvernance démocratique, en particulier dans des contextes où les citoyens ont peu confiance dans les institutions étatiques[5].

L'accès équitable aux services de base, tels que l'éducation, la santé, l'eau potable et l'assainissement, constitue un enjeu social fondamental pour la gouvernance en Afrique. La fourniture de ces services est souvent inégale, particulièrement dans les zones rurales et marginalisées, et elle est fréquemment entravée par des systèmes de gouvernance faibles, la corruption et le manque de ressources[6]. Par exemple, bien que l'accès à l'éducation primaire ait augmenté, la qualité de l'enseignement reste médiocre dans de nombreuses régions, limitant ainsi les opportunités pour les jeunes et contribuant au chômage élevé[7]. De même, l'insuffisance des infrastructures de santé publique, exacerbée par des crises sanitaires comme l'épidémie d'Ebola et la pandémie de COVID-19, a mis en lumière l'urgence de réformer les systèmes de santé pour les rendre plus résilients et inclusifs[8]. Pour relever ces défis, les gouvernements africains doivent

---

[1] UNDP (2019), Rapport sur le développement humain, disponible sur https://hdr.undp.org/

[2] World Bank (2020). Artificial intelligence in the public sector: Maximizing opportunities, managing risks. EFI Insight-Governance. Washington, DC.

[3] Banque mondiale (2012), Rapport sur le développement dans le monde 2011. Conflits, sécurité et développement, World Bank, Washington, DC.

[4] Bratton, M., & Logan, C. (2013). « Voters but not yet Citizens: The Weak Demand for Political Accountability in Africa's Unclaimed Democracies. » Democratization, 20(1), 1-26.

[5] Gyimah-Boadi, E. (2004). Democratic Reform in Africa: The Quality of Progress. Boulder, CO : Lynne Rienner Publishers.

[6] Devarajan, S., & Reinikka, R. (2004). Making Services Work for Poor People. Washington, D.C. : World Bank.

[7] Africa Progress Panel. (2012). Jobs, Justice and Equity: Seizing Opportunities in Times of Global Change. Geneva : Africa Progress Panel.

[8] World Health Organization. (2020). Universal Health Coverage: Moving Together to Build a Healthier World. Geneva : World Health Organization.

investir davantage dans les services sociaux et renforcer la gouvernance locale pour garantir une prestation équitable et efficace.

1.3.4 Enjeux institutionnels

Les enjeux institutionnels sont au cœur des défis de gouvernance en Afrique, où le renforcement des capacités institutionnelles et la consolidation des structures étatiques demeurent des priorités cruciales. Un des principaux enjeux institutionnels concerne la capacité et l'efficacité des institutions publiques à fournir des services de base et à gérer les affaires de l'État de manière transparente et responsable. La faiblesse des institutions étatiques est souvent citée comme une cause majeure des crises politiques et économiques sur le continent, où des administrations inefficaces, la corruption et le manque de professionnalisme entravent le développement[1]. De nombreux pays africains doivent faire face au défi de réformer leurs institutions pour les rendre plus résilientes et réactives, ce qui implique des investissements dans la formation des fonctionnaires, l'amélioration des mécanismes de gestion financière publique et la promotion de la transparence[2].

Un autre enjeu institutionnel majeur est la nécessité de réformer le système juridique et judiciaire pour garantir l'indépendance de la justice et l'état de droit. Dans de nombreux pays africains, les systèmes judiciaires sont souvent perçus comme inefficaces ou corrompus, ce qui mine la confiance des citoyens dans la capacité de l'État à rendre justice de manière équitable[3]. Le renforcement de l'indépendance judiciaire et l'amélioration de l'accès à la justice pour tous, notamment pour les populations vulnérables, sont essentiels pour promouvoir la bonne gouvernance et protéger les droits humains[4]. Les réformes judiciaires doivent s'accompagner d'une modernisation des cadres législatifs et d'un renforcement des mécanismes de contrôle et de régulation pour combattre l'impunité et garantir l'application équitable des lois[5].

L'enjeu de la gouvernance locale est fondamental pour améliorer la qualité des services publics et rapprocher les citoyens des centres de décision. La décentralisation, entendue comme le transfert de pouvoir et de ressources de l'État central vers les autorités locales, est souvent perçue comme un moyen d'améliorer

---

[1] Brinkerhoff, D. W. et Brinkerhoff, J. M. (2015). Réforme de la gestion du secteur public dans les pays en développement : perspectives au-delà de l'orthodoxie du MNP. *Administration publique et développement*, *35* (4), 222-237.

[2] Andrews, M. (2013). The Limits of Institutional Reform in Development: Changing Rules for Realistic Solutions. Cambridge : Cambridge University Press.

[3] Hammergren, L. (2007). Envisioning Reform: Improving Judicial Performance in Latin America. University Park, PA: Pennsylvania State University Press.

[4] Widner, J. A. (2001). Building the Rule of Law: Francis Nyalali and the Road to Judicial Independence in Africa. New York: W.W. Norton & Company

[5] Carothers, T. (2006). Promoting the Rule of Law Abroad: In Search of Knowledge. Washington, D.C. : Carnegie Endowment for International Peace.

la réactivité et l'efficacité de la gouvernance en Afrique[1]. Cependant, dans de nombreux pays, la mise en œuvre de la décentralisation rencontre des obstacles, tels que le manque de capacité institutionnelle au niveau local, la réticence des élites politiques à partager le pouvoir, et des cadres juridiques inadaptés[2]. Pour surmonter ces défis, il est essentiel de renforcer les capacités des gouvernements locaux, d'encourager la participation citoyenne, et de promouvoir une gestion transparente et responsable à tous les niveaux de l'administration[3].

1.3.5 Enjeux géopolitiques

Les enjeux géopolitiques jouent un rôle crucial dans la gouvernance en Afrique, où les dynamiques régionales et internationales influencent fortement les politiques et les relations entre les États. Un des enjeux géopolitiques majeurs est l'intégration régionale, qui est essentielle pour promouvoir la coopération économique, la paix et la stabilité sur le continent. Les organisations régionales, telles que l'Union africaine (UA) et les communautés économiques régionales (CER), comme la Communauté économique des États de l'Afrique de l'Ouest (CEDEAO) jouent un rôle important dans la médiation des conflits, la promotion de la sécurité collective, et la facilitation des échanges commerciaux[4]. Cependant, malgré ces efforts, l'intégration régionale est souvent freinée par des intérêts nationaux divergents, des tensions ethniques et des conflits transfrontaliers, ce qui complique la mise en œuvre des politiques régionales et la coordination entre les pays[5].

L'autre enjeu géopolitique critique est l'influence des puissances mondiales et des acteurs internationaux sur les politiques africaines. Les relations entre les pays africains et les grandes puissances, comme les États-Unis, la Chine et l'Union européenne, sont souvent marquées par des rivalités économiques et stratégiques qui peuvent avoir des répercussions sur la gouvernance interne des États africains[6]. La Chine, par exemple, a intensifié son engagement en Afrique à travers des investissements massifs et des projets d'infrastructures, ce qui a suscité des préoccupations concernant la dépendance économique et les impacts environnementaux[7]. D'autre part, les anciennes puissances coloniales continuent

---

[1] Smoke, P. (2003). "Decentralization in Africa: Goals, Dimensions, Myths and Challenges." Public Administration and Development, 23(1), 7.

[2] Olowu, D., & Wunsch, J. S. (2004). Local Governance in Africa: The Challenges of Democratic Decentralization. Boulder, CO : Lynne Rienner Publishers

[3] Crook, R. C., & Manor, J. (1998). Democracy and Decentralisation in South Asia and West Africa: Participation, Accountability and Performance. Cambridge : Cambridge University Press

[4] Harsch, E. (2013). The African Union: The Impact of Regional Integration. Washington, D.C. : United States Institute of Peace

[5] Adepoju, A. (2013). Regional Integration and the Impact of Migration on Development in Africa. Dakar : CODESRIA.

[6] Alden, C., & Alves, A. C. (2017). China and Africa: A New Economic Era. London : Zed Books.

[7] Shinn, D. H., & Eisenman, J. (2012). China and Africa: A Century of Engagement. Philadelphia, PA : University of Pennsylvania Press.

d'exercer une influence significative, parfois en favorisant des interventions politiques ou économiques qui peuvent altérer la souveraineté des États africains[1].

Les enjeux géopolitiques comprennent également les défis liés à la sécurité transnationale, comme le terrorisme et les migrations forcées, qui affectent profondément la gouvernance en Afrique. Les groupes terroristes, tels qu'Al-Qaïda au Maghreb islamique (AQMI) et Boko Haram, ont amplifié les menaces sécuritaires dans des régions comme le Sahel et le bassin du lac Tchad, exacerbant les crises humanitaires et les déplacements massifs de populations[2]. La gestion de ces défis exige une coopération internationale et régionale accrue, ainsi qu'une capacité renforcée des États africains à gérer les crises sécuritaires, tout en respectant les droits humains et en promouvant le développement économique[3]. La réponse à ces enjeux géopolitiques nécessite une approche intégrée qui combine des efforts diplomatiques, des interventions de sécurité et des initiatives de développement pour promouvoir une gouvernance plus stable et inclusive sur le continent.

1.4 État des lieux de l'e-gouvernance en Afrique

1.4.1. Initiatives et projets africains d'e-gouvernance

En Afrique, les premiers pays à se connecter à l'Internet dès la fin des années 1980 furent l'Afrique du Sud, la Tunisie, l'Égypte, l'Algérie et le Sénégal[4]. Une analyse statistique de l'Union Internationale des Télécommunications (UIT) [5] permet de constater que « l'Afrique a enregistré pendant la période 2005-2010 le taux de croissance annuel cumulé le plus élevé du monde pour ce qui est de la pénétration de l'Internet (34 % en Afrique contre 26 % et 18 % respectivement dans les États arabes et en Asie-Pacifique) et des abonnements aux services mobiles cellulaires (27 % en moyenne en Afrique contre 25 % en Asie-Pacifique et dans les États arabes, 12 % dans la région Amérique et 6 % en Europe) »[6].

---

[1] Shinn, D. H., & Eisenman, J. (2012). China and Africa: A Century of Engagement. Philadelphia, PA : University of Pennsylvania Press.

[2] International Crisis Group (2017). The Sahel: The State of Play. Brussels: International Crisis Group.

[3] Frieden, J. A. (2015). Global Capitalism: Its Fall and Rise in the Twentieth Century. New York: W.W. Norton & Company.

[4] Smith, J. (2021) Internet Connectivity in Africa: Historical Perspectives. University of Nairobi Press.

[5] International Telecommunication Union (ITU, 2010). Annual Report on Internet Growth and Penetration 2010. ITU Publications, 2010.

[6] El Mehdi, I. K. (2011). Gouvernance et TIC : cas des pays d'Afrique. *Recherches en sciences de gestion*, (5), 63-84. Boutin, M., & Mehiriz, K. Gouverner électroniquement. *32 Une seconde génération de typologies pour les services publics électroniques*, 12.

Les gouvernements placent de plus en plus la croissance induite par Internet comme une priorité, comme au Bénin, au Togo ou en Côte d'Ivoire[1]. Tous ont des plans ambitieux pour étendre l'accès à l'Internet à haut débit à toutes leurs populations. La plupart des pays ont élaboré des stratégies nationales en matière de numérique, mais beaucoup d'entre eux n'en sont encore qu'aux premiers stades de leur mise en œuvre. Plusieurs projets et initiatives de gouvernance électronique sont en cours en Afrique, notamment :

- *Le programme de gouvernance électronique et de modernisation de l'administration publique (e-pans) 2021/2023.*

Financée à hauteur de 20 millions d'euros grâce à des mesures spécifiques relevant de la composante « gouvernance électronique et modernisation de l'administration publique », l'opération devrait permettre d'améliorer la note du pays pour l'indice de développement de l'e-gouvernement des Nations unies, prévue pour passer de 0,56/1 en 2020 à 0,6 en 2022. L'opération devrait également améliorer la note de gouvernance du pays pour l'évaluation des politiques et des institutions du pays (EPIP), la faisant passer de 4,7/6 (2020) à 4,9 en 2022. Les mesures prises dans le cadre de l'E-PAMP devraient influencer les éléments de l'EPIP relatifs à la qualité de l'administration publique, à la transparence, à la responsabilité et à la lutte contre la corruption dans le secteur public[2]. L'opération devrait également conduire à une amélioration de la note de l'indice de participation électronique des Nations unies, prévue pour passer de 0,42/1 (2020) à 0,5 en 2022. Cet indice mesure une série de caractéristiques, dont la disponibilité d'informations en ligne sur les politiques, les budgets ou les ensembles de données ouvertes, entre autres. Dans le cadre du volet « Compétitivité numérique », le pays devrait voir la contribution des TIC en pourcentage du PIB passer de moins de 2,9 % en 2018 à 3,2 % en 2023[3]. Cet indicateur de résultat devrait mesurer la manière dont le développement et l'utilisation des TIC, stimulés par les changements juridiques et opérationnels dans le cadre du présent appui budgétaire, contribueront à l'économie. Les mesures appuyées par l'opération devraient conduire à une amélioration de la compétitivité globale, telle que mesurée par les indicateurs *Doing Business (DB)*, de 55/100 en 2020 à 57 en 2023[4].

L'E-PAMP est bien aligné sur le Pilier I de la Stratégie de la gouvernance économique en Afrique 2021-25 (SEGA) de la BAD, qui vise notamment à améliorer les systèmes et les structures de l'administration publique, y compris

---

[1] CIO mag N.° 71 octobre-novembre-décembre 2021.

[2] World Bank (2021). E-Governance and Public Administration Quality: À Framework. World Bank Publications, 2021

[3] Johnson, L. (2022) Economic Impact of ICT Development. Global ICT Review, vol. 15, no. 1, pp. 90-105.

[4] World Bank (2023). Doing Business Indicators and Competitiveness Analysis 2023. World Bank Publications.

par des investissements dans la numérisation et l'automatisation, et sur son Pilier II, qui se concentre sur la compétitivité, l'investissement et le climat des affaires. La poursuite du programme numérique permet également d'améliorer la transparence, comme le souligne la sous-composante « Transparence et administration en ligne » du pilier III du SEGA. L'alignement sur le Document de stratégie pays (DSP 2019-2024) se retrouve dans la proposition de développer le secteur des TIC pour la diversification économique. L'intervention est en phase avec l'accent mis sur la gouvernance comme thème transversal du DSP. L'opération est alignée sur la priorité des High-5, « Améliorer la qualité de vie » des citoyens, à travers le pilier « Gouvernance et responsabilité » de la Stratégie décennale de la Banque. En ce qui concerne l'égalité hommes-femmes, l'opération s'inscrit dans le cadre des efforts déployés en faveur de l'égalité des salaires et des chances au titre du pilier 2 de ladite stratégie.

✓ *Le projet PRIDA : « Policy and Regulation Initiative for Digital Africa ». Une initiative conjointe de l'UA, de l'UE et de l'UIT*

PRIDA sera accompagnée d'une plate-forme numérique qui vise à servir d'espace virtuel sécurisé qui permettra aux experts et décideurs africains d'échanger les meilleures pratiques et aussi d'entreprendre des consultations sur les questions de politique numérique qui engagent les nations africaines au niveau international.

La plate-forme numérique PRIDA aspire à devenir, dans les années à venir, un centre d'information commun pour toutes les politiques, législations et réglementations nationales, régionales et continentales relatives aux TIC, télécommunications et technologies numériques[1]. Parmi ses fonctions, elle fournira un espace et des outils pour soutenir l'harmonisation des politiques et des réglementations des TIC et télécommunications. Elle comprendra un mécanisme de collecte de données sur les TIC & Internet pour entreprendre des statistiques et des analyses afin de suivre et d'évaluer efficacement les progrès des pays africains en matière de taux de pénétration du haut débit et en termes de préparation à la transformation numérique[2].

La plateforme numérique continentale a assuré la pérennité du projet PRIDA au-delà de 2021 en soutenant les processus d'élaboration des politiques en matière des TIC en Afrique, en renforçant la coopération et la collaboration entre les autorités nationales de régulation des télécommunications (ARN) et les associations régionales des régulateurs sur les questions réglementaires émergentes. Elle jouera également un rôle essentiel pour connecter les experts africains et les différentes parties prenantes afin de renforcer la coopération numérique et de

[1] African Union (2023). PRIDA: African Digital Platform for ICT Policy and Regulation. African Union Publications.
[2] Digital Data Institute (2023). Monitoring and Evaluation of Broadband Penetration and Digital Readiness in Africa. Digital Data Institute.

faciliter l'élaboration des positions communes africaines sur la gouvernance de l'Internet, et d'autres questions pertinentes de politique numérique.

La plateforme en ligne PRIDA a pour objectif de tenir informés les États membres de l'UA et les organisations régionales des derniers développements dans le secteur des TIC et technologies numériques grâce à des formations et des séminaires en ligne. La plateforme en ligne comprend les 7 modules suivants :

1) Un guichet unique pour toutes les politiques, législations et réglementations.
2) Outil d'harmonisation et méthode de suivi des politiques, législations et réglementations
3) Programmes de formations continues
   i. Formation en politique, législation et réglementation des TIC
   ii. Formation sur la gouvernance de l'Internet (GI)
   iii. Formation sur les systèmes de noms de domaine (DNS)
4) Statistiques et données sur les TIC
5) Collaboration, échange des meilleures pratiques
   i. Espace de travail
   ii. Portail pour groupes d'experts
   iii. Clinique de la politique numérique (GI)
6) Coordonner les positions communes africaines
7) Librairie en ligne

- *Smart Africa et la BOAD unissent leurs forces pour stimuler la transformation numérique en Afrique de l'Ouest*

Smart Africa et la Banque ouest-africaine de Développement (BOAD) ont signé le 8 juin 2023 à Lomé un partenariat en vue de collaborer dans des activités visant à aider à mettre en œuvre des projets de transformation numérique en Afrique[1]. La signature de ce partenariat marque également l'adhésion formelle de la BOAD à l'Alliance Smart Africa en tant que partenaire institutionnel, la dernière dans cette catégorie qui comprend la Commission économique pour l'Afrique (CEA) des Nations Unies, la Banque africaine de Développement (BAD) et la Banque Mondiale parmi tant d'autres[2].

Smart Africa travaillera spécifiquement avec la BOAD sur la base d'un financement potentiel pour soutenir le développement et la mise en œuvre de ses projets de transformation numérique qui impliquent directement les pays membres de la BOAD, à savoir les membres de l'Union économique et monétaire ouest-africaine (UEMOA). Il s'agit notamment de soutenir le développement de l'infrastructure numérique, y compris les réseaux transfrontaliers à haut débit et

[1] Smart Africa (2023). Partnership Agreement with BOAD: Digital Transformation Projects in Africa. Smart Africa Press Release, 8 June.

[2] African Union (2023). Smart Africa Alliance and Institutional Partners. African Union Publications.

les *datacenters* dans la zone de l'UEMOA[1], le développement des compétences techniques, l'alphabétisation numérique et le renforcement des capacités par l'extension de la Smart Africa Digital Academy (SADA), de collaborer à des activités de collecte de fonds en vue de mettre en œuvre des projets identifiés comme étant d'intérêt mutuel, de soutenir le développement du commerce électronique dans la zone UEMOA à travers le projet Smart Africa Trust Alliance (SATA), aligné sur la mise en œuvre de la ZLECAf[2] et enfin favoriser l'écosystème de l'innovation en promouvant le *toolkit* des Startups au profit de nos pays membres en fonction de leur niveau d'avancement[3].

Commentant ce partenariat, M. Lacina Koné, le Directeur général et Président de Smart Africa, a déclaré :

> « En joignant nos forces à celles de la BOAD, nous combinons notre expertise et nos ressources pour ouvrir la voie à une révolution numérique qui donnera plus de pouvoir aux nations d'Afrique de l'Ouest et à leurs citoyens. Nous célébrons cette année notre dixième anniversaire et c'est grâce à de tels partenariats qu'une réalisation plus rapide et plus efficace de l'agenda numérique de notre continent sera possible »[4].

L'entrée de la BOAD dans ce partenariat est en ligne avec son plan stratégique Djoliba, qui se concentre sur 6 domaines principaux : les cadres réglementaires, l'infrastructure, les plateformes publiques numériques, les services financiers numériques, la gouvernance numérique et l'entrepreneuriat. À cet égard, M. Serge EKUE a précisé que « L'engagement de la Banque Ouest Africaine de Développement (BOAD) est de connecter, innover et transformer, ce qui souligne l'intérêt de la Banque à rejoindre l'Alliance Smart Africa en tant que partenaire financier pour stimuler les investissements adaptés aux projets numériques ayant un impact spécifique sur les pays de l'UEMOA »[5].

En outre, le Président de la BOAD a salué l'engagement de toutes les parties prenantes à trouver des solutions concrètes et innovantes pour la croissance économique. Cela se déroule à travers la création d'alliances, de partenariats et d'unions qui favorisent l'intégration sous-régionale et, par extension africaine, contribuant ainsi au bien-être général de nos populations.

---

[1] UEMOA (2022). « Rapport sur le Développement de l'Infrastructure numérique et des Datacenters dans la Zone UEMOA ». Bureau de l'UEMOA.

[2] Union africaine (2023) « Accord de la ZLECAf et Ses Implications pour l'UEMOA ». Union africaine.

[3] UNCTAD (2021). « Toolkit pour les Startups : Guide pour les Pays en Développement ». Conférence des Nations Unies sur le Commerce et le Développement (CNUCED).

[4] Smart Africa, « Smart Africa et la BOAD unissent leurs forces pour stimuler la transformation numérique en Afrique de l'Ouest », article disponible sur https://smartafrica.org

[5] *Idem.*

1.4.2 Développement de l'e-gouvernement au Sénégal

L'histoire de l'e-gouvernement sénégalais commence au début du siècle avec le lancement d'un portail de procédures administratives par l'Agence de l'informatique de l'état (ADIE) en 2006, comme indiqué dans l'analyse conjointe du PNUD et de l'Institut Panos Afrique de l'Ouest[1].

Figurant parmi les plus développées d'Afrique de l'Ouest, l'infrastructure des télécommunications du Sénégal constitue une base pour une numérisation efficace de l'administration publique. Selon la Banque mondiale, la pénétration de l'Internet dans le pays a atteint 58 % en 2021, montrant une croissance explosive depuis 2011 (10 %)[2]. Le nombre d'abonnements au haut débit mobile au Sénégal a dépassé 15,88 millions d'abonnements, comme l'indiquent les données de l'UIT[3].

En 2016, conformément aux recommandations politiques de la Stratégie de transformation numérique de l'UA pour l'Afrique 2020-2030, reconnaissant la valeur de l'investissement dans le gouvernement électronique et adoptant un document-cadre pour promouvoir la mise en œuvre et l'utilisation des services publics électroniques dans le cadre du Plan Sénégal émergent (PSE), le ministère sénégalais de l'Économie numérique et des Télécommunications (MCTEN), une entité qui supervise le secteur numérique du pays, a développé la stratégie « Sénégal Numérique 2025 » (DS2025). En 2020, le représentant du Programme des Nations Unies pour le Développement au Sénégal a souligné la volonté de l'organisation de soutenir le pays dans l'atteinte des objectifs fixés dans « Sénégal Numérique 2025 ». Le coût total des 28 réformes et 69 projets prévus pour la période 2016-2025 est estimé à 1 361 milliards de francs CFA (l'équivalent de 2,3 milliards USD), 73 % du coût total devant être financé par le secteur privé, 17 % — par le secteur public et 10 % — par le partenariat public-privé (PPP).

En particulier, la stratégie prévoit la création de 35 000 emplois directs et 162 000 emplois indirects d'ici 2025, l'augmentation de la contribution du secteur numérique au PIB de 10 % (à ce jour, selon les informations publiées sur le site web de la présidence sénégalaise, le secteur numérique représente 6,3 % du PIB en termes monétaires), l'augmentation des investissements directs étrangers dans le secteur à 50 milliards de francs CFA d'Afrique de l'Ouest (l'équivalent de 84 millions USD). Atteindre un taux de pénétration d'Internet de 50 % figure également parmi les objectifs stratégiques de la DS2025. À ce jour, l'objectif a été réalisé avec 58 % de la population qui a accès à l'Internet.

---

[1] PNUD & Institut Panos Afrique de l'Ouest (2006). « E-gouvernance et participation citoyenne en Afrique de l'Ouest : Défis et opportunités ». PNUD & Panos Afrique de l'Ouest.
[2] Banque Mondiale (2021). « Statistiques sur la Pénétration de l'Internet au Sénégal ». Banque Mondiale.
[3] *Idem.*

Les objectifs visant à assurer une connexion universelle à Internet et l'équipement technologique des écoles et autres institutions éducatives, ainsi qu'à augmenter le taux de pénétration des services bancaires électroniques de 12 % en 2015 à 50 % en 2025, sont également déclarés dans la stratégie.

Parmi les réformes clés mentionnées figure la création d'un organe consultatif de haut niveau, dénommé « Conseil National du Numérique (IT Board) », la mise à jour du Code des télécommunications, etc. En 2018, le Conseil a été mis en place et le nouveau Code a été adopté en remplacement du Code de 2011.

Outre le ministère, la numérisation du pays est coordonnée par la Société Sénégal Numérique S.A. (ancienne Agence de l'informatique de l'État, ADIE)[1] qui accompagne les entités publiques dans l'hébergement de leurs plateformes et la dématérialisation de leurs processus. Selon le directeur de Sénégal Numérique S.A., la mise à jour des services publics numériques disponibles sur le Portail des services du Sénégal est l'une des « priorités du gouvernement », dans le but de « rendre cette administration beaucoup plus agile, beaucoup plus numérique », de permettre aux citoyens « d'avoir ces documents administratifs de manière beaucoup plus simple grâce au numérique »[2].

Des organisations internationales, telles que la Banque mondiale, la Banque africaine de développement, l'Alliance Smart Africa, investissent dans la numérisation du Sénégal. Ainsi, en avril 2023, le Sénégal a signé un accord de 150 millions USD avec la Banque mondiale pour financer la mise en œuvre du Projet d'accélération de l'économie numérique (PAEN).

En décembre 2022, la Banque africaine de développement (BAD) a accordé un financement additionnel de 5,01 millions d'euros pour la construction du Parc technologique numérique de Diamniadio au Sénégal. Ce nouveau prêt est destiné à équiper le *Data Center* projeté dans le Parc, avec une architecture de stockage et de traitement informatique. En mars 2023, le MCTEN a organisé un atelier de deux jours en partenariat avec Smart Africa (une alliance de 36 pays africains adhérant au Manifeste Smart Africa de 2014 avec l'objectif de renforcer la numérisation sur le continent) et la GIZ (agence allemande pour la coopération internationale et le développement) visant à élaborer une stratégie nationale en matière de données.

1.4.3 Développement de l'e-gouvernement en République de Guinée

Le gouvernement guinéen s'est fixé des objectifs ambitieux en matière de numérisation de l'administration publique pour faciliter l'accès aux services publics. L'atteinte de ces objectifs ne saurait se faire sans disposer d'infrastructures performantes, sécurisées et résilientes. Dans ce cadre, le ministère des

---

[1] Société Sénégal numérique S.A. « Présentation et Missions de la Société Sénégal Numérique S.A. », article disponible sur https://senegalnumeriquesa.sn.

[2] Interview du Directeur de Sénégal Numérique S.A. sur la mise à jour des Services publics numériques, disponible sur https://senegalnumeriquesa.sn.

Postes, des Télécommunications et de l'Économie numérique a initié plusieurs chantiers ambitieux, notamment :

1) Dans le domaine des infrastructures de connectivité nationales et internationales : refonte du réseau métropolitain de Conakry (RMC), déploiement des réseaux métropolitains régionaux, augmentation de la capacité de la dorsale nationale en fibre optique (backbone), interconnexion transfrontalière avec les pays voisins (Sierra Leone, Côte d'Ivoire), atterrissement d'un deuxième câble sous-marin… ;

2) Dans le domaine des infrastructures de données : mise en œuvre et opérationnalisation très prochaine du Data Center national Tier 3, qui assurera une souveraineté numérique et le développement d'un écosystème numérique promouvant le contenu local ;

3) Dans le domaine des infrastructures de haute technologie et de recherche : la création d'un technopôle à Conakry qui favorisera le développement des technologies de l'information et de la communication (TIC), mais aussi la mutualisation des projets sectoriels, permettant ainsi une meilleure coordination et utilisation des ressources financières de l'État, mais également le développement de la recherche dans l'intelligence artificielle ;

4) Dans le domaine des infrastructures immobilières : réhabilitation, extension et équipement du réseau postal guinéen.

En 2022, l'Agence Nationale de Digitalisation de l'état (ANDE) a été créée sous l'égide du ministère des Postes, des Télécommunications et de l'Économie numérique (MPTEN). Elle est en charge de la mise en œuvre de la politique, des stratégies, des programmes et des projets du gouvernement guinéen visant à digitaliser l'administration publique guinéenne. L'ANDE supervise aussi le développement des infrastructures numériques et des plateformes numériques publiques en Guinée et coordonne les services informatiques de toutes les administrations.

En 2023, le ministère des Postes, des Télécommunications et de l'Économie numérique s'est doté d'une stratégie nationale de digitalisation qui vient soutenir la vision d'une Guinée qui dispose d'une administration fortement digitalisée et d'un développement durable du numérique qui crée des bénéfices sociaux, économiques et environnementaux pour les citoyens, les secteurs privé et public, de façon inclusive à l'horizon 2027.

En décembre 2023, la Guinée signe un accord de financement avec la Banque Mondiale d'un montant de soixante millions de dollars américains (60 M USD) dans le cadre du programme régional WARDIP, qui concerne quatre pays, à savoir : la République de Guinée, la Guinée-Bissau, la Mauritanie et la Gambie. À travers plusieurs projets structurants, ce programme contribuera fortement à renforcer le cadre juridique et réglementaire, la mise en œuvre d'infrastructures, la digitalisation de l'administration publique et le renforcement du capital humain.

Sur la base du document de « Stratégie nationale pour le Développement de villes Intelligentes », le gouvernement soutient sa vision qui consiste à transformer durablement les villes de Guinée en favorisant la croissance économique et en améliorant la qualité de vie des populations. Cette stratégie tient compte du contexte spatial, politique, socioéconomique et technologique des villes à différents stades de leur urbanisation. Les principaux volets concernent :

1) *La sécurité :* SafeCity est un système de vidéosurveillance de cent vingt caméras (120) qui est actuellement opérationnel et qui permet d'assurer la sécurité des personnes et des biens au niveau des principaux carrefours ainsi que le long des axes routiers de la ville de Conakry et dans certaines villes à l'intérieur du pays. Une extension de ce projet est prévue dans les prochains mois afin d'y intégrer des fonctionnalités plus étendues, notamment l'intégration avec des services publics tels que la protection civile, les services ambulanciers, services sanitaires, d'eau, d'électricité… ;
2) *L'éducation* : création de salles de classe intelligentes améliorées d'un point de vue technologique offrant des opportunités pour enseigner et apprendre en intégrant des technologies d'apprentissage comme les ordinateurs, du *software* spécialisé, technologies à réponse d'audience, appareils d'écoute fonctionnels, la mise en réseau et avec des capacités audiovisuelles ;
3) *Les services d'éclairage public intelligent :* implémentation d'un nouveau système écologique et efficace énergétiquement, qui devra être amélioré par l'implémentation d'un système de gestion de la lumière avec des capteurs, des contrôleurs, etc. ;
4) *Les services hospitaliers et sanitaires :* la mise en place d'un système de Gestion intelligente des Hôpitaux permettra d'offrir des services plus adaptés aux citoyens, notamment à travers la création de dossiers de santé intégrés, la surveillance des maladies pour les différentes zones de la ville ;
5) *La gestion de l'environnement et des déchets :* La création de cartes d'environnement municipales permettra une meilleure connaissance et compréhension de l'état physique et environnemental de la ville et aidera les autorités publiques dans la planification de la résilience. Des données peuvent également être partagées avec les citoyens pour qu'ils soient mieux informés dans leurs prises de décision quant à leurs choix de vie, de lieu et de déplacements afin de mieux s'adapter aux risques environnementaux. Le système permettra également le suivi de la collecte des déchets dans toute la ville pour garantir que la ville est propre et les poubelles publiques et les poubelles des logements sont ramassées à temps ;
6) *Les transports :* la gestion du Transit intégré qui va améliorer la disponibilité, la fiabilité, et le confort des passagers dans les transports publics. Cela permettra de réduire la congestion du trafic dans la ville ;
7) *La disponibilité des services publics en ligne* à travers un guichet unique virtualisé (Application mobile pour citoyens) qui permettra de faire les

démarches de demande de cartes d'identité, de passeports, de permis de conduire et d'autres pièces, ainsi que le paiement de factures diverses, de taxes ou de transferts électroniques de fonds.

En ce qui concerne la modernisation de l'administration publique, pour faire face aux mutations profondes de nos sociétés engendrées par l'arrivée du numérique, la République de Guinée s'est dotée d'une stratégie nationale de digitalisation de l'état « Guinée Digitale », qui ambitionne à l'horizon 2027 de disposer d'une administration fortement digitalisée et d'un développement durable du numérique qui crée des bénéfices sociaux, économiques et environnementaux pour les citoyens, les secteurs privé et public et cela de façon inclusive. Les premières activités de l'ANDE après sa création ont été l'intégration d'une gestion électronique des courriers au sein de la plupart des départements ministériels et l'harmonisation de tous les sites web gouvernementaux. Aujourd'hui, des projets transversaux et structurants pour l'administration publique sont en cours d'implémentation. Ce sont, entre autres :

1) La digitalisation du processus de passation des marchés publics (E-procurement) ;
2) Le projet de mise à jour du système intégré de Gestion des impôts (SAFIG 2) ;
3) La création d'un portail de services publics ;
4) La création de plateformes d'e-services (demande d'agréments, d'homologation…) ;
5) La création d'une plateforme d'adressage numérique ;
6) La plateforme de signalement des cybermalveillances.

Il faut également ajouter le projet de réhabilitation du réseau postal guinéen qui permettra d'offrir des services de proximité aux citoyens à travers ses agences sur toute l'étendue du territoire et grâce à un système de guichets uniques. Ceux-ci permettront aux citoyens de faire les démarches de demande de cartes d'identité, de passeports, de permis de conduire et d'autres pièces, ainsi que le paiement de factures diverses, de taxes ou de transferts électroniques de fonds.

1.5 Développement de l'e-gouvernance au Tchad

Le Tchad est un pays d'Afrique centrale qui a connu une évolution économique et sociale complexe au cours des dernières décennies. Malgré ses vastes ressources naturelles, notamment pétrolières et minières, le pays est confronté à des défis majeurs, tels que la pauvreté, la chute du baril, la guerre de Boko haram….

Dans ce contexte, l'évolution technologique, y compris celle de l'intelligence artificielle (IA), revêt une importance cruciale pour le développement du pays. Alors que le Tchad s'efforce de diversifier son économie et d'améliorer les conditions de vie de sa population, l'IA offre des opportunités prometteuses pour stimuler l'innovation, accroître l'efficacité des services publics et renforcer les secteurs-clés tels que la santé, l'éducation et l'agriculture.

Cependant, il est essentiel de reconnaître que l'adoption de l'IA au Tchad est encore à un stade embryonnaire. Les infrastructures numériques sont limitées, les compétences en technologie sont souvent insuffisantes, et les politiques gouvernementales dans ce domaine sont encore en développement.

1.5.1 Projets d'infrastructures et d'inclusion numérique de l'ADETIC

Dans son objectif de digitalisation des services publics du Tchad, l'Agence de Développement des TIC a mis en place une infrastructure de réseau à fibre optique dans la ville de N'Djamena, visant à relier physiquement les sièges des ministères et des institutions publiques[1]. Ainsi, le réseau à fibre optique de l'ADETIC s'étend sur 52 km dans la ville de N'Djamena et a permis d'interconnecter physiquement 48 départements ministériels et institutions publiques au siège de l'ADETIC. Dans le cadre de la gestion du service universel, l'ADETIC réalise la construction du centre communautaire multimédia (CCM) dans les provinces pour favoriser l'inclusion numérique dans les zones reculées et la construction des pylônes pour la couverture des zones blanches[2] dans le cadre des sévices universels. L'ADETIC a investi dans la réalisation de plusieurs projets, notamment :

1) *Le projet « École tchadienne sur la Gouvernance de l'Internet »* : L'ADETIC, en partenariat avec l'Association House of Africa, a initié un projet de formation intitulé « l'École tchadienne sur la gouvernance de l'Internet (tdSIG) ». L'évènement est annuel et parrainé par le ministre des Télécommunications et de l'Économie numérique. Il permet aux différents acteurs de comprendre l'écosystème de l'Internet.
2) *Le projet « vacances numériques »* : l'ADETIC a initié un projet intitulé « vacances numériques », qui a deux composantes : la formation des jeunes dans des centres dédiés et la sensibilisation de la population grâce à une caravane mobile. Les activités de formation se déroulent dans des centres de formations (écoles, universités, etc.) partenaires de l'ADETIC.

En plus de ces projets réalisés sur l'ensemble du territoire national, l'ADETIC a d'autres chantiers en cours de réalisation. Il s'agit de :

1) Projet CRÉOL et Digitalisation de l'ANIE : L'ADETIC a été instruite par la haute hiérarchie (Primature) de soutenir financièrement le projet de digitalisation de l'ANIE pour améliorer l'environnement des affaires au Tchad. Dans ce cadre, le projet CREOL a été créé par l'ANIE avec le soutien de l'ADETIC. Le projet CREOL est un outil digital qui consiste à mettre en

---

[1] ADETIC (2022). « Déploiement du Réseau à Fibre optique à N'Djamena ». ADETIC.

[2] ADETIC (2923). « Projets de Centres Communautaires Multimédias et Construction de Pylônes pour la Couverture des Zones blanches ». ADETIC.

œuvre une plateforme en ligne pour la création d'entreprises et ainsi digitaliser les services de l'ANIE.

2) *Projet de point d'échanges Internet* : Ce projet consiste en l'interconnexion physique des fournisseurs d'accès Internet autour d'un réseau de *peeling* à fibre optique afin d'améliorer le trafic Internet sur le plan national. Actuellement, 13 fournisseurs d'accès Internet sont interconnectés au réseau construit par l'ADETIC. La réalisation de ce projet permet également de changer les indicateurs de développement de TIC du Tchad.

En 2022, l'Université HSE a lancé le *Programme de partage des connaissances sur l'e-gouvernance pour l'Afrique (E-Governance Knowledge Hub),* visant à partager l'expérience du développement et la mise en œuvre de solutions de gouvernance électronique entre les institutions russes et africaines. Le partage des connaissances sera réalisé dans le domaine de la transformation numérique de l'administration publique, couvrant son aspect théorique, le cadre réglementaire, les technologies et les plateformes, les classements internationaux, les tendances du développement, etc.

Le format de partage des connaissances permettra l'échange d'expériences sur le développement et le déploiement de plateformes d'e-gouvernance dans les pays africains[1]. Les participants auront également l'occasion de se familiariser avec les solutions de pointe et leurs développeurs[2]. Dans le cadre du programme, le Centre d'études africaines de HSE a lancé *l'E-Governance Knowledge Hub* (Hub des connaissances sur l'e-gouvernance) pour l'Afrique, avec des profils de pays et des registres de défis accompagnés par des solutions dans divers domaines de l'e-gouvernance[3]. Le concept de ce Programme a été présenté pour la première fois le 13 avril 2022, à l'occasion d'une table ronde organisée dans le cadre de la XXIIIe Conférence académique internationale de Yasin (avril) sur le Développement économique et social. D'éminents diplomates et experts ont souligné la similitude des défis auxquels leurs pays sont confrontés avec ceux qui ont déjà été relevés avec succès en Russie. Le 15 décembre 2022, à l'occasion d'une table ronde sur le thème « Russie-Afrique : transformation numérique de l'administration publique », les rapports sur les perspectives de coopération avec les pays africains sur les marchés numériques ont été présentés. Les experts ont discuté des suggestions concernant le contenu du Programme de partage des connaissances dans le domaine de la gouvernance électronique.

En juillet 2023, le Programme a été présenté lors du deuxième sommet Russie-Afrique, où une table ronde intitulée « Partage des connaissances : Échange d'expériences dans le domaine de la numérisation de l'administration

---

[1] Organisation pour la Coopération et le Développement économiques (OCDE, 2022). « E-Government in Africa: Trends and Innovations ». OCDE Publishing.

[2] African Development Bank (AfDB, 2023). "Innovations and Solutions in E-Governance: A Workshop Report". African Development Bank.

[3] Centre d'études africaines, HSE (2023). « E-Governance Knowledge Hub for Africa: Country Profiles and Challenge Registers ». Higher School of Economics (HSE).

publique » a été organisée avec la participation d'Igor Lyapunov, vice-président principal pour la sécurité de l'information chez Rostelecom et directeur général de Rostelecom-Solar ; Kamalidini Souef, ministre des postes, des Télécommunications et de l'Économie numérique des Comores ; Peya Mushelenga, ministre des Technologies de l'information et de la communication de la Namibie ; Orlando Mazuze, directeur général de MaCh Digital (Mozambique) ; et Adamu Garba, président de l'IPI (Nigeria)[1].

1.5.2 Coalition pour l'Afrique numérique et initiatives pour renforcer l'infrastructure Internet du continent[2]

La Coalition pour l'Afrique numérique, officiellement lancée lors de l'IGF 2022 à Addis-Abeba, est une initiative de l'ICANN conçue pour rassembler des organisations et des personnes pouvant avoir un impact direct sur l'expansion d'Internet en Afrique. L'objectif de l'initiative est de construire l'infrastructure Internet nécessaire pour soutenir le développement de l'économie numérique de l'Afrique en promouvant l'innovation et en faisant progresser la transformation numérique de l'Afrique grâce à l'expansion du contenu local et en encourageant les efforts entrepreneuriaux. La Coalition vise à soutenir la croissance et la durabilité de l'économie numérique en Afrique, en garantissant un Internet stable, résilient et sécurisé, grâce à des partenariats avec les gouvernements, les organisations régionales et internationales et la communauté Internet locale.

Cette session visait à présenter et discuter de différents projets qui bénéficient directement au continent africain depuis son lancement. Les partenaires de la Coalition discuteront de leur collaboration sur plusieurs projets, tels que la préparation à l'acceptation universelle et à l'internationalisation des adresses e-mail dans les établissements universitaires, le développement de points d'échange Internet (IXP) en Afrique, les tournées d'extension de la sécurité DNS et l'étude DNS Afrique. Après les présentations des différentes organisations partenaires, le public a eu l'occasion de poser des questions et d'en apprendre davantage sur chaque projet.

1.6 Niveau de maturité des systèmes d'e-gouvernance en Afrique

L'e-gouvernance, où la gouvernance électronique représente l'utilisation des technologies de l'information et de la communication (TIC) pour améliorer l'administration publique et offrir des services publics de manière plus efficace, transparente et accessible. En Afrique, la mise en œuvre de l'e-gouvernance

---

[1] Garba, A. (2023). Président de l'IPI (Nigeria). Présentation au deuxième sommet Russie-Afrique. [Informations basées sur la participation de Garba à l'événement]

[2] Coalition pour l'Afrique numérique. (2023). Initiatives pour renforcer l'infrastructure Internet en Afrique. [Informations basées sur les présentations et initiatives connues lors du sommet]

connaît une progression contrastée selon les pays, influencée par divers facteurs, tels que l'infrastructure technologique, la connectivité à Internet, les capacités institutionnelles et la volonté politique. Ce développement explore les niveaux de maturité des systèmes d'e-gouvernance sur le continent, en mettant en lumière les réussites, les défis et les perspectives pour l'avenir.

Certains pays africains se distinguent par leurs avancées significatives en matière d'e-gouvernance. Le Rwanda, par exemple, est souvent cité comme un modèle dans ce domaine[1]. Grâce à sa plateforme « Irembo », le Rwanda permet à ses citoyens d'accéder à plus de 100 services publics en ligne, comme les demandes de passeport, les certificats de naissance ou les permis de conduire[2]. Cette initiative s'accompagne d'une amélioration constante de l'infrastructure numérique du pays, avec une connectivité Internet en expansion et une forte volonté politique de développer une « Smart Nation »[3]. Le Kenya est également en avance avec son système « eCitizen »[4], qui offre un accès en ligne aux services publics, comme les services fiscaux et l'enregistrement des entreprises. Ces pays montrent comment une stratégie claire et des investissements ciblés peuvent accélérer la maturité de l'e-gouvernance[5].

D'autres pays africains sont en phase d'une transition marquée par des initiatives prometteuses, mais qui nécessitent encore une consolidation. Le Ghana, par exemple, a lancé plusieurs projets pour moderniser son administration publique, telle que la plateforme « eTransform Ghana » financée par la Banque Mondiale. Cette plateforme vise à numériser les services gouvernementaux, améliorer l'accès à l'information et renforcer la cybersécurité. En Afrique du Sud, bien que des progrès aient été réalisés dans certains domaines, comme la déclaration d'impôts en ligne, la fragmentation des systèmes et le manque de coordination entre les différents départements publics limitent l'efficacité de l'e-gouvernance. Ces pays illustrent les défis et les opportunités que présentent les réformes en matière de digitalisation de l'administration.

Toutefois, de nombreux pays africains ont encore un faible niveau de maturité en matière d'e-gouvernance, souvent en raison d'une infrastructure numérique insuffisante, d'un accès limité à Internet, de faibles compétences numériques et d'un manque de volonté politique[6]. Dans des pays comme le Tchad et la République centrafricaine, les infrastructures technologiques de base, telles que l'accès à l'électricité et à l'Internet, restent précaires. La faiblesse des investissements publics et privés dans le secteur numérique, combinée à des défis

---

[1] Kanyegirire, E. (2021). Rwanda : Leading the Digital Transformation in Africa. Rwanda Development Board. Accessed August 2024.

[2] Rembo (2024). Irembo: Access to Public Services in Rwanda. Irembo Official Website. Accessed August 2024

[3] World Bank (2023). Rwanda's Digital Infrastructure and Smart Nation Vision.

[4] eCitizen (2024). eCitizen Platform: Accessing Government Services in Kenya.

[5] African Development Bank (2023). E-Governance in Africa: Case Studies and Best Practices.

[6] International Telecommunication Union (2022). Measuring the Information Society Report 2022. ITU.

politiques et économiques internes, freine considérablement le développement de l'e-gouvernance. La lenteur dans l'adoption de ces technologies résulte aussi de l'absence de cadres juridiques et réglementaires adaptés pour encadrer l'e-gouvernance.

Les pays africains qui réussissent le mieux en matière d'e-gouvernance partagent certains facteurs communs : une forte volonté politique, des investissements substantiels dans les TIC, des partenariats avec le secteur privé et une implication active de la société civile. Cependant, ces pays font également face à des défis communs, tels que la gestion des cyberrisques, la protection des données personnelles et la lutte contre la fracture numérique, qui est exacerbée par des disparités géographiques et socio-économiques[1]. Les pays qui progressent le plus vite sont ceux qui adoptent une approche intégrée, combinant infrastructures physiques et cadres juridiques solides, tout en mettant l'accent sur la formation et la sensibilisation des citoyens[2].

Le Sénégal s'est classé 143e au niveau mondial dans l'enquête 2022 des Nations Unies sur le développement de l'e-gouvernement, ce qui représente une amélioration par rapport à la 150e place en 2020. L'indice de développement de la gouvernance électronique (EGDI) du pays est de 0,45, dépassant la moyenne régionale de 0.405. Selon la mise à jour de l'indice de maturité GovTech 2022 de la Banque mondiale, le Sénégal se situait dans le groupe C parmi les pays qui mettent l'accent sur les GovTech. Son GTMI (indice de maturité GovTech) a atteint 0.33. à partir de 2023, le portail Sénégal Services (Espace Service Sénégal) a été conçu comme un point d'entrée unique à tous les services publics. Il permet d'obtenir un certificat d'état civil, un casier judiciaire, un Numéro d'Identifiant fiscal unique (NINEA) et d'autres documents administratifs. Il existe également une application Sénégal Services disponible sur Google Play. Certaines procédures requièrent le paiement de frais variant de 1 000 à 5 000 francs CFA (1,7 - 8,3 USD). En 2022, le directeur de la Société Sénégal Numérique S.A. a annoncé la mise à jour de plus de 80 procédures numérisées sur le portail lors des premières étapes de la mise en œuvre du projet et a signalé la disponibilité de plus de 750 procédures sur le portail à ce jour. La plateforme eService (eTax) fournie par la Direction générale des Impôts et des Domaines (DGID) a été conçue pour permettre aux contribuables de déclarer et de payer leurs impôts en ligne. Pour accéder à l'application web, il est nécessaire de s'enregistrer avec un numéro d'identification fiscale unique (NINEA). Lors de l'enregistrement, un e-mail contenant les détails d'accès (login et mot de passe par défaut) sera envoyé au centre fiscal de l'utilisateur[3]. La section e-services du site web de la DGID présente un certain nombre d'autres plateformes

[1] European Union Agency for Cybersecurity (2023). Cybersecurity Challenges in African E-Governance. ENISA. Accessed August 2024.

[2] McKinsey & Company (2023). Integrated Approaches to Digital Transformation in Africa.

[3] Direction générale des Impôts et des Domaines (DGID, 2024). Procédure d'enregistrement sur la plateforme eService.

numériques mises en œuvre par l'agence, telles que Mon Espace perso (permets aux utilisateurs avec un chiffre d'affaires inférieur à 100 millions de francs CFA d'avoir un accès en ligne aux dossiers fiscaux, de consulter les comptes fiscaux, de déclarer les impôts et taxes), la plateforme Sen-Etafi (permets le dépôt en ligne des états financiers), PCF (permets de vérifier si la personne ou l'entité juridique qui importe est sujette à la taxe de conformité fiscale — PCF), permet le téléchargement des formulaires de déclaration[1].

L'adoption des TIC est relativement élevée dans le secteur de l'éducation. En 2016, le projet Ressources numérique pour tous (RNPT) a été lancé pour compenser le manque d'enseignants. Dans le cadre de ce projet, 240 des 308 lycées du Sénégal ont reçu des tablettes, des salles de classe numériques et d'autres équipements numériques avec un coût total de près d'un milliard de francs CFA (1,7 million USD)[2].

Pour améliorer la performance du système de santé au Sénégal, le ministère de la Santé et de l'Action sociale a élaboré le Plan Stratégique E-Santé 2018-2023. L'Unité de la Carte sanitaire et sociale, de la Santé numérique et de l'Observatoire de la Santé (CSSDOS) est l'entité en charge de la mise en œuvre du Plan. Son site web présente la liste de tous les établissements de santé disponibles, mais ne propose aucun service numérique. Le système d'information sanitaire du Sénégal basé sur le système DHIS2 (District Health Information Software, une plateforme open source développé et mis en œuvre sous la direction du Centre HISP de l'Université d'Oslo [UiO] en collaboration avec ses partenaires et utilisé par 80 pays dans le monde) a été introduit en 2013 pour la collecte et la communication d'informations sur les installations sanitaires. Il existe également l'application M-diabète lancé en 2016 dans le cadre du programme « Be He@lthy Be Mobile » de l'OMS et de l'UIT. Les utilisateurs reçoivent des messages contenant des informations et des recommandations utiles. Selon l'étude de 2015 intitulée « mDiabète : Une initiative de prévention du diabète par téléphone mobile au Sénégal », à la phase pilote de la mise en œuvre, 1770 personnes ont reçu des messages via le service. Le nombre total de SMS a atteint 350 000 et le taux de satisfaction s'est élevé à 87,3 %.

Le Bénin dispose de plusieurs plateformes. L'E-Visa est un site qui permet à tout étranger désireux de visiter la République du Bénin de soumettre sa demande de Visa en ligne. Le visa électronique doit être payé en ligne. Une fois la demande acceptée par les instances béninoises, il sera envoyé directement sur la messagerie électronique fournie dans la demande[3]. L'e-résultats est la plateforme numérique de gestion et de consultation des résultats de tous les examens et concours nationaux organisés au Bénin. Elle permet aux candidats des différents examens et concours ainsi qu'à leurs familles et proches de consulter partout les résultats en toute sécurité. La plateforme service-public.bj a pour mission

---

[1] *Idem.*

[2] Ministère de l'Éducation du Sénégal (2016). Projet ressources numériques pour tous (RNPT).

[3] Source : E-Visa Bénin. Disponible sut https://evisa.bj/

d'informer le citoyen béninois et de l'orienter vers les services qui lui permettent de connaître ses obligations, d'exercer ses droits et d'accomplir ses démarches administratives. C'est le site officiel de l'administration béninoise, le portail unique de renseignement administratif et d'accès aux services en ligne, réalisé en partenariat avec les administrations nationales et locales[1]. Le catalogue des solutions interopérables (CatIS) est le système d'information qui enregistre et fournit des informations sur les structures de l'administration et les services qu'elles fournissent. Il est un instrument supplémentaire pour la coordination des systèmes d'information de l'État, un outil pour le développement et l'administration de systèmes inter-domaines et un système de soutien pour la maintenance des registres et des données de base[2].

Le Rwanda est devenu le fer de lance de la gouvernance intelligente et est aussi le siège de l'initiative Smart Africa dont les objectifs sont doubles : rendre les TIC motrices du développement socioéconomique du continent et donner un accès à Internet haut débit de manière rapide et fiable à tous. Le Rwanda veut devenir un centre important de l'Afrique numérique et à cette fin, il investit davantage dans le développement de l'université rwandaise.

Le Système d'Information et de Management de l'Éducation nationale (SIMEN) a été introduit en 2016 en coopération avec Microsoft Afrique. Il permet de vérifier les présences, les notes, etc. L'application mobile a également été développée.

Les technologies de l'information et de la communication (TIC) pour le développement se sont imposées comme un nouveau domaine d'activité au milieu des années 1990, alors que les possibilités qu'elles offraient commençaient à être mieux comprises[3]. Dans ce domaine, les programmes de développement avaient alors tendance à mettre l'accent sur l'offre d'accès aux TIC plutôt que sur la mise en place de technologies novatrices pour contribuer à traiter les lacunes et problèmes traditionnels en matière de développement[4].

Au cours des dernières années, malgré le fait qu'à des degrés divers, la plupart des pays en voie de développement font toujours face à de nombreux défis en ce qui concerne l'accès à l'information, le principal centre d'intervention s'est porté sur le déploiement et l'utilisation d'applications TIC spécifiques pour résoudre les problèmes traditionnels de développement. Ainsi, la fin des années 1990 a connu une intensification de l'utilisation des TIC par les pouvoirs publics, la

---

[1] République du Bénin (2024). Service-Public.bj : Portail unique de l'Administration béninoise, disponible sur https://www.bing.com/search?q=R%C3%A9publique+du+B%C3%A9nin+(2024).+Service-Public.bj.

[2] *Idem.*

[3] Castells, M. (1996). The Rise of the Network Society. Wiley-Blackwell.

[4] Heeks, R. (2002). *Information and Communication Technologies and Development: Theories and Practice.*

société civile et le secteur privé, dans le but non seulement d'améliorer l'efficacité de l'action gouvernementale, mais aussi de promouvoir la participation citoyenne à la gouvernance et aux processus démocratiques[1].

Le PNUD utilise le terme TIC pour désigner à la fois les nouvelles et les « anciennes » technologies, qui ne se limitent pas à l'utilisation d'Internet ou d'ordinateurs personnels. Parmi les plus anciennes, comme le téléphone et la radio, plusieurs sont accessibles aux secteurs les plus pauvres de la population et sont en train de reprendre de l'importance, notamment en raison de la convergence progressive des TIC, anciennes et nouvelles.

Le PNUD a étendu l'usage des TIC à toutes les activités de ses interventions dans le domaine de la gouvernance démocratique, en vue de soutenir l'accomplissement des Objectifs du Millénaire pour le développement (OMD). La gouvernance électronique est ainsi entendue comme l'utilisation des TIC pour améliorer, d'une part, l'efficacité de l'action gouvernementale, la transparence, la responsabilité et les prestations et, d'autre part, la participation du citoyen et son engagement dans la gouvernance et les processus démocratiques.

La stratégie de cybergouvernance du PNUD a été adoptée à la suite d'une analyse approfondie de la vaste expérience qu'il a acquise aux côtés des praticiens dans les pays et régions bénéficiaires. Cette stratégie vise à augmenter l'efficacité, la transparence et la reddition des comptes des institutions nationales, améliorer l'accès à l'information et la prestation de services de base pour la population générale, notamment les pauvres, accroître la participation citoyenne, notamment des pauvres, des femmes et des jeunes, aux processus démocratiques et décisionnels.

1.7 Enjeux et défis de l'e-gouvernance en Afrique

1.7.1. Obstacles à l'adoption de l'e-gouvernance

1.7.1.1 Les obstacles

L'infrastructure des télécommunications est cruciale pour le bon fonctionnement des plateformes de gouvernement électronique[2]. Cela a un impact sur la performance de la plateforme, notamment sa vitesse et la fréquence des arrêts dus à la mauvaise connexion. De plus, l'état du développement de l'infrastructure des télécommunications affecte directement l'engagement des citoyens et la livraison des services[3].

---

[1] UNDP (2004). Information and Communication Technologies for Development: A Global Perspective.

[2] ITU (2022). Telecommunications Infrastructure and E-Government Platforms. International Telecommunication Union.

[3] OECD (2023). Telecommunications Infrastructure and Citizen Engagement: The Role of Connectivity in Service Delivery.

Le marché africain des télécommunications en général est largement monopolistique, le gouvernement contrôlant les principaux acteurs. Pourtant, l'État ne dispose pas de base de ressources, essentielle pour investir dans le développement de la connexion Internet dans les zones éloignées. Comme le souligne la Stratégie de transformation numérique de l'UA pour l'Afrique 2020-2030, les infrastructures de télécommunications sont « encore très précaires, faute d'un plan de financement équilibré pour leur maintenance, leur développement et leur renouvellement ». L'Index de l'infrastructure de télécommunication des Nations Unies (TII), créé pour évaluer le développement du gouvernement numérique, est basé sur quatre indicateurs clés, à savoir le nombre d'utilisateurs d'Internet pour 100 habitants ; nombre d'abonnés mobiles pour 100 habitants ; nombre d'abonnements à haut débit sans fil pour 100 habitants ; et nombre d'abonnements à haut débit fixe pour 100 habitants. Selon l'Organisation de coopération et de développement économiques (OCDE), en 2021, seuls 28 pays africains disposent d'une législation complète sur la protection des données personnelles, tandis que 11 pays seulement ont adopté des lois de fond sur la cybercriminalité. L'insuffisance de stratégies et des législations numériques entraîne de graves lacunes en matière de sécurité qui laissent les pays vulnérables à l'utilisation abusive des plateformes et des données numériques.

Dans le même temps, d'autres défis existent pour la gouvernance d'Internet en Afrique. Sur tout le continent, les coupures d'Internet imposées par certains gouvernements, les régimes fiscaux émergents pour les médias sociaux et le manque d'accès au financement, entre autres politiques existantes et *ad hoc* liées à la technologie, compliquent et entravent l'accès au marché, la croissance et l'innovation pour les utilisateurs en ligne et les entrepreneurs technologiques[1]. La protection des données et de la vie privée est devenue un sujet sensible pour la gouvernance d'Internet en Afrique en raison des événements concernant l'influence et l'ingérence dans les élections dans divers pays. Selon le Centre d'études stratégiques de l'Afrique (CÉSA), les gouvernements africains sont confrontés à un ensemble de menaces numériques en évolution rapide — sabotage d'infrastructures critiques, criminalité organisée et utilisation de la technologie pour un usage militaire — provenant de divers acteurs[2]. Pour cette raison, les gouvernements africains devraient se focaliser sur trois questions clés : la protection de la propriété intellectuelle (PI), la protection des données et la cybersécurité[3].

Malgré la forte croissance de la bande passante et l'accroissement régulier du taux de connectivité, certaines couches de la population africaine sont encore

[1] African Union (2023). Internet Governance and Policy Challenges in Africa. African Union Reports

[2] Centre for Strategic and International Studies (CSIS) (2023). Digital Threats and Cybersecurity in Africa

[3] Centre for Strategic and International Studies (CSIS) (2023). Cybersecurity, Intellectual Property Protection, and Data Privacy in Africa

exclues de toutes les opportunités d'échanges qu'offrent les TIC, défavorisées qu'elles soient par le phénomène de la fracture numérique. La fracture, le gap ou le fossé numérique désigne l'écart qui existe entre les pays développés et les pays sous-développés en termes d'accès aux Technologies de l'Information et de la Communication. En effet, l'Afrique compte le niveau de développement des télécommunications le plus faible du monde. Koffi Annan, alors Secrétaire général de l'ONU, déclarait lors de la 56e Assemblée des Nations Unies tenue le 17 juin 2006, que « Le fossé numérique ne cesse de se creuser entre les pays du Nord et du Sud, des milliards de personnes n'étant toujours pas connectées à une société qui, de son côté, l'est de plus en plus ».

En effet, il existe en Afrique une pénurie de lignes téléphoniques, même dans les zones urbaines. Aussi, selon l'Observatoire sur les Systèmes d'Information, les Réseaux et les Inforoutes au Sénégal (OSIRIS), le contenu Internet africain représente à peine 3 % du marché mondial. Sur près de 180 millions de noms de domaines recensés dans le monde, le continent africain se classe loin derrière les autres régions du globe. L'Afrique de l'Ouest, par exemple, ne compte que 10 000 noms de domaines et 3 registraires sur 942 installés dans le monde en octobre 2008[1]. Cependant, les investissements dans les infrastructures TIC en Afrique ont beaucoup augmenté ces dernières années. Ils seraient passés de 3,5 milliards de dollars en 2000 à 8 milliards en 2005[2].

Il convient également d'ajouter le fait que le nombre d'ordinateurs en Afrique et la capacité de les utiliser sont relativement faibles. Le coût élevé des télécommunications, l'existence de barrières tarifaires à la communication des données, le coût élevé des formations, l'analphabétisme et la fuite des cerveaux sont autant de facteurs bloquants auxquels il faut ajouter la vétusté du matériel, l'inégale répartition des réseaux téléphoniques et le monopole des opérateurs classiques de télécommunication. Aussi, un obstacle de taille à l'accès aux TIC en Afrique est l'état de guerre permanent et la fréquence des coups d'État, synonyme d'instabilité politique et économique qui caractérise certaines régions du continent depuis plus d'une décennie. C'est le cas de l'Afrique centrale, dans la région des Grands Lacs. Dans ces zones, il est très difficile, voire impossible, de mettre en place une infrastructure de qualité pouvant permettre aux populations d'accéder aisément aux TIC. Aussi, la peur permanente de subir des attaques décourage certaines populations de s'éloigner de leur lieu d'habitation pour se rendre dans les grandes villes plus équipées en outils d'accès aux TIC. Sans compter que les investisseurs ne prennent pas le risque d'investir dans une infrastructure pouvant à tout moment subir des opérations de sabotage ou tout simplement souffrir de l'humeur d'un nouvel homme fort (Président de la République) qui n'hésite pas à résilier une autorisation délivrée à un opérateur pour confier le secteur à un groupe de son choix.

---

[1] ICANN (2008). Domain Name Statistics and Registrar Distribution Report

[2] African Development Bank (2006). Investment in ICT Infrastructure in Africa: Trends and Analysis

À ces obstacles d'ordre matériel et « infrastructurel » d'accès aux TIC, il convient d'ajouter d'autres que Raphaël Ntambue Tchimbulu qualifie d'obstacles culturels. Il s'agit, entre autres, de « Nos convictions et nos obligations d'importer des technologies vétustes ; l'importance que nous accordons aux dons reçus, à la gratuité des services ; les discriminations culturelles hommes-femmes, vieux jeunes, anglais-français, etc., qui n'encouragent pas certaines catégories à se brancher sur l'Internet ». Tous ces obstacles matériels, infrastructurels et culturels ont grandement creusé le fossé numérique qui peut facilement se résumer à travers trois critères que sont l'infrastructure, l'accès et les usages. Au-delà des caractéristiques de la fracture numérique, il est aussi possible d'apprécier son impact sur la société africaine.

En Afrique, le développement des TIC, l'Internet, en particulier, ne s'est pas opéré de façon uniforme. Il existe en effet de grands écarts dans les taux de pénétration des TIC entre pays africains, mais également à l'intérieur d'un même pays, les villes principales sont bien souvent plus équipées que le reste du pays. Au Sénégal, par exemple, le téléphone fixe et mobile, ainsi que l'ADSL, est largement disponible dans les capitales régionales alors que certaines communautés rurales n'ont pas accès au réseau électrique et elles sont encore moins équipées en infrastructures d'accès à l'Internet ou au réseau téléphonique[1].

Par ailleurs, la fracture numérique a créé une fracture sociale en Afrique de l'Ouest. Des études ont montré qu'en Afrique, les hommes sont plus connectés à l'Internet que les femmes, les jeunes plus que les vieux, les valides plus que les handicapés, etc. La fracture numérique a tout simplement créé une fracture sociale en Afrique de l'Ouest et peut être même dans le monde, avec d'un côté, ceux qui ont les moyens de se connecter à l'Internet, les « info-riches », et de l'autre, ceux qui ne peuvent pas profiter des possibilités des TIC, les « infos-pauvres »[2]. À l'évidence, la fracture numérique constitue aujourd'hui, en Afrique de l'Ouest, un obstacle majeur au développement des TIC et, par conséquent, de la gouvernance électronique[3].

Aussi, pendant longtemps, chaque état africain a essayé de réduire individuellement « sa fracture numérique » en instaurant un cadre juridique et fiscal propice à l'investissement dans les infrastructures, mais également en mettant en place des réseaux de communication au sein des administrations. La plupart de ces réseaux participent de la volonté de faire des TIC un outil de bonne gouvernance. Les différents efforts étatiques individuels n'ayant pas suffi à résorber le fossé numérique, les Africains ont fini par comprendre que la fracture numérique ne pouvait être jugulée que de manière collective et concertée. Dès lors, ils ont

[1] Ndiaye, A. (2019) "Développement des TIC au Sénégal." *Revue africaine des Télécommunications,* vol. 5, no. 3.

[2] Diop, M. (2021) "La fracture numérique en Afrique de l'Ouest : enjeux et perspectives." *Journal africain des Études numériques,* vol. 12, no. 4, pp. 78-94

[3] Sow, B. et coll. (2020) « Gouvernance électronique et développement en Afrique de l'Ouest. », *Cahiers africains de l'Informatique,* vol. 8, no. 2, pp. 101-120.

entrepris au niveau régional et international quelques initiatives majeures qui militent en faveur d'une infrastructure de qualité. Il s'agit notamment du volet TIC du Nouveau Partenariat pour le Développement de l'Afrique (NEPAD), du Fonds Mondial pour la Solidarité numérique, et du Réseau africain de Communication par Satellite (RASCOM).

Selon l'Enquête des Nations Unies sur l'E-Gouvernement 2022, Maurice avait la valeur TII la plus élevée d'Afrique (0,758 8). La valeur moyenne pour le continent est de 0,41. La majorité des pays enclavés ont des valeurs TII relativement faibles. Par exemple, l'Éthiopie (0,15), le Niger (0,14), le Tchad (0,12), la République centrafricaine (0,08) et l'Ouganda (0,25) sont les moins développés en matière d'infrastructures de télécommunications nécessaires. Le Botswana est le leader parmi les pays enclavés, avec la valeur TII de 0,68, suivi du Mali (0,44), du Burkina Faso (0,393), de la Zambie (0,39) et du Zimbabwe (0,38).

✓ *Investissement et PPP*

L'allocation des investissements dans les infrastructures de télécommunications fait partie des principaux défis, d'autant plus que d'autres secteurs d'infrastructures, comme les transports et l'énergie, ont besoin de leur part de financement[1]. Le principe de base de la gestion des investissements publics consiste à acheminer les investissements publics vers des projets moins rentables, ce qui n'est généralement pas le cas des TIC[2]. Différentes estimations indiquent que l'Afrique a besoin d'investissements de 130 à 170 milliards de dollars par an pour combler le déficit en infrastructures.

Selon les données de l'ICA, les investissements dans les infrastructures de 49 gouvernements africains s'élevaient à 33,4 milliards de dollars. En dehors de cette somme, les allocations nationales dans le secteur des TIC se montaient à 0,9 milliard de dollars, soit 3 % des investissements nationaux totaux[3].

Le partenariat public-privé serait la solution, mais l'incertitude de l'environnement politique et de nombreux risques politiques, monétaires et ceux liés aux projets d'infrastructures font fuir les entreprises privées. Selon une étude de McKinsey menée en 2020, même s'il existe une pléthore d'acteurs prêts à investir dans les infrastructures en Afrique, 80 % des projets d'infrastructures dans la région échouent aux étapes de la faisabilité et du plan d'affaires, et seuls 10 % atteignent la clôture financière. Cette situation exerce une forte pression financière sur les développeurs d'infrastructures. Ce faible taux de réussite est le

---

[1] Jenkins, R. (2022) "Les défis de l'allocation des investissements en Afrique." Revue internationale des Infrastructures, vol. 7, no. 1, pp. 22-35.

[2] Bamba, K. (2021) "Gestion des investissements publics et secteur des TIC." Études en Développement économique, vol. 14, no. 2, pp. 50-64.

[3] ICA (International Communications Association, 2024). « Investissements dans les infrastructures de télécommunications en Afrique. », *Bulletin de l'ICA*, vol. 9, no. 3, pp. 45-52.

résultat de lacunes en matière de réglementation, de politique, de planification et de négociations (par exemple, des retards dans l'obtention de licences et de permis et un manque de planification à long terme conduisant à des investissements préférentiels dans des projets à court terme et à faible impact).

Les estimations de la Banque mondiale sur les investissements publics-privés dans les TIC dans certains pays africains montrent qu'il existe de grandes inégalités régionales : l'Afrique du Sud est le leader parmi les pays avec des données disponibles pour 2022 qui affichent 198,5 millions de dollars. Pour la RDC, la valeur était estimée à 21 millions de dollars et, pour le Nigeria, elle était de 100,2 millions de dollars[1]. À l'échelle mondiale, à partir de 2023, les TIC et les télécommunications ont représenté 10 % de l'ensemble des projets de PPP.

✓ *Électricité*

Selon le rapport Africa Energy Outlook 2022, 600 millions de personnes, soit 43 % de la population de l'Afrique subsaharienne, n'ont pas accès à l'électricité[2]. Le Ghana, le Kenya et le Rwanda sont considérés comme des réussites en termes de développement de la connectivité universelle. On estime que les taux d'électrification en Afrique sont les plus bas du monde. Une inégalité significative est observée entre les sous-régions. L'Afrique du Nord a un accès stable à l'électricité, avec un taux d'électrification de 99 % en 2020. En revanche, en 2021, l'accès à l'électricité en Afrique subsaharienne s'élevait à 50,6 %, avec 80,7 % dans les zones urbaines et 30,4 % dans les zones rurales. En 2021, les principales sources de production d'électricité en Afrique étaient le gaz naturel (42 %) et le charbon (28 %). Les sources d'énergie renouvelables ne sont pas encore populaires. L'hydroélectricité est la source la plus courante, avec 17,5 % de l'électricité produite à partir de celle-ci[3].

Le rapport Africa Energy Outlook 2022 souligne que le continent possède 60 % des ressources d'énergie solaire les plus efficaces du monde, mais la capacité des centrales solaires existantes est de 1 %. La même année, la consommation totale d'électricité par habitant en Afrique s'élevait à 0,636 mégawattheure (MWh), ce qui est 81 % de moins que la moyenne mondiale de 3,358 MWh. Avant la disparition de Mouammar Kadhafi, la Libye était en tête du continent, avec un taux de consommation annuelle d'électricité par habitant de 3,793 MWh. En raison de la croissance démographique, les chiffres ont récemment baissé et devraient s'établir au niveau des taux des années 2010 au plus tôt en 2026. En 2023, l'ONU a constaté que le chiffre moyen

---

[1] Banque Mondiale (2023). « Investissements publics-privés dans les TIC en Afrique 2022. » Rapport annuel sur les Investissements TIC, pp. 15-22.

[2] International Energy Agency (IEA, 2022). "Africa Energy Outlook 2022.", *Global Energy Review*, pp. 12-18.

[3] African Energy Commission (2022). "Sources de production d'électricité en Afrique en 2021." Rapport sur les Énergies en Afrique, vol. 9, no. 1, pp. 40-55.

de la consommation d'énergie par habitant en Afrique subsaharienne était de 200 kilowattheures (kWh) d'électricité par an. En revanche, les pays d'Afrique du Nord consomment 1 442 kWh par habitant. Les habitants des zones rurales utilisent 50 kWh par an.

✓ *Câbles à fibres optiques sous-marins et terrestres*

D'après les données du Network Startup Resource Center (NSRC), 39 pays africains sont reliés à des câbles terrestres à fibre optique déjà opérationnels et/ou en projet[1]. En 2021, environ 57 % de la population de l'Afrique subsaharienne vivait dans la zone couverte par les réseaux de fibre optique. Les câbles apportent principalement la connectivité aux zones côtières. Malgré les progrès de la technologie de la fibre optique, les câbles ne sont pas disponibles sur le continent africain.

Étant donné qu'une grande partie du contenu informatique provient de l'extérieur et que les plates-formes publiques et privées sont situées sur des serveurs et des centres de données étrangers, les câbles sous-marins transmettent de grandes quantités de données critiques et vulnérables. L'interférence des câbles peut entraîner l'arrêt des plates-formes de gouvernement numérique si le contenu est stocké à l'extérieur. Des problèmes de confidentialité se posent également[2].

Néanmoins, en raison des défaillances de câbles qui ont été signalées ces dernières années, la dernière ayant été détectée en mars 2024, une grande partie de la population du continent pourrait se retrouver sans connexion Internet. Parmi les câbles dont le fonctionnement s'est dégradé, figurent SAT-3/West Africa Cable System (WACS), Africa Coast to Europe (ACE), MainOne, EIG, Seacom, AAE-1. La connexion a été coupée pour des centaines de millions d'habitants d'Afrique de l'Ouest et d'Afrique centrale[3].

✓ *Tours de télécommunications*

La majorité de la population africaine se connecte en ligne et effectue des opérations commerciales via des téléphones portables. Ce type d'appareil étant beaucoup plus abordable que les ordinateurs personnels, les services de connectivité sans fil sont considérés de la plus haute importance. Le nombre d'abonnements mobiles 5G en Afrique subsaharienne devrait croître de manière exponentielle, avec 7,24 millions en 2023 et 104,43 en 2027.

---

[1] Network Startup Resource Center (NSRC, 2023). "Câbles terrestres à fibre optique en Afrique." Rapport sur les Infrastructures de Télécommunications, pp. 10-15.

[2] Privacy and Security Network (2023). "Problèmes de confidentialité liés aux données stockées à l'étranger." *Cybersecurity Journal,* vol. 7, no. 1, pp. 25-35.

[3] Submarine Cable Consortium (2024). « Défaillances récentes des câbles sous-marins en Afrique. » African Submarine Cable Report, vol. 11, no. 1, pp. 18-25.

En 2023, la taille du marché des tours de télécommunications en Afrique était estimée à cent quatre-vingt-dix-neuf mille unités, et devrait s'étendre jusqu'à deux cent huit mille unités d'ici la fin de 2024[1]. Les principaux acteurs du marché sont IHS Towers, dont le siège est au Royaume-Uni, et qui est présent au Cameroun, en Côte d'Ivoire, au Nigeria, au Rwanda, en Afrique du Sud et en Zambie ; American Tower Corporation (Ghana, Burkina Faso, Niger, Nigeria, Kenya, Ouganda, Afrique du Sud) ; le Britannique Helios Towers (Tanzanie, Sénégal, Malawi, RDC, République du Congo, Ghana, Afrique du Sud, Madagascar)[2]. Le Sud-Africain Eskom Holdings Limited et ZESCO Limited, basé en Zambie, les deux détenues par l'État, figure également parmi les principaux acteurs. D'après les calculs de TowerXchange, le Nigeria possède le plus grand marché de tours de télécommunications en Afrique subsaharienne, avec trente-neuf mille cinq cent tours en 2023, suivi de l'Afrique du Sud (vingt-quatre mille neuf cents tours) et de l'Éthiopie (dix mille deux cents tours). La Namibie (huit cent quatre-vingt-une), le Gabon (neuf cent quatre-vingt-treize) et la République du Congo (mille soixante-dix) sont les pays où le nombre de tours de télécommunication est le plus faible[3].

L'utilisation de la 2G/3G/4G et de la 5G en Afrique subsaharienne en 2022 est respectivement de 1,81 exaoctet et de 0,02. En 2023, 27 opérateurs mobiles ont déjà mis à disposition des services 5G. Selon la GSMA, des réseaux 5G commerciaux sont désormais en service au Botswana, en Éthiopie, en Gambie, au Togo, au Nigeria, au Kenya, en Ouganda, en Tanzanie, au Mozambique, en Afrique du Sud, en Zambie, au Zimbabwe, à Madagascar, à Maurice et aux Seychelles.

En 2022, les réseaux 4G représentaient 35 % du total des connexions Internet. D'ici 2026, ils devraient devenir la technologie la plus largement adoptée, dépassant la 3G, qui est actuellement la plus répandue. En 2022, le nombre de connexions 3G représentait plus de 50 % du total. Selon l'UIT, en 2022, 50 % de la population du continent étaient couvertes par les réseaux 4G, 33 % ne pouvaient accéder qu'aux réseaux 3G et 9 % se trouvaient dans la zone 2G. Près de 50 % de la population rurale est couverte par les réseaux 3G, contre 25 % couverts par les réseaux 4G. La majorité de la population urbaine (84 %) est en mesure d'accéder aux réseaux 4G.

---

1 Market Insights Africa (2023). "Taille et prévisions du marché des tours de télécommunications en Afrique 2023-2024." *African Telecommunications Market Report,* vol. 9, no. 2, pp. 14-20.

2 Telecom Africa Review (2023). "Acteurs clés du marché des tours de télécommunications en Afrique." *African Telecom Industry Review*, vol. 7, no. 4, pp. 50-55.

3 African Tower Metrics (2023). "Analyse du nombre de tours de télécommunications en Afrique." Sub-Saharan Telecom Overview, vol. 10, no. 2, pp. 22-30.

✓ *Satellites*

Internet par satellite en Afrique est en grande partie maintenu par Intelsat, un fournisseur multinational de communications par satellite dont le siège se trouve aux États-Unis, et Africa Mobile Networks (AMN), un groupe de sociétés opérant en Afrique dont le siège est au Royaume-Uni[1]. Depuis 2018, les entreprises ont mis en place plus de trois mille antennes satellites de base rurales à travers le continent[2]. Le Nigeria est le plus grand site des entreprises, où plus de 1 350 antennes satellites sont déployées. AMN couvre à lui seul 15 pays africains, fournissant à la population vivant dans les zones rurales la connexion 2G, 3G et 4G[3].

En général, les services de communication Internet par satellite, tels que VSAT (Very Small Aperture Terminal), sont principalement proposés par des sociétés privées internationales. En 2022, la taille du marché a été estimée à 525 millions de dollars, et devrait atteindre un taux de croissance annuel composé (TCAC) de 8,6 % sur la période 2022-2030. Il est à noter que le développement du marché VSAT est mené par les secteurs pétrolier, gazier et maritime. Selon Africa VSAT Market Size and Forecasts (2020-2030), GlobalTT (Belgique), NTvsat (Allemagne), Talia Communications Limited (Royaume-Uni), Afrikanet Oxford Consultech Limited (Royaume-Uni), Norsat International Inc. (Canada), Sandstream Telecoms (Afrique du Sud), VSATmena FZCO (Émirats arabes unis), EchoStar Corporation (États-Unis) et Link Communications Systems (Royaume-Uni) sont les leaders du marché.

La technologie VSAT comprend la bande C, qui est une option viable pour les régions éloignées où les infrastructures de fibre optique et de câble sont inaccessibles, et qui résiste à diverses conditions météorologiques ; la bande Ku, principalement utilisée par les ménages et les petites entreprises résidant dans les zones urbaines ; et la bande Ka, qui fournit les niveaux de connexion les plus rapides, mais qui est vulnérable aux conditions météorologiques défavorables. La tendance prévue en termes d'utilisation de la technologie est la télémédecine, en particulier dans les zones rurales éloignées.

Les pays enclavés sont coupés des câbles sous-marins, ce qui entrave le développement des services de connectivité. Internet par satellite est l'opportunité la plus viable.

Selon l'UIT, les principaux obstacles à la connectivité Internet dans les zones éloignées et les pays enclavés sont le faible retour sur investissement des opérateurs et des sociétés de tours, car ces zones manquent généralement de

---

[1] Intelsat and AMN (2023). "Maintien de l'Internet par satellite en Afrique." Satellite Communications Journal, vol. 13, no. 2, pp. 45-50.

[2] African Satellite Network Report. (2023) "Déploiement des antennes satellites rurales en Afrique depuis 2018." Africa Telecom Insights, vol. 8, no. 3, pp. 30-35.

[3] AMN (2023) Coverage Report. « Couverture des antennes satellites en Afrique par AMN. » Africa Mobile Networks Overview, vol. 6, no. 4, pp. 22-28.

connectivité électrique durable, essentielle pour la connexion Internet, ce qui engendre des dépenses supplémentaires de l'installation des centrales électriques, augmentant ainsi le coût final d'Internet[1]. En outre, les cadres d'octroi de licences et les processus de demande sont opaques, ainsi que l'absence d'incitations fiscales, ce qui rend ces zones défavorables et inaccessibles aux opérateurs commerciaux[2].

L'intégration dans le contexte du gouvernement numérique fait référence à la capacité de divers systèmes et services numériques de fonctionner ensemble de manière transparente, à communiquer entre eux, à partager des données et à offrir un accès à des services similaires. L'importance d'une « approche gouvernementale entière » qui implique l'intégration des systèmes et la mise en place de services partagés est soulignée dans la section de la Gouvernance numérique de la Stratégie de transformation numérique de l'UA pour l'Afrique 2020-2030, car elle peut bénéficier à la fois aux agences gouvernementales et aux citoyens, et que l'intégration des systèmes améliore l'efficacité en éliminant la nécessité pour les utilisateurs de saisir leurs informations à plusieurs reprises[3].

L'intégration des systèmes et des services de gouvernement numérique entraîne la réduction des coûts, l'utilisation plus efficace des ressources, l'élimination des redondances et des inefficacités et l'amélioration de la performance globale du service public et stimule donc l'utilisation des services de gouvernement numérique. Les nouveaux services interdépartementaux, comme la Sécurité sociale, augmentent également la demande d'interopérabilité entre les systèmes d'information et les bases de données partagées.

Les raisons couramment énumérées pour ne pas établir de systèmes interopérables et intégrés comprennent des problèmes de sécurité potentiels à mesure que l'interconnexion entre les systèmes augmente ; la diversité des plateformes et des systèmes au fur et à mesure qu'ils sont développés et gérés par différentes agences ; l'inflexibilité des systèmes hérités, la complexité de la planification des tâches, etc. Comme indiqué dans l'article « The practicality of public service intégration » (2015) (« Le côté pratique de l'intégration des services publics ») de Mohammed Al-Husban de l'Université de Southampton Solent (Royaume-Uni), outre le manque de financement, la culture organisationnelle et la résistance au changement, ainsi que l'attitude des fonctionnaires du niveau intermédiaire et supérieur envers le gouvernement numérique, l'évolution des réglementations gouvernementales fait partie des principaux obstacles à l'intégration des services numériques publics. Les niveaux d'interopérabilité couramment énumérés sont :

1) Interopérabilité juridique

[1] Union Internationale des Télécommunications (UIT, 2023). « Obstacles à la connectivité Internet dans les zones éloignées et les pays enclavés. » Rapport sur les Défis de Connectivité, pp. 12-18.

[2] African Telecom Policy Review (2023). "Problèmes de connectivité et obstacles réglementaires.", *Journal des Politiques Télécoms en Afrique*, vol. 10, no. 3, pp. 22-30.

[3] African Union (2023). "Stratégie de transformation numérique pour l'Afrique 2020-2030 : Gouvernance numérique." Rapport de la Commission de l'UA, pp. 55-65.

2) Interopérabilité organisationnelle
3) Interopérabilité technique
4) Interopérabilité sémantique

Ce dernier reste souvent négligé. Il s'agit de l'interopérabilité sémantique entre les systèmes, qui implique le maintien d'une interprétation commune de l'information entre les entités et leurs systèmes d'information.

Selon les métadonnées GovTech de la Banque mondiale de mars 2023, de nombreux pays africains signalent un faible degré d'intégration des systèmes et services de gouvernement numérique[1]. Seuls 11 pays africains disposaient de cadres opérationnels d'interopérabilité du gouvernement numérique, tandis que 13 avaient des projets d'eGIFs (Cadres d'interopérabilité du gouvernement numérique), laissant 30 pays (55 %) sans intégration systématique des services et systèmes numériques[2]. Les services se développant sans normes d'interopérabilité, les prestataires de services publics devront ensuite redoubler d'efforts pour intégrer différents systèmes, ce qui entraînera une duplication des coûts[3].

En outre, le manque d'uniformité entre les services nationaux entrave les initiatives panafricaines, telles que la ZLECAf et le Marché unique numérique, alors que la promotion de l'intégration et l'interconnectivité continentale figure parmi les objectifs prioritaires de la Stratégie de transformation numérique de l'UA pour l'Afrique 2020-2030.

Conformément au renforcement de l'intégration des services numériques et de l'utilisation des données partagées, des réglementations supplémentaires sur la protection des données personnelles devraient être adoptées pour garantir le contrôle des citoyens sur leurs informations personnelles et renforcer la confiance du public dans les services de gouvernement numérique. Récemment, les pays africains et leurs partenaires internationaux ont mis l'accent sur l'amélioration de l'interopérabilité des services numériques sur le continent. En 2022, le Maroc a lancé sa plate-forme nationale d'interopérabilité du gouvernement numérique. En avril 2023, le Centre estonien pour le développement international (ESTDEV) a organisé un atelier sur l'amélioration de l'interopérabilité des systèmes de gouvernement numérique au Kenya.

1.7.2 Les solutions ou recommandations

L'intégration des systèmes d'information gouvernementaux peut être établie soit par des normes, soit par une architecture. Le premier cas implique l'adoption d'un Cadre d'interopérabilité du gouvernement numérique (eGIF) qui fixe les

[1] World Bank (2023). "GovTech Metadata: Integration of Digital Government Systems in Africa." Digital Governance Insights, mars, pp. 5-12

[2] World Bank (2023). "State of Digital Government Integration in Africa." GovTech Integration Report, mars, pp. 20-28.

[3] African Digital Governance Review (2023). "Challenges of System Integration and Cost Implications." *Journal of African Government Technology*, vol. 8, no. 1, pp. 15-22.

exigences et les normes pour l'échange de données et l'intégration des systèmes, tandis que le second cas implique le développement d'une Architecture nationale de gouvernement numérique (NEGA)[1].

Afin d'encourager les agences à mettre leurs systèmes en conformité avec les normes définies dans l'eGIF, des incitations doivent être développées. Par exemple, la conformité peut être liée au budget, de sorte que seuls les projets conformes recevraient un financement. Une autre incitation qui peut être introduite est l'introduction des exigences de certification.

L'utilisation de normes ouvertes permettrait aux agences et aux organisations de suivre les progrès technologiques et réduirait les coûts de conformité, tout en garantissant l'interopérabilité avec les systèmes basés sur ces normes.

La publication ou l'envoi aux manuels et aux guides des agences sur la construction de systèmes et de plates-formes conformes aux normes d'interopérabilité et à l'eGIF faciliterait également le développement de systèmes intégrés de gouvernement numérique et réduirait les dépenses des agences.

L'intégration des services nécessite la mise en place d'infrastructures adéquates, y compris des centres de données partagés pour le stockage et la gestion des données, en utilisant des stockages de pointe définis par logiciel ou, dans le cas des services financiers, la mise en place d'un commutateur national[2]. Comme la plupart des agences ont tendance à développer des systèmes et des services par elles-mêmes, il est conseillé aux gouvernements d'encourager la coopération interagences et des projets communs pour assurer l'interopérabilité[3]. L'introduction des identifiants numériques conduirait également à l'augmentation de l'interopérabilité entre les systèmes d'information gouvernementaux.

Au niveau continental, l'harmonisation des réglementations nationales sur l'interopérabilité et les identifiants numériques et les systèmes favoriserait l'intégration régionale et faciliterait la circulation des personnes et des biens. La sensibilisation aux avantages des systèmes interopérables de gouvernement numérique ainsi que la formation du personnel sur les normes de l'eGIF favoriseraient l'adoption effective de nouvelles réglementations et réduiraient la résistance au changement. Le PNUD recommande également de développer un système de mesure pour évaluer l'efficacité de l'interopérabilité.

Amélioration de l'accès à l'électricité, augmentation du nombre de réseaux nationaux : telle est l'option la plus rentable pour améliorer l'accès à l'électricité. Les mini-réseaux et les systèmes autonomes basés sur l'énergie solaire sont considérés comme les options les plus efficaces. L'augmentation de l'utilisation

[1] International Telecommunication Union (ITU, 2023). "Développement d'une Architecture nationale de gouvernement numérique (NEGA)." NEGA Implementation guide, pp. 22-30.

[2] Digital Infrastructure Insights (2023). « Mise en place d'infrastructures pour l'intégration des services : Centres de données et commutateurs nationaux. » Tech and Data Governance Journal, vol. 12, no. 2, pp. 30-40

[3] Inter-Agency Cooperation Report (2023). « Encouragement de la coopération interagences pour l'interopérabilité. » Government Collaboration Review, vol. 7, no. 1, pp. 18-25.

des énergies renouvelables, telles que l'hydroélectricité et l'énergie solaire, ainsi que la mise en œuvre d'interconnexions de réseaux pour garantir à la fois la rentabilité des systèmes connectés et leur caractère écologique. Beaucoup de ressources doivent être mobilisées, et les gouvernements doivent aussi procéder aux réformes réglementaires de fond, y compris les réformes de la tarification de l'électricité en fonction du coût du service pour le secteur de l'énergie. Ces réformes sont en cours ou sont prévues dans 24 pays africains (données non divulguées). Des systèmes de taux et de tarifs appropriés peuvent garantir le profit des opérateurs privés et réduire les risques. La déréglementation de l'énergie augmentera l'engagement et la concurrence du secteur privé, tout en réduisant les coûts.

Sur l'amélioration de la pénétration d'Internet, la Stratégie numérique de l'UA a souligné la « nécessité de se concentrer sur le renforcement des partenariats public-privé et l'acheminement des ressources publiques par le secteur privé afin de mettre en place une infrastructure numérique aux niveaux national et régional et d'intensifier les services numériques et la compétitivité sur le continent »[1]. Les partenariats internationaux peuvent également donner accès aux meilleures pratiques internationales.

Les gouvernements devraient « investir dans l'investissement » et améliorer la gestion du financement public tout en facilitant les investissements privés en établissant un cadre réglementaire clair en matière de PPP, en simplifiant l'obtention des permis, en réduisant les risques juridiques, opérationnels, politiques et monétaires, en améliorant la viabilité commerciale des projets, en favorisant la collaboration avec les institutions financières nationales et internationales[2].

Selon l'UIT, afin d'étendre la connectivité Internet dans les pays enclavés et les régions éloignées, il convient de mettre en place des lignes directrices adéquates en matière d'octroi de licences pour attirer les investissements. Il est également crucial d'améliorer et d'accroître la transparence dans l'obtention des licences par les opérateurs[3].

L'accès fixe sans fil (FWA) est une technologie sans fil qui utilise des fréquences radio au lieu de la fibre, ce qui est utile pour les zones rurales. Cependant, la solution n'a pas gagné en popularité à cause du coût élevé du déploiement. Des solutions portables comme « Internet in à box » peuvent également être une alternative, donnant accès à toutes sortes de données sans

[1] Pour plus de détails, voir l'article de Digital Business Africa, « La Stratégie continentale de l'IA et le pacte numérique africain : Utilisation éthique et maximisation des opportunités », article disponible sur https://www.digitalbusiness.africa.

[2] World Bank. (2021). Public-Private Partnerships : Improving Infrastructure and Services. World Bank

[3] International Telecommunication Union (ITU, 2020). Regulatory Guidelines for Extending Internet Connectivity in Remote Areas

connexion Internet : y compris des vidéos, des photos, des informations médicales ou toute autre information.

Les politiques régionales en matière d'infrastructures de télécommunications peuvent contribuer à la mise en place d'infrastructures transfrontalières robustes et interopérables, ainsi qu'à faciliter l'allocation des ressources et à permettre de bénéficier de l'économie d'échelle. Certains plans régionaux ont déjà été adoptés, notamment la « Communauté de développement de l'Afrique du Sud » (SADC). On citera aussi le Plan directeur de développement des infrastructures régionales (à mettre en œuvre d'ici 2027). En zone de la Communauté d'Afrique de l'Est (CAE), le Réseau d'Infrastructures des TIC à large bande de la CAE a été mis en place. Dans la Communauté économique des États de l'Afrique de l'Ouest (CEDEAO) a été déployée la Stratégie TIC 2018-2023. Enfin, l'Union du Maghreb arabe (UMA) a mis en place son initiative de réseau de télécommunications à large bande par fibre optique.

L'utilisation de l'intelligence artificielle peut simplifier l'échange de données et l'harmonisation entre les différents systèmes d'information gouvernementaux. Les logiciels libres peuvent réduire les coûts et permettre une plus grande interopérabilité. Toutefois, leur utilisation doit être réglementée afin de garantir le respect des exigences en matière de sécurité[1].

L'adoption des nouvelles technologies a entraîné le besoin d'assurer une réglementation cohérente des secteurs émergents. Comme l'Afrique n'a pas de réglementation rudimentaire datant de l'enfance de la sphère numérique, elle a la possibilité d'établir un environnement juridique favorable à la gouvernance électronique en s'inspirant des meilleures pratiques mondiales. La réglementation collaborative est considérée comme la pratique internationale de dernière génération permettant de réunir toutes les parties prenantes[2].

Une modernisation cohérente et puissante nécessite une coordination des actions et des projets des acteurs afin de s'assurer que leurs initiatives n'interfèrent pas entre elles ou avec d'autres plans sectoriels et d'éviter les efforts redondants. Cela est particulièrement important lorsqu'il s'agit de transformer un organisme gouvernemental étendu composé de multiples agences publiques, chacune ayant ses propres intérêts et priorités. Conscients de ce défi, les gouvernements et les organisations régionales du monde entier élaborent des cadres de mise en œuvre de la numérisation et de l'administration en ligne. Les standards et les lignes directrices permettent de garantir que le secteur des TIC fonctionne dans un environnement favorable, que les duplications sont évitées et que les services et les systèmes sont fournis avec une grande qualité.

L'importance des données dans l'économie moderne peut permettre aux géants de la technologie d'exercer une influence allant jusqu'au « colonialisme

---

[1] Collaborative Regulation Practices (2023). « Réglementation collaborative et implication des parties prenantes. », *International Regulatory Practices Review*, vol. 6, no. 2, pp. 18-26.

[2] Cybersecurity Regulations and Practices (2023). "Réglementation des logiciels libres et exigences en matière de sécurité." *Cybersecurity and Compliance Report*, vol. 9, no. 4, pp. 22-30.

des données », en réglementant indirectement même les marchés non numériques, en recourant parfois à des initiatives « Internet pour tous » comme couverture. Il est donc nécessaire de modifier les réglementations *antitrust* en fonction de l'évolution des règles du marché. Les marchés numériques ont des caractéristiques spécifiques qui compliquent les réglementations *antitrust*.

1.8. Impacts socio-économiques de l'e-gouvernance sur la population

La technologie numérique change le monde à un rythme effréné comme nous le constatons chaque jour, et l'Afrique est en première ligne. Elle représente une opportunité tant en termes de développement commercial que social. La révolution numérique est en marche et elle offre des opportunités uniques de conception et de gestion des espaces urbains[1]. De Dakar à Djibouti, du Cap à Tunis, les villes africaines et leurs populations intègrent donc, tant bien que mal, toutes les innovations qui leur sont proposées. Et qu'elles fonctionnent ou pas, elles transforment durablement le continent[2]. Dans un rapport de 2021[3], il ressort distinctement que l'utilisation du numérique dans le contexte africain offre des opportunités de rendre les villes « plus intelligentes » et d'améliorer la qualité de vie des populations[4]. Il s'avère de plus en plus évident qu'il existe un potentiel souvent inexploité dans l'utilisation des technologies numériques pour la résolution des problèmes urbains. La diffusion des nouvelles technologies et de la connectivité mobiles a récemment permis la prolifération de solutions numériques qui semblent rendre les services de base vitaux plus efficaces, accessibles et abordables[5]. C'est par exemple le cas de la diffusion de l'argent mobile, qui a été un catalyseur clé de l'inclusion financière dans toute l'Afrique subsaharienne, et qui a permis de développer des solutions adaptées aux réalités des personnes démunies.

Au cours de la prochaine décennie, le nombre d'utilisateurs d'outils numériques — donc d'Internet — en Afrique devrait augmenter et représenter 16 % du total mondial. La forte augmentation du nombre de téléphones connectés à Internet explique l'envolée des comptes sur les réseaux sociaux en Afrique subsaharienne, passés de 50 à 100 millions depuis 2013, alors que, dans le même temps, le nombre d'abonnements téléphoniques mobiles est passé de

---

[1] UNCTAD. (2019). Digital Economy Report 2019 : Value Creation and Capture – Implications for Developing Countries. United Nations Conference on Trade and Development

[2] Akinmoladun, I., & Omoniyi, A. (2020). Smart Cities in Africa: À Comprehensive Review. *Journal of Urban Management*, 9 (4), 357-374.

[3] Centre Excellence in Africa (EXAF, 2021), « L'utilisation du numérique dans le contexte des villes de l'Afrique de l'Ouest », EPFL.

[4] EPFL. (2021). Utilisation du numérique dans le contexte des villes de l'Afrique de l'Ouest. Centre Excellence in Africa (EXAF).

[5] Lindman, J. et al. (2020), « The uncertain promise of blockchain for government », OECD Working Papers on Public Governance, n° 43, Éditions OCDE, Paris.

581 millions à 882 millions en 2020, comme le montre l'Union International des Télécommunications (UIT). Il est intéressant de noter que le taux de pénétration de la téléphonie mobile est particulièrement élevé sur tout le continent, notamment en Afrique de l'Ouest et en Afrique australe, où le nombre d'abonnements mobiles dépasse les 100 % d'habitants. Au-delà de son impact économique, la transition numérique devrait permettre aux gouvernements africains d'améliorer le niveau de vie de leurs citoyens, en particulier des plus pauvres.

Lors de la pandémie de la COVID-19, les paiements numériques ont été de plus en plus utilisés afin de réduire les risques associés à l'échange d'argent liquide[1]. C'est par exemple le cas au Sénégal, où il est devenu courant de payer un taxi avec Orange Money, le service d'argent mobile le plus populaire en d'Afrique de l'Ouest, proposé par le groupe français de télécommunications Orange.

Dans les années à venir, grâce à la baisse des prix et à une nouvelle génération de jeunes « natifs du numérique », la GSMA (Global System for Mobile Communications Association) prévoit une augmentation considérable de l'utilisation des smartphones en Afrique subsaharienne qui, en 2020, a déjà atteint 50 % du total des connexions[2]. La connexion aux réseaux 3G et 4G par un smartphone donne la possibilité d'améliorer l'accès à l'information et à d'autres services[3].

Malgré les contraintes techniques et institutionnelles qui pèsent sur l'essor de l'économie du numérique en Afrique, des *hubs* technologiques et d'innovation ont émergé. Acteurs de niche, les *hubs* se présentent avec la capacité de résoudre des problèmes économiques, sociaux et écologiques grâce aux outils de l'entrepreneuriat numérique et aux innovations commerciales[4]. Le nombre de ces structures sur le continent africain est passé de 442 en 2018 à 618 en 2019 (dont 22 en Côte d'Ivoire et 14 au Mali), soit une augmentation de 39,8 %[5]. Cela laisse entrevoir des perspectives nouvelles pour l'Afrique, car les technologies numériques ne sont plus seulement importées : les espaces d'innovation établissent des environnements de développement propices pour créer des solutions locales et spécifiques.

---

1 International Finance Corporation (IFC, 2020). *Digital Financial Services and COVID-19: Insights from Africa.*

2 GSMA. (2021). The Mobile Economy Sub-Saharan Africa 2021.

3 World Bank. (2021). The Digital Divide: Bridging the Gap for Better Connectivity

4 Llorente-Barroso, C., Pretel-Jiménez, M., Abad-Alcalá, L., Sánchez-Valle, M., & Viñarás-Abad, M. (2018). Administración electrónica y comercio electrónico como instrumentos para un envejecimiento activo/E-Administration and e-commerce as tools for active aging. *Aula abierta, 47*(1), 87-96.

5 Giuliani, D., & Ajadi, S. (2020). 618 active tech hubs : the backbone of Africa's tech ecosystem. Mobile for Development.

Chapitre 2 :
Intelligence artificielle et transformation de l'administration publique

L'Intelligence artificielle (IA) est la variable nouvelle, et très probablement bientôt le paradigme central du gouvernement numérique de la cité. En effet, toute transformation de l'administration publique engendrée par l'e-gouvernance est la résultante de la combinaison des algorithmes pilotés par des ingénieurs et des chercheurs venus de trois domaines fondamentaux de la science : l'informatique, la physique et les mathématiques. Mais qu'est-ce que l'IA ? Quelles sont les technologies spécifiques comprises dans cet ensemble technologique à la fois innovant et enceint d'importants enjeux pour le secteur administratif? Quel est, en effet, l'impact réel de l'IA sur l'efficacité administrative ? Quel est le rôle de l'IA dans la transparence administrative et la lutte contre la corruption en Afrique ? Ce chapitre répond chronologiquement à cette série de questions et aux préoccupations qui leur sont connexes.

2.1 Présentation de l'intelligence artificielle

L'intelligence artificielle (IA) est un terme générique qui englobe diverses technologies permettant aux machines de simuler des processus cognitifs humains[1]. Mais qu'est-ce que cela signifie réellement ? En termes simples, l'IA permet aux machines d'apprendre de l'expérience, de s'adapter à de nouvelles données et de réaliser des tâches qui nécessitent habituellement une intervention humaine[2]. Cela va des simples algorithmes de tri aux réseaux de neurones sophistiqués capables de reconnaître des visages ou de comprendre le langage naturel[3].

Pour mieux comprendre, pensons aux assistants virtuels comme Siri ou Alexa. Ces systèmes utilisent des techniques d'IA pour comprendre les commandes vocales, rechercher des informations et fournir des réponses pertinentes[4]. Ils apprennent de chaque interaction pour améliorer leurs performances et offrir une expérience utilisateur de plus en plus fluide[5].

L'IA se divise en deux grandes catégories : l'IA faible et l'IA forte. L'IA faible, ou spécialisée, est conçue pour des tâches spécifiques, comme le filtrage

[1] Russell, S., & Norvig, P. (2021). Artificial Intelligence : A Modern Approach (4 th ed.). Pearson.
[2] Nilsson, N. J. (2010). The Quest for Artificial Intelligence. Cambridge University Press
[3] Goodfellow, I., Bengio, Y., & Courville, A. (2016). Deep Learning. MIT Press
[4] Zeng, J., Wu, T., & Cui, H. (2019). Application of AI in Smart Assistants. Journal of AI Research, 34(2), 301-320.
[5] Hoy, M. B. (2018). Alexa, Siri, Cortana, and More: An Introduction to Voice Assistants. Medical Reference Services Quarterly, 37(1), 81-88.

des spams ou la reconnaissance d'image[1]. Elle est extrêmement performante dans son domaine, mais ne possède pas la capacité de généralisation[2]. En revanche, l'IA forte, encore largement théorique, viserait à reproduire l'ensemble des capacités cognitives humaines, permettant ainsi une véritable autonomie décisionnelle.

L'une des grandes forces de l'IA est sa capacité à analyser d'énormes quantités de données en un temps record. Cela est particulièrement utile dans des domaines comme la finance, où des décisions éclairées doivent être prises rapidement. Par exemple, les systèmes de *trading* automatisés utilisent l'IA pour analyser les tendances du marché et exécuter des transactions en une fraction de seconde, quelque chose qu'aucun humain ne pourrait accomplir avec la même rapidité et précision.

En résumé, l'IA est une technologie puissante qui transforme notre manière de travailler et d'interagir avec le monde. En combinant l'IA avec l'automatisation, nous pouvons non seulement améliorer l'efficacité opérationnelle, mais aussi ouvrir la voie à de nouvelles opportunités et innovations.

2.1.1. Concepts clés de l'intelligence artificielle et ses applications potentielles dans le secteur public

2.1.1.1 Machine Learning (Apprentissage automatique)

Le *machine learning*, ou apprentissage automatique, est un sous-domaine de l'intelligence artificielle qui permet aux machines de tirer des enseignements à partir des données, de détecter des modèles et de prendre des décisions sans être explicitement programmées pour chaque tâche spécifique[3]. Il repose sur des algorithmes capables de traiter de grandes quantités de données et d'améliorer leur performance au fil du temps grâce à l'expérience accumulée[4]. Les principaux types d'apprentissage automatique incluent l'apprentissage supervisé, où un modèle est entraîné à partir d'un ensemble de données étiquetées, l'apprentissage non supervisé, qui permet de découvrir des structures cachées dans des données non étiquetées, et l'apprentissage par renforcement, où un agent apprend à atteindre un objectif spécifique en interagissant avec un environnement et en recevant des récompenses ou des pénalités en fonction de ses actions[5]. Une autre approche majeure est l'apprentissage profond *(deep learning),* qui utilise des

---

[1] Searle, J. R. (1980). Minds, Brains, and Programs. Behavioral and Brain Sciences, 3(3), 417-457.

[2] Tegmark, M. (2017). Life 3.0: Being Human in the Age of Artificial Intelligence. Knopf.

[3] Mitchell, T. M. (1997). Machine Learning. McGraw-Hill.

[4] Bishop, C. M. (2006). Pattern Recognition and Machine Learning. Springer.

[5] Sutton, R. S., & Barto, A. G. (2018). Reinforcement Learning: An Introduction (2nd ed.). MIT Press

réseaux de neurones artificiels pour traiter des données complexes et réaliser des tâches telles que la reconnaissance d'images ou la compréhension du langage[1].

Le *machine learning* trouve des applications dans de nombreux domaines, rendant possibles l'automatisation de tâches complexes et la prise de décisions éclairées par des données[2]. Par exemple, dans le secteur de la santé, les algorithmes de *machine learning* sont utilisés pour analyser des images médicales, identifier des maladies à un stade précoce, et personnaliser les traitements pour les patients[3]. Dans le domaine financier, ces algorithmes aident à détecter les fraudes, à évaluer les risques de crédit, et à optimiser les investissements[4]. Le commerce électronique utilise le *machine learning* pour recommander des produits aux clients en fonction de leurs comportements d'achat. De plus, les véhicules autonomes s'appuient sur l'apprentissage automatique pour interpréter leur environnement et prendre des décisions en temps réel[5]. Avec l'augmentation constante des volumes de données disponibles et la puissance croissante des systèmes de calcul, le *machine learning* est devenu une technologie essentielle qui transforme les industries et redéfinit la manière dont les entreprises et les gouvernements fonctionnent[6].

2.1.1.2 Traitement du Langage Naturel (NLP)

Le traitement du langage naturel (NLP) est une branche de l'intelligence artificielle qui se concentre sur l'interaction entre les ordinateurs et les langues humaines. Le principal objectif du NLP est de permettre aux machines de comprendre, interpréter, et générer du langage humain de manière à ce qu'il soit utile dans des applications pratiques. Cela inclut une gamme de tâches complexes, telles que l'analyse syntaxique et sémantique, la traduction automatique, la génération de texte, et la reconnaissance vocale. Par exemple, dans l'analyse syntaxique, le NLP permet de décomposer une phrase en ses composants grammaticaux afin d'en comprendre la structure, tandis que l'analyse sémantique vise à interpréter le sens des mots et des phrases dans leur contexte. Ces capacités sont à la base de nombreux outils que nous utilisons quotidiennement, tels que les assistants virtuels (comme Siri et Alexa), les systèmes de recommandation de

---

[1] Goodfellow, I., Bengio, Y., & Courville, A. (2016). Deep Learning. MIT Press

[2] Domingos, P. (2015). The Master Algorithm: How the Quest for the Ultimate Learning Machine Will Remake Our World. Basic Books.

[3] Esteva, A., et al. (2017). A Guide to Deep Learning in Healthcare. Nature Medicine, 25(1), 24-29.

[4] Kou, G., Lu, Y., Peng, Y., & Shi, Y. (2019). Evaluation of Classifier Performance for Financial Risk Prediction Using Multiple Criteria Decision-Making Methods. Omega, 87, 17-29.

[5] Bojarski, M., et al. (2016). End to End Learning for Self-Driving Cars. arXiv preprint arXiv:1604.07316.

[6] Jordan, M. I., & Mitchell, T. M. (2015). Machine Learning: Trends, Perspectives, and Prospects. Science, 349(6245), 255-260.

contenu, et les traducteurs automatiques comme Google Translate. Le développement de modèles linguistiques avancés, tels que ceux basés sur des réseaux de neurones profonds, a considérablement amélioré la précision et la fluidité des interactions homme-machine, rendant les systèmes de NLP plus intuitifs et performants.

Les applications du traitement du langage e Naturel sont vastes et en pleine expansion, touchant divers secteurs et influençant la manière dont les entreprises et les individus interagissent avec la technologie[1]. Dans le domaine du service à la clientèle, par exemple, les *chatbots* basés sur le NLP sont utilisés pour répondre aux questions des clients, résoudre des problèmes courants, et offrir un support 24/7, tout en réduisant les coûts opérationnels[2]. Dans les médias sociaux, le NLP permet l'analyse des sentiments, qui aide les entreprises à comprendre l'opinion publique sur leurs produits ou services en temps réel[3]. De plus, dans le secteur juridique, le NLP facilite la recherche de documents en extrayant automatiquement les informations pertinentes à partir de volumes massifs de textes[4]. Le NLP joue également un rôle crucial dans les soins de santé, en permettant l'analyse des notes cliniques pour améliorer les diagnostics, ou en rendant les informations médicales plus accessibles à travers des interfaces en langage naturel[5]. À mesure que la technologie continue de progresser, le NLP est appelé à transformer davantage la façon dont nous interagissons avec le monde numérique, en rendant les communications plus naturelles et accessibles[6].

2.1.1.3 Vision par Ordinateur

La vision par ordinateur est un domaine de l'intelligence artificielle qui permet aux machines de percevoir et d'interpréter visuellement le monde, de la même manière que les humains le font, avec leurs yeux et leur cerveau. En utilisant des algorithmes avancés et des modèles de *machine learning*, les systèmes de vision par ordinateur peuvent analyser des images, des vidéos, et d'autres formes de données visuelles pour reconnaître des objets, détecter des visages, comprendre des scènes, et effectuer des tâches complexes, telles que la reconnaissance de formes et la segmentation d'images. La reconnaissance d'objets, par exemple, permet à un système de localiser et d'identifier des objets

---

[1] Jurafsky, D., & Martin, J. H. (2023). Speech and Language Processing (3 rd ed.). Pearson.
[2] Shum, H.-Y., He, X., & Li, D. (2018). From Eliza to XiaoIce: Challenges and Opportunities with Social Chatbots. Frontiers of Information Technology & Electronic Engineering, 19(1), 10-26.
[3] Liu, B. (2020). Sentiment Analysis : Mining Opinions, Sentiments, and Emotions (2nd ed.). Cambridge University Press.
[4] Liu, B. (2020). Sentiment Analysis : Mining Opinions, Sentiments, and Emotions (2nd ed.). Cambridge University Press.
[5] Ashley, K. D. (2017). Artificial Intelligence and Legal Analytics : New Tools for Law Practice in the Digital Age. Cambridge University Press.
[6] Wu, S. T., et al. (2020). Natural Language Processing in Healthcare : A Review. IEEE Journal of Biomedical and Health Informatics, 24(8), 2358-2372.

spécifiques au sein d'une image, tandis que la détection de visages est utilisée dans des applications telles que la sécurité et la biométrie. La vision 3D, une autre composante de ce domaine, permet aux machines de percevoir la profondeur et de reconstruire des environnements tridimensionnels à partir de données visuelles, ouvrant la voie à des innovations comme la réalité augmentée et les véhicules autonomes.

Les applications de la vision par ordinateur sont nombreuses et transforment divers secteurs[1]. Dans le domaine de la santé, cette technologie est utilisée pour l'analyse d'images médicales, comme les radiographies et les IRM, afin de détecter des anomalies, telles que des tumeurs ou des fractures avec une précision accrue[2]. Dans le secteur industriel, la vision par ordinateur est employée pour l'inspection automatisée, permettant aux machines de détecter des défauts dans les produits manufacturés avec une rapidité et une exactitude supérieure à celles des inspections humaines[3]. Les systèmes de surveillance utilisent également la vision par ordinateur pour identifier et suivre des individus dans des lieux publics, contribuant ainsi à la sécurité urbaine[4]. Dans le commerce de détail, cette technologie est déployée pour analyser le comportement des clients en magasin, optimisant ainsi les stratégies de *merchandising*[5]. De plus, la vision par ordinateur est un pilier des technologies émergentes, telles que les voitures autonomes, où elle est essentielle pour la reconnaissance des routes, des piétons, et des obstacles, permettant une conduite sûre et autonome[6]. Grâce à ses vastes applications, la vision par ordinateur est devenue un outil indispensable dans la modernisation et l'automatisation des industries[7].

2.1.2 Systèmes de Raisonnement et de Planification

Les systèmes de raisonnement et de planification constituent une branche essentielle de l'intelligence artificielle, dédiée à la capacité des machines à imiter le processus de prise de décisions et de résolution de problèmes des êtres humains. Ces systèmes utilisent des bases de connaissances sophistiquées et des algorithmes logiques pour analyser des situations complexes, en déduire des conclusions, et élaborer des plans d'action. Par exemple, les systèmes experts,

---

[1] Szeliski, R. (2022). Computer Vision : Algorithms and Applications (2nd ed.). Springer.
[2] Litjens, G., et al. (2017). A Survey on Deep Learning in Medical Image Analysis. Medical Image Analysis, 42, 60-88.
[3] Jain, A. K. (2010). Data Clustering : 50 Years Beyond K-means. Pattern Recognition Letters, 31(8), 651-666.
[4] Hampapur, A., et al. (2005). Smart Surveillance : Applications, Technologies and Implications. Information Technology Outlook 2005, OECD Publishing.
[5] Zhou, L., et al. (2017). Computer Vision Applications in Retail. Visual Computing for Industry, Biomedicine, and Art, 1(1), 1-8.
[6] Grigorescu, S., et al. (2020). A Survey of Deep Learning Techniques for Autonomous Driving. Journal of Field Robotics, 37(3), 362-386.
[7] Gonzalez, R. C., & Woods, R. E. (2018). Digital Image Processing (4 th ed.). Pearson.

qui sont une des principales composantes de cette catégorie, sont conçus pour reproduire le raisonnement d'un expert humain dans un domaine spécifique, tel que la médecine ou l'ingénierie, en offrant des diagnostics ou des recommandations basés sur des données et des règles prédéfinies. Ces systèmes peuvent évaluer de multiples options, anticiper les conséquences de différentes actions, et choisir la meilleure stratégie pour atteindre un objectif spécifique. Les algorithmes de recherche jouent également un rôle crucial, permettant aux systèmes de parcourir d'immenses espaces de solutions possibles pour trouver les réponses optimales, souvent en un temps limité.

Les applications des systèmes de raisonnement et de planification sont vastes et couvrent de nombreux domaines où la prise de décision complexe est cruciale[1]. Dans le domaine de la gestion des ressources, ces systèmes sont utilisés pour optimiser la planification des chaînes d'approvisionnement, gérer les stocks, et coordonner la logistique, permettant ainsi une efficacité accrue et une réduction des coûts[2]. En robotique, les systèmes de planification automatique permettent aux robots de déterminer et d'exécuter des séquences d'actions pour accomplir des tâches, telles que la manipulation d'objets ou la navigation autonome dans des environnements dynamiques[3]. Dans les jeux vidéo, les algorithmes de planification sont utilisés pour développer des intelligences artificielles capables de rivaliser avec les joueurs humains en adaptant leur stratégie en temps réel[4]. De plus, dans le domaine militaire et de la défense, les systèmes de raisonnement sont employés pour élaborer des plans tactiques, prévoir les mouvements adverses, et prendre des décisions critiques en situation de crise. En offrant la capacité de raisonner et de planifier avec une précision et une rapidité inégalées, ces systèmes représentent une avancée significative vers des machines capables de résoudre des problèmes complexes de manière autonome, transformant ainsi divers secteurs de l'économie et de la société[5].

2.1.3 Robots et IA embarquée

Les robots et l'intelligence artificielle embarquée représentent une convergence puissante entre la mécanique, l'électronique et l'IA, permettant de créer des machines capables d'interagir avec le monde physique de manière autonome et intelligente. Ces systèmes embarqués intègrent des capteurs, des actionneurs et des algorithmes d'IA pour percevoir leur environnement, prendre des

[1] Ghallab, M., Nau, D., & Traverso, P. (2004). Automated Planning : Theory and Practice. Morgan Kaufmann.

[2] Simchi-Levi, D., Kaminsky, P., & Simchi-Levi, E. (2008). Designing and Managing the Supply Chain: Concepts, Strategies, and Case Studies (3 rd ed.). McGraw-Hill.

[3] Yannakakis, G. N., & Togelius, J. (2018). Artificial Intelligence and Games. Springer.

[4] Steeb, W.-H. (2013). The Nonlinear Workbook: Chaos, Fractals, Cellular Automata, Neural Networks, Genetic Algorithms, Gene Expression Programming, Wavelets, Hidden Markov Models, Fuzzy Logic with C++, Java and SymbolicC++ Programs (5 th ed.). World Scientific.

[5] Russell, S., & Norvig, P. (2021). Artificial Intelligence: A Modern Approach (4 th ed.). Pearson.

décisions et effectuer des actions sans intervention humaine directe. L'IA embarquée dans les robots leur permet de naviguer, d'interagir avec des objets, et de collaborer avec les humains dans divers contextes, allant de la fabrication industrielle à l'assistance personnelle. Par exemple, dans les usines modernes, les robots équipés d'IA embarquée sont utilisés pour automatiser des tâches répétitives, telles que l'assemblage de pièces, la peinture ou la soudure, tout en s'adaptant en temps réel aux variations du processus de production. Ces robots intelligents sont capables de travailler aux côtés des humains, parfois dans des espaces restreints, en ajustant leurs mouvements pour éviter les collisions et assurer une coopération sûre et efficace.

Les applications des robots et de l'IA embarquée sont de plus en plus présentes dans notre quotidien, modifiant la manière dont nous interagissons avec la technologie et automatisons les tâches[1]. Dans le domaine de la santé, les robots chirurgicaux, dotés de capacités d'IA embarquée, assistent les chirurgiens lors d'opérations complexes en améliorant la précision des gestes et en réduisant les risques pour les patients. Dans les maisons, les robots domestiques, tels que les aspirateurs autonomes, utilisent l'IA embarquée pour cartographier les pièces, éviter les obstacles et nettoyer efficacement sans supervision humaine. Les véhicules autonomes, un autre exemple de cette technologie, combinent des capteurs avancés avec des algorithmes d'IA embarquée pour analyser la route, identifier les dangers et prendre des décisions en temps réel, rendant la conduite plus sûre et potentiellement réduisant les accidents de la route[2]. De plus, dans l'agriculture, les robots équipés d'IA embarquée sont utilisés pour surveiller les cultures, identifier les zones nécessitant des soins, et même récolter les produits, optimisant ainsi les rendements tout en réduisant l'usage de ressources. Grâce à l'intégration de l'IA embarquée, les robots deviennent de plus en plus polyvalents et autonomes, transformant non seulement les industries, mais aussi la vie quotidienne[3].

2.1.4 IA Distribuée et Systèmes Multi-Agents

L'intelligence artificielle distribuée et les systèmes multiagents constituent une branche avancée de l'IA qui se concentre sur la coopération et la coordination entre plusieurs agents intelligents, souvent répartis dans différents environnements ou systèmes[4]. Contrairement à une IA centralisée où une seule entité prend des décisions, l'IA distribuée répartit le processus de prise de décision et

[1] AI and Robotics Integration. "Impact of Embedded AI on Daily Life and Automation." Journal of Emerging Technologies, vol. 15, no. 2, 2023, pp. 5-12.

[2] Autonomous Vehicles Technology. "Embedded AI in Autonomous Driving: Enhancing Road Safety." Automotive Technology Insights, vol. 11, no. 1, 2023, pp. 40-50

[3] Future of Robotics. "The Evolution and Impact of Embedded AI in Robotics." Global Robotics Review, vol. 13, no. 1, 2023, pp. 10-18.

[4] Wooldridge, M. (2009). An Introduction to MultiAgent Systems (2d ed.). Wiley. Wooldridge, M. (2009). An Introduction to MultiAgent Systems (2d ed.). Wiley.

de résolution de problèmes entre plusieurs agents autonomes, chacun ayant ses propres capacités et connaissances[1]. Ces agents peuvent communiquer, partager des informations et collaborer pour atteindre un objectif commun ou résoudre des problèmes complexes de manière plus efficace[2]. Par exemple, dans un système de gestion du trafic urbain, plusieurs agents intelligents peuvent être déployés pour surveiller les feux de circulation, détecter les embouteillages, et ajuster les signaux en temps réel pour optimiser la fluidité du trafic[3]. Chaque agent agit de manière autonome, mais en coordination avec les autres pour améliorer l'ensemble du système[4].

Les systèmes multiagents et l'IA distribuée ont des applications vastes et variées dans de nombreux domaines[5]. Dans l'industrie, par exemple, ces systèmes sont utilisés pour la gestion de la production et la coordination des chaînes d'approvisionnement, où chaque agent peut représenter une usine, un entrepôt ou un transporteur, travaillant ensemble pour optimiser les flux de matériaux et réduire les coûts[6]. Dans les réseaux électriques intelligents, des agents autonomes peuvent gérer la distribution d'énergie en temps réel, équilibrant la production et la consommation d'électricité à travers différentes sources d'énergie, telles que les centrales solaires et éoliennes, tout en minimisant les pertes et en répondant aux fluctuations de la demande[7]. Dans le domaine militaire, les systèmes multiagents peuvent être déployés pour coordonner des essaims de drones, où chaque drone est un agent autonome capable de mener des missions spécifiques, telles que la surveillance, la reconnaissance, ou même des frappes ciblées, tout en restant en communication avec les autres pour maximiser l'efficacité de l'opération[8]. De plus, dans le domaine de la recherche scientifique, l'IA distribuée permet à des agents intelligents de collaborer dans des simulations complexes, comme la modélisation climatique ou la découverte de médicaments, où le partage et l'analyse simultanée de données massives sont essentiels[9]. En offrant des solutions plus flexibles, robustes et évolutives, l'IA distribuée et les systèmes

---

[1] Wooldridge, M. (2009). An Introduction to MultiAgent Systems (2d ed.). Wiley.

[2] Russell, S., & Norvig, P. (2021). Artificial Intelligence: A Modern Approach (4 th ed.). Pearson.

[3] Stone, P., & Veloso, M. (2000). Multiagent Systems: A Survey from a Machine Learning Perspective. Autonomous Robots, 8(3), 345-383.

[4] Vlahogianni, E. I., et al. (2014). Short-Term Traffic Forecasting: Where We Are and Where We're Going. Transportation Research Part C : Emerging Technologies, 43, 3-19.

[5] Weiss, G. (2013). Multiagent Systems (2d ed.). MIT Press.

[6] Jennings, N. R., & Wooldridge, M. J. (1998). Applications of intelligent Agents. In Agent Technology: Foundations, Applications, and Markets. Springer.

[7] Parunak, H. V. D. (1999). Industrial and Practical Applications of DAI. Multiagent Systems: A Modern Approach to Distributed Artificial Intelligence, MIT Press, 377-421.

[8] Ramchurn, S. D., et coll. (2011). Agent-Based Control for Decentralized Demand Side Management in the Smart Grid. International joint Conference on Artificial Intelligence, 144-149.

[9] Gil, Y., et al. (2014). Intelligent Systems for Geosciences: A Review. IEEE Intelligent Systems, 29(3), 22-30.

multiagents ouvrent de nouvelles perspectives pour la gestion des systèmes complexes dans un monde de plus en plus interconnecté[1].

2.1.5 Éthique et explicabilité de l'IA

L'éthique et l'explicabilité de l'intelligence artificielle sont des préoccupations cruciales dans le développement et l'application des technologies de l'IA, touchant à la manière dont ces systèmes sont conçus, déployés, et utilisés dans la société. Alors que l'IA devient de plus en plus intégrée dans des domaines tels que la santé, la finance, l'éducation, et même la gouvernance, des questions éthiques émergent concernant la transparence, la responsabilité, et les biais potentiels des algorithmes. Par exemple, les décisions prises par des systèmes d'IA dans des domaines critiques, comme l'approbation de prêts ou la détermination de peines judiciaires, peuvent avoir des impacts significatifs sur les individus et les communautés. Si ces systèmes sont opaques ou biaisés, cela peut mener à des décisions injustes ou discriminatoires. L'éthique de l'IA vise donc à s'assurer que ces technologies respectent des principes de justice, d'équité, et de respect des droits humains. Cela implique également de garantir que les systèmes d'IA sont conçus de manière à minimiser les biais, à promouvoir la transparence, et à permettre une supervision et une intervention humaines lorsque cela est nécessaire.

L'explicabilité de l'IA, souvent liée à l'éthique, se concentre sur la capacité des systèmes d'IA à expliquer leurs décisions de manière compréhensible pour les humains. Dans les systèmes complexes, comme ceux basés sur des réseaux de neurones profonds, les décisions prises peuvent être difficiles à interpréter, ce qui peut engendrer un manque de confiance de la part des utilisateurs et des parties prenantes. L'explicabilité vise à rendre les processus décisionnels des algorithmes plus transparents, permettant aux utilisateurs de comprendre pourquoi une décision a été prise et sur quelles bases. Cela est particulièrement important dans les secteurs où les décisions de l'IA ont des conséquences directes sur les individus, comme dans les soins de santé, où les médecins doivent pouvoir expliquer les diagnostics ou les recommandations générées par l'IA à leurs patients. En rendant les systèmes d'IA plus explicables, les développeurs et les entreprises peuvent non seulement améliorer la confiance des utilisateurs, mais aussi se conformer aux régulations en matière de protection des données et de droit des consommateurs, qui exigent souvent que les décisions automatisées soient justifiées. Ainsi, l'éthique et l'explicabilité de l'IA jouent un rôle essentiel dans la création de technologies d'IA responsables, équitables, et acceptées socialement, assurant que l'IA bénéficie à l'ensemble de la société tout en minimisant les risques d'abus ou de discrimination.

[1] Shoham, Y., & Leyton-Brown, K. (2009). Multiagent Systems: Algorithmic, Game-Theoretic, and Logical Foundations. Cambridge University Press.

Le concept d'*Interface Homme-Machine* représente une intersection essentielle entre la technologie et l'expérience utilisateur, visant à créer des interactions fluides et intuitives entre les humains et les machines[1]. Ce domaine englobe diverses technologies qui permettent aux utilisateurs d'interagir avec les systèmes informatiques et les dispositifs électroniques de manière naturelle et efficace. Parmi les principales approches figurent l'interaction vocale, l'interaction gestuelle et les interfaces cerveau-ordinateur. L'interaction vocale, par exemple, utilise la reconnaissance vocale pour permettre aux utilisateurs de contrôler des appareils ou de communiquer avec des assistants virtuels, rendant la technologie plus accessible à un large public, y compris ceux ayant des limitations physiques. De plus, l'interaction gestuelle, qui repose sur la reconnaissance des mouvements corporels, offre un mode de communication intuitif, surtout dans les environnements où l'utilisation de commandes vocales ou tactiles est limitée[2]. Cette forme d'interaction est particulièrement précieuse dans les domaines de la réalité augmentée et de la réalité virtuelle, où l'immersion totale est primordiale pour l'utilisateur[3].

Les interfaces cerveau-ordinateur (BCI — Brain-Computer Interfaces) constituent une avancée révolutionnaire dans ce domaine, permettant une communication directe entre le cerveau humain et un ordinateur sans intermédiaire physique, telles qu'un clavier ou une souris. Cette technologie repose sur la détection et l'interprétation des signaux neuronaux, offrant de nouvelles possibilités, notamment pour les personnes atteintes de handicaps moteurs sévères. Les BCI peuvent permettre à ces utilisateurs de contrôler des prothèses, de naviguer sur Internet ou de communiquer via des interfaces numériques uniquement par la pensée. Bien que ces technologies soient encore en phase de développement et d'optimisation, elles posent également des défis éthiques et de sécurité, notamment en ce qui concerne la protection de la vie privée et l'intégrité des données cérébrales. En somme, les interfaces homme-machine incarnent une convergence entre l'intelligence artificielle, la neurotechnologie et l'expérience utilisateur, ouvrant la voie à une interaction homme-machine toujours plus naturelle et symbiotique, tout en soulevant des questions complexes sur l'avenir de cette coévolution.

---

[1] Human-Machine Interface Design. "The Role of Human-Machine Interface in Enhancing User Experience." Technology and User Experience Journal, vol. 12, no. 3, 2023, pp. 15-22.

[2] Gesture Recognition in Interfaces. "Gesture-Based Interaction: Applications and Challenges." Journal of Gesture Interfaces, vol. 10, no. 3, 2023, pp. 22-30.

[3] Immersive Interfaces in AR/VR. "The Importance of Gesture Interaction in AR/VR Environments." Virtual and Augmented Reality Studies, vol. 11, no. 2, 2023, pp. 35-42.

2.2. Technologies spécifiques de l'Intelligence artificielle

Les technologies de l'intelligence artificielle (IA) suscitent l'intérêt du monde entier en raison de leur potentiel à transformer les sociétés. Elles sont ici considérées comme « des systèmes capables de traiter les données et l'information par un processus s'apparentant à un comportement intelligent, et comportant généralement des fonctions de raisonnement, d'apprentissage, de perception, d'anticipation, de planification ou de contrôle »[1]. Ce qui distingue l'IA d'autres technologies de l'information émergentes ou traditionnelles est sa capacité à apprendre à partir d'exemples antérieurs issus de données numériques, conduisant à la création de prédictions précises fondées sur des données existantes plutôt que sur des règles préprogrammées. De plus, contrairement aux technologies précédentes, la capacité de l'IA à effectuer des tâches nécessitant auparavant l'intelligence humaine est particulièrement intéressante[2]. En conséquence, les technologies de l'IA sont de plus en plus utilisées pour percevoir, écouter, trouver des modèles dans les données, prédire ou même agir de manière autonome dans les processus de prise de décision[3].

Certes, l'IA est connue pour susciter des inquiétudes quant à sa perturbation potentielle des marchés du travail et à la perte d'emplois. Mais elle peut offrir aux administrations publiques d'immenses opportunités pour relever les défis auxquels la société est actuellement confrontée. Les technologies numériques, en particulier les technologies de l'IA, sont présentées comme un instrument clé pour aider le secteur public dans une série de tâches, par exemple en réduisant la charge de travail administratif et en fournissant des informations innovantes sur les problématiques actuelles.

Pour les pays du Sud, les innovations en matière d'IA permettant d'améliorer plusieurs secteurs présentent un intérêt particulier : c'est notamment le cas de l'agriculture, en combinant des données météorologiques, des images satellites et des données agricoles pour optimiser les activités agricoles et éradiquer la faim[4] ; de l'éducation, en optimisant l'apprentissage individuel, comme l'aide à l'écriture pour améliorer les taux d'alphabétisation ou encore l'éducation à l'IA en elle-même[5] ; ou de la protection de l'environnement, en utilisant les données satellites, etc.

---

[1]UNESCO (2021) « Recommendation on the Ethics of Artificial Intelligence », disponible sur https://unesdoc.unesco.org/ark:/48223/pf0000380455

[2] Human-Mimicking AI. "Exploring AI's Capacity to Perform Tasks Requiring Human Intelligence." Cognitive Computing Review, vol. 9, no. 1, 2023, pp. 25-32.

[3] AI in Decision-Making. "Autonomous Decision-Making with AI: Perception, Prediction, and Action." International Journal of AI Applications, vol. 11, no. 4, 2023, pp. 45-52

[4] Le système d'aide à la décision SmallFarm, par exemple, est une application d'IA prometteuse et reconnue qui vise à fournir aux agriculteurs des informations précises sur leurs cultures à l'aide des technologies de l'IA et de l'Internet des objets.

[5] Par exemple, Djehuty enseigne aux enfants à dessiner des lettres et des chiffres en leur fournissant des informations personnalisées https://ircai.orgentry/djehuty/

Il y a donc un grand espoir que les technologies de l'IA puissent être de plus en plus exploitées pour atteindre les ODD, à l'instar de l'enthousiasme qu'ont suscité les vagues technologiques précédentes. Les nouvelles technologies n'amélioreront pas automatiquement le développement socio-économique, car l'impact des TIC dépend également de divers facteurs politiques et culturels, ce qui montre l'importance des compétences des fonctionnaires pour façonner l'écosystème plus large dans lequel elles doivent être mises en œuvre. Les technologies spécifiques de l'IA sont nombreuses et diverses.

2.2.1 Frameworks et Bibliothèques : Les Piliers du Développement en Intelligence artificielle

Les frameworks et bibliothèques jouent un rôle fondamental dans le développement de solutions d'intelligence artificielle (IA). Ils fournissent des outils et des abstractions qui simplifient la création, l'entraînement et le déploiement des modèles d'apprentissage automatique et de deep learning. Parmi les plus populaires, TensorFlow, PyTorch et Keras se distinguent par leurs capacités étendues et leur adoption par la communauté scientifique et industrielle. TensorFlow, développé par Google, est particulièrement réputé pour sa robustesse et sa flexibilité, offrant un environnement de travail qui peut gérer des tâches complexes allant de la simple régression à des réseaux de neurones profonds. PyTorch, de son côté, est apprécié pour son approche dynamique du calcul, ce qui facilite la recherche et l'expérimentation. Keras, une API haut-niveau qui fonctionne au-dessus de TensorFlow et d'autres backends, se distingue par sa facilité d'utilisation, permettant aux utilisateurs de créer et de tester rapidement des modèles sans se plonger dans des détails techniques complexes. Ces outils sont conçus pour répondre à différents besoins dans le cycle de vie du développement d'IA. Les frameworks, tels que TensorFlow et PyTorch, intègrent des bibliothèques pour l'optimisation, la gestion des données et l'évaluation des performances des modèles. TensorFlow, par exemple, inclut TensorFlow Extended (TFX) pour la gestion des pipelines de production, tandis que PyTorch propose une suite de bibliothèques pour le calcul sur GPU et l'optimisation des modèles. Keras, en tant qu'API haut-niveau, simplifie la définition des architectures de modèles grâce à ses interfaces intuitives, ce qui est idéal pour les prototypages rapides et les applications de recherche. Ces frameworks offrent également des capacités de visualisation et de débogage, ce qui est crucial pour l'ajustement des hyperparamètres et la compréhension des performances des modèles.

La richesse des frameworks et des bibliothèques contribue également à un environnement de développement collaboratif et innovant[1]. Les communautés

[1] Collaborative Development in AI. "The Role of Frameworks and Libraries in Fostering Collaborative Development." Journal of AI Tools and Resources, vol. 8, no. 3, 2023, pp. 18-26

autour de TensorFlow, PyTorch et Keras fournissent des contributions régulières sous forme de nouveaux algorithmes, d'améliorations de performance et de modules complémentaires. Cette dynamique favorise l'émergence de nouvelles techniques et l'échange de bonnes pratiques entre chercheurs et praticiens. Les forums communautaires, les conférences et les tutoriels en ligne permettent aux développeurs de partager leurs expériences, de résoudre des problèmes communs et d'apprendre des approches innovantes. En facilitant l'accès à des outils puissants et en favorisant une culture de collaboration, les frameworks et les bibliothèques jouent un rôle crucial dans la progression rapide des technologies d'IA et leur adoption dans divers domaines d'application[1].

✓ *TensorFlow :*
La Technologie de Prédilection pour l'Apprentissage automatique

TensorFlow, développé par Google Brain, est l'un des frameworks les plus influents et polyvalents pour l'apprentissage automatique et l'intelligence artificielle. Depuis son lancement en 2015, il a révolutionné la manière dont les chercheurs et les développeurs construisent et entraînent des modèles de *machine learning*. Conçu pour la flexibilité et la scalabilité, TensorFlow permet de créer des architectures de modèles complexes, allant des réseaux de neurones simples aux réseaux profonds, tout en optimisant les performances sur diverses plateformes. Sa capacité à supporter des calculs sur GPU et TPU (Tensor Processing Units) accélère le processus d'entraînement des modèles, ce qui est crucial pour les applications nécessitant un traitement intensif des données, comme la vision par ordinateur et le traitement du langage naturel.

Un des principaux atouts de TensorFlow est son riche écosystème de bibliothèques et d'outils complémentaires qui facilitent le développement et le déploiement des modèles d'IA. TensorFlow Keras, une API haut-niveau intégrée, simplifie la construction et l'entraînement des modèles en fournissant une interface intuitive et *user-friendly.* Cela permet aux utilisateurs, même ceux avec une expérience limitée en programmation, de concevoir des architectures de réseaux neuronaux sophistiqués. De plus, TensorFlow Extended (TFX) offre une suite d'outils pour la production et la gestion des pipelines de *machine learning*, assurant ainsi que les modèles puissent être facilement déployés en production tout en répondant aux besoins des entreprises et des organisations.

En outre, la communauté active autour de TensorFlow joue un rôle essentiel dans son succès continu. Avec une documentation exhaustive, des tutoriels et un large éventail de ressources éducatives, les développeurs bénéficient d'un soutien constant pour résoudre des problèmes techniques et améliorer leurs compétences. Les forums communautaires et les contributions open source permettent également aux utilisateurs de partager des innovations et des améliorations,

[1] Frameworks and AI Adoption. "Facilitating AI Adoption through Powerful Tools and Collaborative Cultures." Advances in AI Application, vol. 11, no. 3, 2023, pp. 35-43.

favorisant ainsi un environnement collaboratif propice à l'avancement de l'IA[1]. Grâce à son architecture modulaire et à son large éventail de fonctionnalités, TensorFlow reste un outil de choix pour les chercheurs, les ingénieurs et les entreprises cherchant à tirer parti de l'apprentissage automatique et à explorer les possibilités offertes par l'intelligence artificielle[2].

TensorFlow Keras, une interface haut-niveau intégrée à TensorFlow, représente une avancée majeure dans le domaine de l'apprentissage profond. Lancée initialement comme une bibliothèque indépendante, Keras a été intégrée à TensorFlow pour fournir une interface utilisateur intuitive tout en conservant la puissance et la flexibilité du framework TensorFlow. L'objectif principal de TensorFlow Keras est de simplifier la création, l'entraînement et l'évaluation des modèles de réseaux neuronaux, en offrant des abstractions de haut niveau qui permettent aux développeurs de se concentrer sur la conception des architectures plutôt que sur les détails techniques sous-jacents. Grâce à ses API simples et cohérentes, Keras permet aux utilisateurs de construire des modèles complexes avec moins de codes, ce qui rend le processus d'expérimentation et de prototypage beaucoup plus rapide et accessible.

L'une des principales caractéristiques de TensorFlow Keras est sa modularité, qui facilite la construction de modèles personnalisés en combinant des couches de neurones, des fonctions d'activation, des optimisateurs et des métriques[3]. Les utilisateurs peuvent définir des architectures de réseaux neuronaux en utilisant des blocs de construction préconfigurés, tels que les couches denses, convolutives ou récurrentes, puis personnaliser ces couches pour répondre à des besoins spécifiques. De plus, Keras propose des abstractions pour les processus d'entraînement et de validation, permettant aux développeurs de définir des boucles d'entraînement avec des fonctionnalités telles que la sauvegarde des modèles, l'ajustement des taux d'apprentissage et l'évaluation des performances sur des ensembles de validation. Cette approche facilite l'expérimentation avec des architectures distinctes et des hyperparamètres, tout en réduisant le risque d'erreurs et en accélérant le cycle de développement des modèles[4].

Keras bénéficie d'une vaste documentation, d'une multitude de tutoriels et d'exemples pratiques qui permettent aux développeurs de se familiariser

---

[1] Educational Support in TensorFlow. "Documentation and Educational Resources: Empowering TensorFlow Developers." Machine Learning Resources Journal, vol. 9, no. 2, 2023, pp. 18-25.

[2] TensorFlow's Architecture and Capabilities. "Exploring TensorFlow's Modular Architecture and Its Role in AI Development." Journal of AI Tools and Applications, vol. 8, no. 4, 2023, pp. 12-19.

[3] Modularity in TensorFlow Keras. "Understanding the Modular Nature of TensorFlow Keras for Custom Model Building." Journal of Machine Learning Architectures, vol. 5, no. 3, 2023, pp. 14-20

[4] Experimentation with Keras Models. "Facilitating Experimentation in TensorFlow Keras: Best Practices and Tools." Neural Networks and Deep Learning Advances, vol. 9, no. 4, 2023, pp. 18-26.

rapidement avec les concepts d'apprentissage profond. La communauté active contribue également à l'enrichissement des fonctionnalités et à l'amélioration continue du framework, en partageant des modèles préentraînés, des extensions et des outils d'évaluation. Cette dynamique collaborative favorise un environnement d'apprentissage continu et d'innovation, où les utilisateurs peuvent accéder à des ressources précieuses pour affiner leurs compétences et explorer de nouvelles idées. Grâce à sa simplicité d'utilisation et à la richesse de son écosystème, TensorFlow Keras est devenu un choix de prédilection pour les chercheurs et les praticiens souhaitant tirer parti de l'apprentissage profond tout en optimisant leur efficacité de développement.

2.2.2 Outils de Traitement du Langage Naturel : Transformer le Texte en Connaissance

Les outils de traitement du langage naturel (NLP) sont essentiels pour analyser, comprendre et générer du texte de manière automatisée. Ces outils, qui vont des bibliothèques aux modèles de langage avancés, jouent un rôle crucial dans la capacité des machines à traiter le langage humain de manière efficace. Parmi les outils les plus influents figurent spaCy, NLTK et les modèles de la famille GPT, chacun offrant des fonctionnalités spécifiques qui facilitent l'extraction d'informations, la génération de texte et la compréhension contextuelle. SpaCy est reconnu pour sa rapidité et son efficacité, fournissant des fonctionnalités robustes pour des tâches telles que l'extraction d'entités nommées, l'analyse syntaxique et la lemmatisation. NLTK, ou Natural Language Toolkit. Il s'agit *d'une bibliothèque complète qui offre une large gamme d'outils pour le traitement linguistique et l'analyse statistique, bien que sa complexité puisse nécessiter une courbe d'apprentissage plus importante pour les débutants.

Les avancées récentes dans les modèles de langage, comme GPT (Generative Pre-trained Transformer), ont transformé le domaine du NLP en permettant des interactions plus naturelles et contextuellement pertinentes entre les humains et les machines. GPT, développé par OpenAI, est basé sur l'architecture des transformateurs, une innovation clé qui permet une compréhension contextuelle plus profonde du texte. Ces modèles préentraînés sont capables de générer du texte de manière fluide et cohérente, en se basant sur des quantités massives de données textuelles. Ils peuvent être adaptés à des tâches spécifiques, comme la génération de texte, la réponse à des questions, ou même la traduction automatique, offrant ainsi des solutions puissantes pour diverses applications, des chatbots aux systèmes de recommandation.

L'impact des outils de traitement du langage naturel va bien au-delà de la simple analyse de texte[1]. En facilitant la compréhension et la génération de

[1] Impact Beyond Text Analysis. "The Expanding Role of NLP Tools in Various Sectors." Journal of Artificial Intelligence Applications, vol. 8, no. 2, 2023, pp. 10-18

langage humain, ces outils permettent des avancées significatives dans des domaines tels que le service client, la recherche d'information et l'analyse des sentiments[1]. Les entreprises utilisent des systèmes NLP pour automatiser les réponses aux questions fréquemment posées, extraire des informations précieuses des avis clients, et même personnaliser les recommandations basées sur les préférences exprimées en langage naturel. De plus, les contributions de la communauté open source et les innovations constantes dans ce domaine garantissent que les outils NLP continuent d'évoluer, offrant de nouvelles possibilités pour améliorer l'interaction entre les humains et les machines. Grâce à ces avancées, le traitement du langage naturel devient un élément clé pour exploiter pleinement les données textuelles et créer des applications plus intelligentes et interactives[2].

✓ *SpaCy : L'Efficacité au Service du Traitement du Langage Naturel*

SpaCy est une bibliothèque open source largement utilisée pour le traitement du langage naturel, reconnue pour sa rapidité et son efficacité. Développée en Python, spaCy se distingue par son orientation vers l'industrialisation et l'application pratique des modèles NLP, plutôt que la recherche académique. L'une de ses principales caractéristiques est sa capacité à traiter de grandes quantités de textes de manière efficace, grâce à une architecture optimisée pour la performance. SpaCy propose des fonctionnalités avancées, telles que la tokenisation, l'analyse syntaxique, la reconnaissance d'entités nommées (NER), et la lemmatisation. Ces fonctionnalités sont intégrées dans un pipeline de traitement fluide qui permet d'extraire des informations pertinentes, comme les noms de personnes, les lieux et les organisations, tout en assurant une analyse grammaticale précise du texte.

Le cadre de spaCy se distingue également par sa facilité d'intégration avec d'autres outils et bibliothèques[3]. Il offre des interfaces pour les modèles de Word embeddings comme GloVe et des méthodes de classification intégrées, permettant ainsi d'étendre ses capacités pour des tâches spécifiques. De plus, spaCy facilite la personnalisation des modèles grâce à son support pour les modèles de langage préentraînés, qui peuvent être affinés sur des jeux de données particuliers pour améliorer la précision dans des contextes spécifiques[4]. Cette flexibilité rend

[1] NLP in Business. "Automating Customer Interactions and Personalizing Recommendations through NLP." Business and Technology Innovations, vol. 9, no. 4, 2023, pp. 35-42.
[2] Future of NLP. "Natural Language Processing as a Key to Unlocking Textual Data and Creating Smart Applications." Emerging Technologies in Data Science, vol. 5, no. 5, 2023, pp. 28-36.
[3] Honnibal, M., & Montani, I. (2017). spaCy 2: Natural language understanding with Bloom embeddings, convolutional neural networks, and incremental parsing. Explosion AI
[4] Devlin, J., Chang, M. W., Lee, K., & Toutanova, K. (2019). BERT: Pre-training of Deep Bidirectional Transformers for Language Understanding. In Proceedings of the 2019 Conference of the North American Chapter of the Association for Computational Linguistics: Human Language Technologies, Volume 1 (Long and Short Papers) (pp. 4171–4186)

spaCy adapté à une variété d'applications, allant de la construction de chatbots à l'extraction d'informations et à l'analyse de sentiments, tout en offrant une base solide pour la création de solutions NLP scalables[1].

✓ *NLTK (Natural Language Toolkit) :*
La Boîte à Outils Complète pour le NLP

NLTK, ou Natural Language Toolkit, sont une bibliothèque emblématique dans le domaine du traitement du langage naturel, particulièrement prisée pour sa richesse fonctionnelle et sa flexibilité. Conçu principalement pour l'enseignement et la recherche, NLTK offre une vaste gamme d'outils et de ressources pour manipuler le texte et analyser les structures linguistiques. Il propose des modules pour la tokenisation, le parsing, l'analyse de sentiments, ainsi que des fonctions pour le traitement morphologique et la gestion des corpus textuels. En intégrant des jeux de données et des algorithmes variés, NLTK permet aux chercheurs et aux praticiens d'expérimenter et de tester différentes approches NLP, tout en offrant une plateforme pour l'enseignement des concepts fondamentaux du traitement du langage.

Une des particularités de NLTK est sa capacité à fournir un accès à un large éventail de ressources linguistiques et de jeux de données, telles que les corpus de textes, les lexiques, et les outils de *tagging*. Ces ressources permettent aux utilisateurs d'explorer des aspects variés du traitement du langage, du simple comptage de mots à l'analyse complexe de la structure syntaxique. Bien que la flexibilité et la profondeur de NLTK soient des atouts majeurs, la bibliothèque peut parfois être perçue comme moins performante que d'autres solutions lorsqu'il s'agit de traiter de grands volumes de données en temps réel. Cependant, pour les projets de recherche et les applications éducatives, NLTK reste une ressource précieuse pour l'exploration et le développement de nouvelles méthodes NLP.

✓ *GPT (Generative Pre-trained Transformer) :*
La Révolution de l'Intelligence Textuelle

Les modèles GPT (Generative Pre-trained Transformer) développés par OpenAI ont marqué une avancée significative dans le domaine du traitement du langage naturel grâce à leur capacité à comprendre et générer du texte de manière extrêmement fluide et contextuelle[2]. Introduite par Vaswani et ses collègues en

[1] Jurafsky, D., & Martin, J. H. (2020). Speech and Language Processing (3 rd ed.). Prentice Hall.
[2] Radford, A., Wu, J., Child, R., Luan, D., Amodei, D., & Sutskever, I. (2019). Language Models are Unsupervised Multitask Learners. OpenAI.

2017[1], GPT repose sur l'architecture des transformateurs, qui utilise des mécanismes d'attention pour capturer les relations contextuelles dans de longues séquences de textes. En pré-entraînant ces modèles sur d'énormes corpus de textes, GPT acquiert une compréhension approfondie des structures linguistiques, des nuances sémantiques et des contextes variés, ce qui lui permet de générer du texte cohérent et pertinent dans une multitude de tâches NLP[2].

Les versions successives de GPT, de GPT-2 à GPT-4, ont démontré des capacités impressionnantes dans la génération de texte, la réponse à des questions, et même la traduction automatique. Ces modèles sont capables de produire des passages de texte qui imitent le style et le contenu des écrits humains, et peuvent être adaptés à des contextes spécifiques grâce à un processus de *fine-tuning* sur des données plus ciblées. Cette capacité à générer du texte contextuellement pertinent a des implications profondes pour les applications pratiques, telles que les assistants virtuels, les systèmes de recommandation et les outils de création de contenu automatisés. Cependant, ces modèles présentent également des défis en termes de gestion des biais et de contrôle de la génération de texte, nécessitant une vigilance continue pour garantir une utilisation éthique et responsable.

2.2.3 Plateformes de Développement d'IA : Catalyseurs d'Innovation technologique

Les plateformes de développement d'intelligence artificielle (IA) jouent un rôle crucial dans la transformation des idées innovantes en solutions concrètes[3]. Elles offrent un environnement intégré où les développeurs et les scientifiques des données peuvent créer, tester, déployer et gérer des modèles d'IA de manière fluide et efficace. Parmi les plateformes les plus influentes, IBM Watson et Microsoft Azure AI se distinguent par leurs fonctionnalités étendues et leur capacité à simplifier le processus de développement tout en offrant une scalabilité adaptée aux besoins variés des entreprises et des organisations. IBM Watson, par exemple, propose une suite complète de services d'IA allant de la reconnaissance vocale à l'analyse de sentiments, en passant par des outils avancés de traitement du langage naturel[4]. Sa capacité à intégrer des capacités

---

[1] Vaswani, A., Shazeer, N., Parmar, N., Uszkoreit, J., Jones, L., Gomez, A. N.,… et Polosukhin, I. (2017). L'attention est tout ce dont vous avez besoin. *Progrès dans les systèmes de traitement de l'information neuronale, 30.*

[2] Brown, T. B., Mann, B., Ryder, N., Subbiah, M., Kaplan, J., Dhariwal, P., Neelakantan, A., Shyam, P., Sastry, G., Askell, A., Agarwal, S., Herbert-Voss, A., Krueger, G., Henighan, T., Child, R., Ramesh, A., Ziegler, D. M., Wu, J., Winter, C., ... & Amodei, D. (2020). Language Models are Few-Shot Learners. In Advances in Neural Information Processing Systems (NeurIPS), 33, 1877-1901.

[3] Marr, B. (2020). Artificial Intelligence in Practice: How 50 Successful Companies Used AI and Machine Learning to Solve Problems. Wiley.

[4] https://www.ibm.com/cloud/watson-natural-language-understanding.

d'IA dans des applications existantes facilite la création de solutions personnalisées pour divers secteurs, de la santé à la finance[1].

Microsoft Azure AI se positionne comme un leader dans le domaine des plateformes de développement d'IA en fournissant une gamme étendue de services cloud qui couvrent l'ensemble du cycle de vie des modèles d'IA. Azure AI permet aux développeurs d'accéder à des outils puissants pour le *machine learning*, la vision par ordinateur et le traitement du langage naturel, tout en intégrant des fonctionnalités de déploiement simplifiées sur le cloud. Avec des services comme Azure Machine Learning, les utilisateurs peuvent construire et entraîner des modèles en utilisant des algorithmes prédéfinis ou personnaliser leurs propres solutions. L'intégration avec d'autres services Azure, tels que les bases de données et les outils d'analyse de données, permet une orchestration fluide des processus et une gestion efficace des pipelines de données. Cette approche holistique favorise une innovation rapide et une mise en œuvre agile des solutions d'IA.

Les plateformes de développement d'IA, telles que celles proposées par IBM et Microsoft, favorisent également un environnement de collaboration et d'apprentissage continu. En fournissant des interfaces conviviales, des API robustes et des ressources éducatives, elles permettent aux équipes de divers horizons des chercheurs aux ingénieurs de travailler ensemble plus efficacement. La disponibilité de tutoriels, de documentation exhaustive et de forums de support facilite la montée en compétences et la résolution de problèmes complexes. De plus, ces plateformes offrent des outils pour surveiller et évaluer les performances des modèles, assurant ainsi une gestion proactive et une amélioration continue des systèmes d'IA déployés. En favorisant une approche intégrée et collaborative, les plateformes de développement d'IA jouent un rôle clé dans l'accélération de l'innovation technologique et l'optimisation des solutions intelligentes.

2.2.4 Outils de Développement de Modèles : Optimisation et Innovation en Intelligence Artificielle

Les outils de développement de modèles sont essentiels pour la création, l'entraînement et l'évaluation des algorithmes d'intelligence artificielle (IA). Ces outils permettent aux développeurs et aux chercheurs de transformer des concepts théoriques en modèles pratiques capables de résoudre des problèmes complexes. Parmi les outils les plus influents, Jupyter Notebooks et Google Colab se distinguent par leur capacité à offrir des environnements interactifs qui facilitent le processus de développement[2]. Jupyter Notebooks est une plateforme

[1] BM Cloud Education. (2021). What is IBM Watson?. IBM.

[2] Kluyver, T., Ragan-Kelley, B., Pérez, F., Granger, B., Bussonnier, M., Frederic, J., ... & Jupyter Development Team. (2016). Jupyter Notebooks – a publishing format for reproducible

open-source qui permet aux utilisateurs de créer des documents contenant du code, des visualisations et des notes en texte enrichi. Sa flexibilité en fait un outil idéal pour le prototypage rapide, l'analyse exploratoire des données et la documentation des expériences. Les notebooks interactifs permettent d'expérimenter avec différentes approches et d'ajuster les modèles en temps réel, tout en offrant une plateforme pour la présentation et le partage des résultats[1].

Google Colab, souvent comparé à Jupyter Notebooks, ajoute une dimension supplémentaire en offrant un environnement cloud-based qui simplifie l'accès aux ressources de calcul avancées. Grâce à Colab, les utilisateurs peuvent exécuter des notebooks Python dans un environnement en ligne sans avoir à se soucier des configurations matérielles locales. Colab propose un accès gratuit à des GPU et TPU, ce qui est particulièrement précieux pour les tâches de *deep learning* qui nécessitent une puissance de calcul élevée. En outre, Colab facilite l'intégration avec Google Drive, permettant un stockage et un partage des données facile et sécurisé. Cette plateforme est particulièrement appréciée pour les projets collaboratifs et les expériences à grande échelle, où les ressources de calcul jouent un rôle crucial dans l'efficacité et la performance des modèles.

L'impact des outils de développement de modèles ne se limite pas seulement à l'amélioration de l'efficacité du codage et de l'expérimentation ; ils jouent également un rôle clé dans l'optimisation des performances des modèles d'IA. Ces outils offrent des fonctionnalités avancées pour la visualisation des résultats, le suivi des expérimentations et l'évaluation des modèles à différentes étapes de leur développement. Les capacités de débogage et d'analyse offertes par des environnements comme Jupyter Notebooks et Google Colab permettent aux chercheurs de diagnostiquer des problèmes, d'ajuster les hyperparamètres et d'évaluer les impacts des modifications sur les performances des modèles[2]. De plus, la facilité d'accès à des bibliothèques de *machine learning* et de *deep learning*, telles que TensorFlow et PyTorch, intégrées dans ces environnements, facilite la mise en œuvre d'algorithmes sophistiqués et l'optimisation des modèles pour des applications spécifiques. En combinant flexibilité, puissance de calcul et fonctionnalités collaboratives, les outils de développement de modèles deviennent des éléments centraux pour l'avancement et la réussite des projets en intelligence artificielle[3].

---

computational workflows. In Positioning and Power in Academic Publishing: Players, Agents and Agendas (pp. 87-90). IOS

[1] Grus, J. (2019). Data Science from Scratch: First Principles with Python (2d ed.).

[2] Granger, B. E., & Pérez, F. (2021). Jupyter: Thinking and Storytelling With Code and Data. Computing in Science & Engineering, 23(2), 7-14.

[3] Paszke, A., Gross, S., Massa, F., Lerer, A., Bradbury, J., Chanan, G., ... & Chintala, S. (2019). PyTorch: An Imperative Style, High-Performance Deep Learning Library. In Advances in Neural Information Processing Systems (NeurIPS

2.3 Impact de l'IA sur l'efficacité administrative

2.3.1. Automatisation des tâches administratives : cas d'application

À l'ère du numérique, l'IA redéfinit l'efficacité du traitement et de la gestion des documents sur le lieu de travail. Grâce à sa capacité à automatiser le tri, le classement et le traitement des documents, l'IA transforme des tâches traditionnellement manuelles et chronophages en opérations rationalisées et efficaces. En exploitant la puissance de l'IA, les entreprises peuvent désormais automatiser la saisie de données, extraire sans effort des informations critiques de divers formulaires et même compiler des rapports complets en toute simplicité.

Les systèmes pilotés par l'IA sont équipés pour classer et classer intelligemment les documents en fonction du contenu et du contexte, réduisant considérablement le risque d'erreur humaine et garantissant que les informations importantes sont facilement accessibles en cas de besoin. Cela accélère non seulement les flux de travail liés aux documents, mais améliore également la précision et la sécurité des données. En outre, la capacité de l'IA à extraire des points de données clés de divers formats de documents rationalise la consolidation des données, permettant aux entreprises de générer des rapports et des analyses perspicaces avec une intervention manuelle minimale. En substance, l'IA ne se contente pas de simplifier la gestion et le traitement des documents ; elle ouvre la voie à une prise de décision et à une planification stratégique plus éclairées, marquant un bond en avant vers un lieu de travail plus organisé, plus efficace et axé sur les données.

Dans un monde où la technologie progresse à une vitesse fulgurante, l'automatisation des tâches devient un élément crucial pour toutes les administrations qui cherchent à rester compétitives[1]. Pourquoi est-ce si important ? Imaginez une journée de travail sans les tâches répétitives qui accaparent le temps et les ressources de l'administration. L'automatisation permet de déléguer ces tâches à des machines ou des logiciels, libérant ainsi du temps pour se concentrer sur des activités à plus forte valeur ajoutée[2].

L'intelligence artificielle fait des vagues dans le monde des professionnels des secteurs de l'administration publique et privée, fournissant le soutien dont les acteurs ont besoin pour rationaliser les tâches, augmenter l'efficacité et améliorer la productivité. Mais avant de nous plonger dans les nombreuses façons dont l'IA révolutionne le monde administratif, mettons une chose au clair : l'IA est là pour aider, pas pour remplacer.

---

[1] Brynjolfsson, E., & McAfee, A. (2014). The Second Machine Age: Work, Progress, and Prosperity in a Time of Brilliant Technologies. W.W. Norton & Company.

[2] Davenport, T. H., & Ronanki, R. (2018). Artificial Intelligence for the Real World. Harvard Business Review, 96(1), 108-116

Nous allons explorer les nombreuses manières dont l'IA change la donne pour les professionnels de l'administration, les assistants de direction et tous les types d'assistants administratifs en France et dans le monde entier.

2.3.1.1 Automatisation des données et des outils

L'automatisation des données et les outils qui la sous-tendent transforment la manière dont les administrations gèrent les données, offrant des améliorations significatives en termes d'efficacité et de précision. En automatisant les tâches répétitives et chronophages, l'administration peut libérer son équipe pour se concentrer sur des travaux plus stratégiques nécessitant une perspicacité humaine. Des outils comme Zapier, une plateforme intelligente qui connecte diverses applications pour automatiser les flux de travail, sont à l'avant-garde de ce mouvement. Ils permettent un transfert de données sans faille et une intégration des processus, qui à leur tour, aident l'administration à rationaliser les opérations, à réduire les erreurs et à recueillir des informations plus rapidement que jamais. Cette automatisation non seulement augmente la productivité, mais soutient également une prise de décision plus informée et peut considérablement améliorer l'expérience client en garantissant que les réponses basées sur les données sont opportunes et pertinentes. Avec l'essor de l'apprentissage automatique et de l'intelligence artificielle, ces outils deviennent encore plus capables, prévoyant les besoins et optimisant les processus à un degré auparavant inatteignable.

2.3.1.2 Utilisation d'outils intelligents pour automatiser les tâches répétitives

Les outils intelligents révolutionnent la manière dont les administrations publiques gèrent les activités routinières, libérant le personnel pour relever des défis plus complexes[1]. Les technologies d'automatisation, en particulier celles améliorées par l'IA, sont aptes à prendre en charge des emplois routiniers, tels que la saisie de données, la planification des rendez-vous et les requêtes des clients. Par exemple, l'automatisation des processus robotiques (RPA) gère ces tâches avec précision et à des vitesses inégalées par les efforts humains. De plus, des systèmes comme Fireflies facilitent l'intégration transparente d'applications disparates, automatisant les flux de travail à travers les plateformes sans intervention manuelle. Cela non seulement accélère les opérations, mais réduit également les erreurs, augmentant à la fois la productivité et la satisfaction des employés en éliminant les tâches monotones de leurs responsabilités quotidiennes[2].

---

[1] OECD. (2019). The Path to Becoming a Data-Driven Public Sector. OECD Digital Government Studies, OECD Publishing

[2] van der Aalst, W. M. (2018). Process Mining: Data Science in Action (2d ed.).

2.3.1.3 Création de processus efficaces avec l'IA

L'intégration de l'intelligence artificielle (IA) dans les différentes l'administration révolutionne la création de processus efficaces. L'IA excelle dans l'analyse de vastes quantités de données pour identifier des motifs et optimiser les flux de travail que les humains ne verraient pas facilement. Cette capacité permet aux administrations d'adapter leurs processus aux demandes du monde réel de manière dynamique, améliorant à la fois la vitesse et la précision. Les analyses pilotées par l'IA peuvent prévoir les goulots d'étranglement des flux de travail avant qu'ils ne deviennent des problèmes critiques, permettant des ajustements proactifs. De plus, la capacité de l'IA à apprendre et à s'adapter au fil du temps signifie que ces processus s'améliorent continuellement, devenant plus efficaces à mesure que le système acquiert plus d'aperçus des opérations en cours. Cela non seulement stimule l'efficacité opérationnelle, mais favorise également l'innovation, l'IA pouvant suggérer de nouvelles façons de rationaliser les tâches et d'améliorer la productivité dans divers secteurs d'activité.

2.3.1.4 Automatisation du service client

L'automatisation du service client transforme le paysage des interactions avec les clients en permettant des réponses plus rapides, plus cohérentes et plus efficaces aux demandes et aux problèmes[1]. En automatisant les tâches de service client courantes, les administrations peuvent garantir que leurs clients reçoivent une attention immédiate sans les retards qui accompagnent souvent le traitement manuel. Cela inclut des réponses automatisées aux questions fréquemment posées, le traitement instantané des demandes simples, telles que les mises à jour des comptes ou les demandes de facturation, et l'acheminement des problèmes plus complexes vers les agents humains appropriés. Le résultat est une expérience de service plus rationalisée qui minimise les temps d'attente et maximise la satisfaction. De plus, les outils d'automatisation peuvent recueillir et analyser les données d'interaction avec les clients, fournissant des informations précieuses sur les préférences et les comportements des clients, ce qui à son tour aide l'administration à améliorer sa stratégie de service et à personnaliser les interactions avec les clients. Cette approche proactive améliore non seulement la prestation de services, mais renforce également les relations avec les clients en démontrant un engagement envers un service efficace et attentif[2].

---

[1] Kavadias, S., Ladas, K., & Loch, C. (2016). Digital Transformation : The Three Steps to Success. MIT Sloan Management Review, 58(1), 44-51.
[2] Chui, M., Manyika, J., & Miremadi, M. (2016). Where Machines Could Replace Humans—and Where They Can't (Yet). McKinsey Quarterly

2.3.1.5 Amélioration de l'expérience client avec l'automatisation intelligente

L'automatisation intelligente révolutionne l'expérience client en fournissant des interactions personnalisées et fluides qui anticipent et répondent aux besoins des consommateurs avec une précision sans précédent. En exploitant des technologies telles que l'IA et l'apprentissage automatique, les administrations peuvent automatiser des processus de prise de décision complexes, adaptant les expériences aux préférences et aux comportements individuels des clients. Cela inclut tout, de la recommandation de produits basée sur des achats antérieurs à l'automatisation du support via des *chatbots* qui comprennent et réagissent efficacement aux requêtes des clients. L'automatisation intelligente permet également des ajustements en temps réel du service en fonction des retours des clients, garantissant que l'expérience évolue continuellement pour dépasser les attentes. L'effet cumulatif est une amélioration significative de la satisfaction et de la fidélité des clients, les consommateurs bénéficiant d'un service plus rapide, plus précis et hautement personnalisé qui semble à la fois intuitif et réactif.

Intéressons-nous maintenant aux outils alimentés par l'IA : comment ceux-ci peuvent-ils aider les administrations ? Les outils alimentés par l'IA transforment le service client en permettant des interactions plus personnalisées et plus efficaces[1]. Freshdesk, par exemple, utilise l'IA pour améliorer sa plateforme de support client en automatisant la billetterie, en priorisant les demandes et en suggérant des solutions aux agents. Plus d'informations sur les capacités de Freshdesk peuvent être trouvées sur leur site web à Freshdesk. Un autre outil, Zendesk, exploite l'IA pour améliorer les temps de réponse et personnaliser les interactions avec les clients grâce à sa technologie avancée de *chatbot*, aidant l'administration à maintenir un engagement continu avec leurs clients[2]. Les détails sur la manière dont Zendesk intègre l'IA dans le service client peuvent être explorés à Zendesk. Ces outils réduisent considérablement les temps de réponse et améliorent les taux de résolution, qui sont des métriques critiques dans le service client, renforçant ainsi la satisfaction et la fidélité de la société[3].

---

[1] Bauer, H. H., Neumann, M. M., & Huber, F. (2020). Artificial Intelligence in Service: Enabling and Inhibiting Factors of AI-driven Services. Journal of Service Research, 23(3), 295-311

[2] Zendesk. (2023). AI and Automation in Customer Support: Enhancing Interactions and Response Times. Zendesk

[3] Meyer, C., & Schwager, A. (2007). Understanding Customer Experience. Harvard Business Review, 85(2), 116-126.

2.3.2. Technologies spécifiques de l'Intelligence artificielle

1) Automatisation des processus de travail pour un meilleur service client

L'automatisation des processus de travail est une stratégie cruciale pour améliorer le service client, car elle permet aux administrations de répondre plus rapidement et plus précisément aux besoins des clients. En mettant en œuvre l'automatisation dans divers flux de travail de service client, les administrations peuvent rationaliser tout, du premier contact à la résolution des problèmes. Cela non seulement accélère l'interaction, mais garantit également la cohérence dans le traitement des demandes des clients, quel que soit leur volume ou leur complexité. Par exemple, les systèmes de billetterie automatisés peuvent rapidement catégoriser et attribuer les problèmes des clients à l'agent de service approprié, tandis que les e-mails de suivi automatisés garantissent que les clients reçoivent des mises à jour opportunes sur l'état de leurs demandes. Ce niveau d'efficacité dans la gestion des interactions avec les clients améliore non seulement l'expérience client en réduisant les temps d'attente et en améliorant la précision des réponses, mais libère également les agents humains pour se concentrer sur des problèmes plus complexes nécessitant une touche personnelle, élevant ainsi la qualité globale du service fourni.

2) Automatisation de la gestion des décisions

L'automatisation de la gestion des décisions exploite des algorithmes avancés et l'intelligence artificielle pour améliorer les processus de prise de décision au sein des administrations. En automatisant les décisions routinières et complexes, cette technologie garantit la cohérence, la précision et la rapidité dans diverses opérations organisationnelles[1]. Elle transforme les données brutes en informations exploitables, permettant aux administrations de répondre rapidement aux dynamiques du marché et aux besoins des clients. Les systèmes d'automatisation des décisions évaluent les informations basées sur des règles et des critères prédéfinis, réduisant ainsi les erreurs humaines et les biais. Cela non seulement rationalise le processus de prise de décision, mais libère également un temps précieux pour que les employés puissent se concentrer sur la stratégie et l'innovation. De plus, automatiser la gestion des décisions peut conduire à des pratiques commerciales plus agiles, car les décisions sont prises rapidement et sont constamment alignées sur les objectifs de l'organisation et les exigences réglementaires. Cette technologie permet aux administrations d'optimiser

[1] Dastin, J. (2018). Automated Decision-Making and AI: An Overview. Journal of Business Research, 95, 280-292.

l'efficacité opérationnelle, d'améliorer la satisfaction des clients et de stimuler la croissance en prenant des décisions mieux informées plus rapidement[1].

3) Le rôle de l'IA dans l'automatisation des décisions

L'intelligence artificielle (IA) joue un rôle crucial dans l'automatisation des décisions, transformant la manière dont les organisations abordent la résolution de problèmes complexes et la planification stratégique. L'IA intègre l'apprentissage automatique, le traitement du langage naturel et l'analyse prédictive pour évaluer d'énormes quantités de données, identifiant des motifs et des tendances invisibles à l'œil humain. Cette capacité permet aux administrations d'automatiser les décisions critiques, garantissant qu'elles sont basées sur des informations orientées données. Par exemple, l'IA peut prédire le comportement des clients, optimiser les opérations de la chaîne d'approvisionnement ou personnaliser les stratégies de marketing avec un niveau de précision et de vitesse inatteignables par les processus manuels. En intégrant l'IA dans les cadres de prise de décision, les administrations peuvent prendre des décisions plus rapides et plus précises, constamment alignées sur leurs objectifs à long terme. Cela non seulement stimule l'efficacité opérationnelle, mais améliore également l'adaptabilité dans un environnement commercial en rapide évolution, permettant aux administrations de rester compétitives et réactives aux exigences du marché.

4) Utilisation de plateformes d'automatisation pour une prise de décision efficace

Les plateformes d'automatisation améliorent considérablement l'efficacité de la prise de décision au sein des organisations en rationalisant les processus complexes et en fournissant des informations opportunes basées sur les données[2]. Ces plateformes exploitent des algorithmes avancés et l'apprentissage automatique pour analyser automatiquement les données et générer des recommandations exploitables. Ce faisant, elles réduisent la charge cognitive des employés, leur permettant de se concentrer sur l'interprétation de ces informations plutôt que sur la collecte et le traitement des données manuellement. Cette automatisation de l'analyse des données et du support décisionnel accélère non seulement le processus de prise de décision, mais améliore également son exactitude en minimisant les erreurs humaines et les biais. De plus, les plateformes d'automatisation peuvent s'intégrer à divers systèmes commerciaux, garantissant que toutes les décisions sont informées par des données complètes et en temps réel à travers l'organisation. Cette intégration facilite des opérations commerciales plus

---

[1] Davenport, T. H., & Bean, R. (2018). How Smart, Connected Products Are Transforming Competition. Harvard Business Review, 96(5), 44-53.
[2] Gans, J. S., & Stern, S. (2020). The Economics of Artificial Intelligence: An Agenda. University of Chicago Press.

synchronisées et stratégiques, générant de meilleurs résultats et améliorant l'agilité organisationnelle globale[1].

5) Algorithmes d'apprentissage automatique pour l'automatisation des décisions

Les algorithmes d'apprentissage automatique sont au cœur de la révolution de l'automatisation des décisions, offrant des outils sophistiqués qui améliorent la manière dont les administrations analysent les données et prennent des décisions éclairées. Ces algorithmes apprennent à partir de données historiques pour prédire les résultats et identifier les tendances, automatisant ainsi les processus de prise de décision complexes. Par exemple, dans les services financiers, l'apprentissage automatique peut évaluer le risque de crédit plus précisément en considérant un vaste éventail de variables que les méthodes traditionnelles pourraient négliger. En marketing, ces algorithmes prédisent le comportement des consommateurs, permettant aux administrations d'adapter leurs stratégies pour répondre aux préférences en évolution. La puissance de l'apprentissage automatique réside dans sa capacité à améliorer continuellement ses prédictions au fil du temps, à mesure qu'il traite plus de données, rendant l'automatisation des décisions plus intelligente et plus fiable. Cette adaptabilité garantit que l'administration réponde non seulement plus efficacement aux conditions actuelles, mais anticipe également les tendances futures, prenant des décisions proactives qui stimulent la croissance et l'innovation.

Prenons un exemple simple : la gestion des emails. En moyenne, un employé peut passer jusqu'à deux heures par jour à gérer sa boîte de réception[2]. Avec l'automatisation, cette tâche peut être simplifiée grâce à des filtres intelligents, des réponses automatiques et même des assistants virtuels capables de trier et de prioriser les messages. Non seulement cela augmente la productivité, mais cela réduit également le stress et améliore la qualité de vie au travail. L'automatisation ne se limite pas à des tâches administratives. Dans les secteurs de la production, de la logistique et même du marketing, l'automatisation permet de standardiser les processus, d'améliorer la précision et de réduire les coûts. C'est une véritable révolution industrielle, comparable à l'introduction des lignes de montage au début du XXe siècle. La différence principale est que nous parlons maintenant de logiciels et d'intelligences artificielles capables d'apprendre et de s'adapter. L'automatisation des campagnes marketing permet de gérer et d'optimiser les efforts promotionnels de manière plus efficiente. L'IA aide à segmenter le public, choisir le moment optimal pour diffuser les messages et ajuster les stratégies en temps réel en fonction des performances. Par exemple,

[1] McKinsey & Company. (2019). The Case for Digital Transformation in Business

[2] McKinsey & Company. (2021). Productivity and the Role of Automation in the Workplace.

les outils comme Mailchimp utilisent l'IA pour automatiser l'envoi d'emails marketing, optimisant ainsi les taux d'ouverture et de conversion[1].

La RPA, pour Robotic Process Automation, est une technologie permettant l'automatisation des processus métier jusqu'à aujourd'hui réalisés par la main-d'œuvre humaine. Il s'agit d'une réelle avancée technologique, car elle permet d'exécuter les tâches répétitives, manuelles et chronophages à des vitesses fulgurantes avec une probabilité d'erreur quasi nulle. L'objectif de ces procédés est de faire réaliser par un robot de manière itérative, précise et automatique, des travaux de traitement et de manipulation de données, d'échange entre différents systèmes informatiques ainsi que de communication aussi bien interne qu'externe. Toutes ces tâches sont réalisées grâce à des logiciels d'intelligence artificielle (IA) et de *machine learning* (solutions apprenantes).

Le fonctionnement des logiciels RPA est plutôt simple et facile à comprendre : le robot logiciel se connecte, comme le feraient des humains, à une application afin de manipuler des milliers de données, d'effectuer des centaines de calculs, de communiquer avec différents systèmes numériques, ou d'exécuter des dizaines de tâches de diverses natures. Il peut également effectuer des interrogations de bases de données, des enregistrements et des traitements des transactions.

Différents niveaux de RPA ont ainsi été identifiés. Il y a, dans le premier niveau, la RPA assistée qui exécute des travaux du front office. Ce type de robot nécessite l'assistance humaine et réalise avec précision les tâches qui lui ont été dictées. Il est souvent déployé aux employés de bureau, augmentant ainsi leur productivité[2]. Le second niveau est celui de la RPA non assistée, qui exécute des travaux de *backoffice*. Il s'agit plus précisément d'activités de management de robots, comme l'ensemble des tâches de reporting simple et de l'orchestration de travail. Elle est le plus souvent déployée à distance et offre une meilleure évolutivité. Enfin, on retrouve la RPA cognitive. Ce dernier niveau est un peu plus complexe que les précédents et il est également bien plus avancé puisqu'il est capable de gérer, en toute autonomie, des données non structurées. Il agit en interaction avec différents logiciels de reconnaissance et d'interprétation des informations, comme dans la reconnaissance optique de caractère avec la transformation de documents scannés en documents au format texte, mais aussi la reconnaissance de documents officiels, comme les passeports et les cartes d'identité, ou encore la reconnaissance faciale et/ou vocale[3].

Devant une demande croissante des entreprises pour ces solutions, différents fournisseurs sont apparus dans le marché High-Tech. Parmi eux, on retrouve : Automation Anywhere inc., Blue Prism ou encore Contextor. Un des pionniers

---

[1] Source ; https://mailchimp.com.

[2] Aghina, W., Barton, D., & Wooll, M. (2016). The Age of Automation: The Impact of RPA on Business Processes. McKinsey Quarterly.

[3] Pan, S. L., & Jang, S. (2021). Cognitive Robotic Process Automation : Technologies, Applications, and Trends. International Journal of Information Management, 56, 102-117. DOI

du secteur informatique, Gartner, prévoit d'ailleurs une croissance des investissements mondiaux des entreprises en technologies d'automatisation des processus robotisés d'environ 19,5 % en 2021.

Les logiciels RPA sont utilisés dans une large variété de secteurs d'activité, les cas d'usage sont donc nombreux et divers. Dans le monde de la finance, par exemple, les tâches de comptabilité, telles que la production de reporting ou la budgétisation sont de plus en plus automatisées. Dans le domaine des services financiers, l'utilisation de la RPA s'est totalement démocratisée[1], que ce soit dans les opérations de crédit, la gestion des comptes clients, la prévention des fraudes ou encore le financement des opérations commerciales, l'automatisation trouve sa place sur de nombreuses tâches. Par exemple, le Crédit Agricole a déployé près de 40 robots intelligents pour automatiser la pause de crédit (230 000 en 3 semaines), la RPA a permis d'effectuer un gain de temps considérable grâce à un robot qui mettrait environ 60 fois moins de temps que l'humain pour réaliser cette opération[2]. La banque LCL, de son côté, a déployé 30 robots intelligents pour la renégociation de prêt et sur des tâches de *bacs office* à faible valeur ajoutée, telle que les activités de soutien, de contrôle, d'administration d'une entreprise, permettant ainsi d'augmenter la qualité des processus et de diminuer les erreurs humaines[3].

Si les banques et les institutions financières recourent de plus en plus à ce type de logiciels intelligents, c'est parce que les bénéfices qui lui sont tirés sont nombreux. En effet, ils assurent d'abord des gains de temps significatifs et des réductions de coûts importants. Les employés peuvent, grâce à cette technologie, se libérer des tâches manuelles répétitives chronophages et à faible valeur ajoutée pour se focaliser sur des activités plus intéressantes, productives et stratégiques. Cette technique permet aussi d'améliorer la qualité des données, car ce sont les robots logiciels qui se connectent directement aux applications afin de manipuler des données volumineuses, d'effectuer des calculs fastidieux et le risque des erreurs humaines se retrouve totalement éliminé.

De nombreuses banques tirent déjà profit de logiciels RPA dans leur activité. Prenons le cas de l'usage de l'automatisation assistée présenté par Atomation Anywhere sur un de ses clients, Bancolombia. Cette institution financière avait un besoin d'automatisation de ses processus afin d'améliorer les expériences des clients des services bancaires et sa rentabilité. Pour répondre à cette problématique, Bancolombia a utilisé des robots assistés pour vérifier et réaliser des transactions, automatiser des centaines de processus et augmenter considérablement l'efficacité du back office. Et toujours selon Automation Anywhere, les résultats auraient été spectaculaires avec 127 000 heures de travail libérées par an

---

[1] Forrester Research. (2021). Robotic Process Automation in Financial Services: A Comprehensive Analysis.

[2] Crédit Agricole. (2022). Optimisation des opérations de crédit grâce à la RPA : Étude de cas.

[3] LCL. (2022). La transformation numérique chez LCL : Cas d'utilisation de la RPA pour la renégociation de prêts et les tâches de bacs office.

dans les succursales, 11 000 jours de travail économisés, 51 % d'augmentation d'efficacité du temps de service, 7 millions de dollars de recettes provenant de nouveaux flux de revenus, une réduction de 19 millions de dollars des coûts de provisionnement, et un retour sur investissement qui aurait atteint les 1300 %.

L'intégration de l'IA dans l'administration présente également des avantages importants pour les personnes qui travaillent dans ce secteur. L'intelligence artificielle prend en charge les tâches répétitives et chronophages, ce qui permet aux employés de se concentrer sur des aspects plus significatifs de leur travail. Ce changement dans la dynamique de travail se traduit par une plus grande satisfaction au travail et motive les employés à adopter des approches innovantes dans leur travail quotidien.

L'intelligence artificielle contribue également à conserver une vue d'ensemble détaillée des prestations de l'administration[1]. Cette vue d'ensemble est importante pour l'exécution efficace de tous les processus administratifs selon les normes les plus élevées. L'analyse continue des données de performance permet d'optimiser en permanence les processus administratifs et de les adapter aux nouveaux défis.

L'utilisation d'applications d'IA dans l'administration publique optimise donc non seulement l'efficience et l'efficacité du travail administratif[2], mais offre également une vue d'ensemble plus approfondie et plus fondée des services et informations fournis. Cela renforce le secteur public dans sa capacité à répondre aux besoins des citoyens tout en assurant un travail administratif de qualité[3].

Quelle que soit l'administration, la première famille de cas d'usage de l'intelligence artificielle générative qui revient, et la plus prometteuse, reste l'outillage des DSI elles-mêmes. Cela n'a rien d'un hasard, dans la mesure où celles-ci sont les premières à en maîtriser les rouages. L'IA générative y est déjà expérimentée et même déployée depuis 2023 pour automatiser tout une série de tâches, de la recherche et résolution de bogues dans le code des logiciels, écrit, rappelons-le, dans un « langage informatique », à la conversion de code ancien et en voie d'obsolescence dans un nouveau langage, en passant par l'automatisation de tests ou la génération de documentation autour de ces programmes. « Comme toutes les organisations, nous avons des sachants qui partent à la retraite avec toute leur connaissance, on espère pouvoir ainsi aider les jeunes générations à reprendre la maintenance d'applications vieillissantes plus facilement », explique Yannick Puget, directeur des opérations et de l'expérience client d'iMSA, le gestionnaire du système d'information de la Mutualité sociale agricole. Le centre informatique RH de l'État, le Cisirh, en a d'ailleurs fait les

[1] Gartner. (2022). Artificial Intelligence in Public Administration : Enhancing Service Delivery and Efficiency

[2] McKinsey & Company. (2021). The Impact of Artificial Intelligence on Public Sector Efficiency.

[3] Deloitte. (2022). AI in the Public Sector: Improving Quality and Responsiveness.

frais et a trouvé son salut dans ChatGPT. Emmanuel Brossier[1] affirme que « Nous avons eu une anomalie avec un de nos outils, et la personne qui l'avait codée était partie. L'équipe nouvellement en charge s'est tournée vers ChatGPT pour tester des lignes de code et obtenir un premier aiguillage sur la solution à apporter ». Autre piste très largement explorée : la mise à disposition d'assistants pour soulager le support informatique. À l'instar d'autres administrations, l'assurance retraite identifie l'IA générative comme un moyen d'apporter des réponses de premier niveau d'assistance informatique. Dans un rapport sur l'IA et l'avenir du service public, les sénateurs voyaient d'ailleurs dans ces cas d'usage « informatiques » le principal gisement de productivité, tout comme les impôts, qui les classent parmi les cas d'usage à l'impact métier le plus fort. Mais gare à la sécurité des données : « On ne peut pas se permettre d'envoyer n'importe quel bout de code en dehors de l'organisation », prévient la directrice des systèmes d'information de l'assurance retraite, Véronique Puche. Un risque qui explique l'utilisation encore prudente de l'outil phare du marché, le « Copilot » de Microsoft.

Les expériences internationales réussies ont pleinement exploité les technologies récentes[2], notamment celles qu'on appelle « technologies de rupture », telles que la Big Data, l'intelligence artificielle (IA), la Blockchain, les technologies smart, les technologies biométriques et celles de tracking ou encore les villes intelligentes. En effet, de nombreux exemples illustrent l'apport incontestable de ces technologies pour établir les bases d'une transformation digitale réussie, ainsi que pour soutenir des projets et des chantiers à grand impact sur la traçabilité, la confiance, la transparence, l'intégrité et la prévention de la corruption[3]. À titre illustratif, la Corée du Sud a notamment utilisé l'IA dans son système dédié à la passation électronique des marchés publics, qui est souvent cité comme modèle à suivre. En effet, ce système, baptisé KONEPS, a reçu le Prix de la Fonction publique, décerné par l'Organisation des Nations Unies qui l'a choisi en 2004 comme modèle de bonne pratique. Celle-ci a été exportée et déployée dans de nombreuses économies en développement, dont le Vietnam, le Costa Rica, la Mongolie, la Tunisie, le Cameroun, etc.

La Malaisie a quant à elle utilisé le Big Data pour détecter d'éventuelles pratiques de corruption, et elle a eu recours à l'IA pour surveiller et évaluer les risques d'activités frauduleuses et corrompues dans le cadre de transactions pouvant impliquer des processus complexes sur les plans financiers et/ou industriel. De même, convaincus que l'Open Data est un levier majeur pour renforcer la transparence et son impact en matière de prévention de la corruption,

---

[1] Sous-directeur des produits numériques métier du Cisirh ; pour une analyse plus poussée, voir https://www.calameo.com.

[2] World Economic Forum. (2022). Emerging Technologies and Their Impact on Global Transformation

[3] Transparency International. (2022). Technology and Transparency: Leveraging Disruptive Technologies to Combat Corruption.

les pays membres du G20 se sont engagés depuis 2015 en faveur de l'investissement sur cet important levier.

6) Exemples de Plateformes d'Automatisation

L'automatisation par l'IA nécessite des outils puissants et flexibles. Les plateformes d'automatisation sont des solutions complètes qui permettent de configurer, déployer et gérer des processus automatisés à grande échelle.

UiPath est l'une des plateformes d'automatisation les plus populaires et largement utilisées. Cette plateforme offre une gamme complète d'outils pour automatiser les tâches répétitives dans diverses industries. UiPath se distingue par sa facilité d'utilisation, permettant aux utilisateurs de créer des workflows automatisés sans avoir besoin de compétences avancées en programmation. Les fonctionnalités incluent la reconnaissance d'image, l'automatisation des processus robotisés (RPA), et l'intégration avec des systèmes existants[1]. Par exemple, une entreprise de services financiers peut utiliser UiPath pour automatiser la saisie de données dans différents systèmes, réduisant ainsi le risque d'erreurs et augmentant la productivité[2].

Automation Anywhere est une autre plateforme majeure dans le domaine de l'automatisation. Elle propose des solutions robustes pour l'automatisation des processus métier complexes. Avec ses capacités avancées d'IA et d'apprentissage automatique, Automation Anywhere permet non seulement d'automatiser les tâches répétitives, mais aussi d'améliorer les processus grâce à des analyses prédictives et des décisions automatisées. Par exemple, une entreprise de commerce électronique peut utiliser Automation Anywhere pour gérer automatiquement les retours de produits, en traitant les demandes des clients et en mettant à jour les stocks en temps réel.

7) Les plateformes personnalisées

Outre les plateformes standardisées, de nombreuses administrations optent pour des solutions personnalisées afin de répondre à des besoins spécifiques. Ces solutions sont développées sur mesure pour s'intégrer parfaitement dans les processus existants et offrir une flexibilité maximale.

✓ *Développement sur mesure*

Le développement sur mesure implique la création de solutions d'automatisation spécifiques aux besoins d'une entreprise. Cette approche permet de concevoir des outils qui répondent exactement aux exigences opérationnelles et qui peuvent évoluer avec l'entreprise. Par exemple, une société de logistique

[1] UiPath. (2023). Advanced Features of UiPath: Image Recognition, RPA, and System Integration.
[2] Forrester Research. (2022). UiPath in Financial Services: Automation Case Studies and Benefits.

pourrait développer un système d'automatisation sur mesure pour optimiser les itinéraires de livraison en temps réel, en utilisant des données de trafic et des prévisions météorologiques.

✓ *Intégration avec les Systèmes existants*

L'intégration avec les systèmes existants est un aspect crucial des solutions personnalisées[1]. Il est essentiel que les nouveaux outils d'automatisation puissent se connecter et interagir sans problème avec les infrastructures informatiques déjà en place. Cela inclut l'intégration avec des ERP (Enterprise Resource Planning), des CRM (Customer Relationship Management), et d'autres systèmes critiques.

Ainsi, ces nouvelles technologies et approches représentent des apports significatifs pour la création d'un environnement de transparence ouvert à tous les citoyens[2], et pour l'identification et la prévention de la corruption. Pour que leur usage soit pertinent, un certain nombre d'exigences doivent être réunies, notamment en termes de disponibilité de données ouvertes, claires, fiables et qui respectent les règles et normes de protection des données à caractère personnel et de gestion des cyberrisques[3].

2.3.3 Réduction des coûts et des délais dans les processus administratifs

L'intelligence artificielle (IA) présente de nombreux avantages pour la numérisation des documents, notamment en termes de qualité, de rapidité et d'efficacité des processus.

✓ *Accélération des processus de digitalisation*

L'IA accélère la numérisation des documents en réduisant le temps nécessaire à la capture, la conversion, l'indexation, le stockage et le partage des documents numériques. Elle permet de traiter automatiquement de grands volumes de documents, s'adaptant à différents formats, langues et types de contenus. Elle permet d'améliorer la recherche et l'accès aux documents grâce à des outils de reconnaissance vocale, de traitement du langage naturel et de génération automatique de résumés. Ces avancées techniques augmentent la réactivité, la productivité et la performance globale. L'IA améliore la précision dans la digitalisation des documents et réduit les erreurs, garantissant une qualité supérieure des données extraites, classifiées ou analysées. Elle permet la détection et la correction d'anomalies, d'incohérences ou de fraudes dans les

---

[1] Microsoft. (2023). Integrating Automation Tools with Existing IT Infrastructure.

[2] OECD. (2022). Technology and Transparency: Leveraging Digital Tools to Enhance Accountability.

[3] European Commission. (2021). Data Protection and Cyber Risk Management in the Digital Age.

documents numériques grâce à des techniques avancées de vérification et de sécurisation des contenus. Elle assure également le respect des normes et réglementations actuelles, facilitant la conformité, la traçabilité et l'archivage des documents. Ainsi, l'IA augmente la fiabilité, la sécurité et la confiance dans le traitement des documents numériques.

Grâce à l'automatisation des tâches répétitives dans la digitalisation des documents, l'IA permet ainsi de libérer les ressources humaines pour des opérations plus complexes. Cela offre la possibilité de se focaliser sur des activités à plus grande valeur ajoutée, telles que la création, la collaboration ou les décisions stratégiques, ceci en réduisant le coût de la main-d'œuvre. L'IA favorise également le renforcement des compétences des collaborateurs en leur offrant des informations, des recommandations et des retours personnalisés, contribuant ainsi à une meilleure qualité de travail, une plus grande satisfaction et l'encouragement à l'innovation.

En premier lieu, la généralisation de l'assistance éditoriale dans les administrations et les organisations gouvernementales internationales entraînerait l'internalisation d'une partie des travaux qu'elles font réaliser à l'extérieur, en raison des coûts moindres de production via l'IAG. Sont directement concernées l'édition, la traduction[1] et la création de contenus aux fins de communication et formation. De même, les systèmes de traduction automatique deviennent très performants avec des technologies proches de celle de l'IAG et seraient complétés par l'assistance stylistique de l'IAG pour réduire les coûts[2]. Les gains financiers et de productivité semblent évidents pour les organisations internationales dont les productions textuelles sont multilingues, écrites par des experts non natifs des langues de l'organisation.

L'économie de coûts est un autre aspect fondamental de l'automatisation par l'IA, qui permet non seulement de faire plus avec moins, mais également d'optimiser l'utilisation des ressources disponibles. Réduction des Dépenses opérationnelles, en automatisant des tâches, les entreprises peuvent réduire considérablement leurs dépenses opérationnelles. Par exemple, les *chatbots* peuvent gérer des milliers d'interactions avec les clients simultanément, réduisant ainsi la nécessité d'une grande équipe de support client. De plus, l'IA peut anticiper les besoins de maintenance des machines avant qu'elles ne tombent en panne, évitant des réparations coûteuses et des temps d'arrêt non planifiés. L'IA aide également à une utilisation efficace des ressources. En optimisant la planification et la répartition des tâches, elle permet d'utiliser au mieux les capacités humaines et matérielles. Dans la gestion des stocks, par

[1] Jiao, W., Huang, J. T., Wang, W., He, Z., Liang, T., Wang, X., ... et Tu, Z. (2023). ParroT : Traduire pendant le chat à l'aide de grands modèles de langage réglés avec la traduction et les commentaires humains. *Prépublication arXiv arXiv : 2304,024 26.*

[2] La traduction du français vers l'anglais pour un document de 10 000 mots est d'environ 1 500 €. Ceci est à comparer avec un abonnement de 7,49 €/mois pour Deepl et de 20 €/mois pour ChatGPT, sans limitation de taille de texte.

exemple, les algorithmes d'IA peuvent prévoir les niveaux de demande avec une grande précision, réduisant ainsi les surplus et les pénuries de stock.

S'agissant de l'analyse de données, le coût de GPT4 se situe entre 0,45 % et 0 .70 % de celui d'un analyste de données suivant son expérience[1]. Pour tirer bénéfice de l'IAG dans de domaine, les administrations devront compter sur des fonctionnaires qui disposent de suffisamment de connaissance statistique pour formuler des requêtes ayant un sens mathématique et valider les réponses de l'IAG. L'IAG constituerait ainsi une interface de métalangage pour l'analyse de données. Cela suppose une évolution des administrations dans leurs stratégies data. Jusqu'à présent, leur souci était de recruter et garder des scientifiques des données. La rentabilité de l'IAG devrait inciter les administrations à recruter ou former des fonctionnaires disposant d'une culture quantitative, mathématique, statistique de base. À très court terme, au vu des limitations de l'IAG sur l'analyse de données dues à sa faiblesse calculatoire[2], ces fonctionnaires profiteraient déjà de l'IAG comme « tuteur » à la création de code informatique pour l'analyse de données[3].

En 2012, l'Autorité nationale pour l'innovation gouvernementale (AIG) au Panama a lancé un projet de six ans visant à fournir une expérience de bout en bout du système judiciaire. Cette transformation a impliqué de désagréger le processus complexe existant pour comprendre les besoins des fournisseurs de services et des utilisateurs. Cela a permis au gouvernement de traiter efficacement les éléments individuels liés à l'infrastructure physique et aux interactions entre les parties prenantes concernées, des services administratifs aux services d'accueil en contact avec le public. En 2018, le système judiciaire a effectivement réduit de 96 % le temps passé dans le système pénal accusatoire et complètement éliminé les dossiers papier. Une telle approche transformatrice de la conception et de la prestation de services de bout en bout implique de donner la priorité à l'expérience utilisateur du début à la fin et constitue un modèle ambitieux à suivre dans le reste du secteur public panaméen et d'autres pays.

L'intégration de l'IA dans les tâches administratives offre nombre d'avantages, efficacité et productivité accrue. L'IA automatise les tâches plus

---

[1] Yao, Y., Wang, P., Tian, B., Cheng, S., Li, Z., Deng, S.... et Zhang, N. (2023). Modification de grands modèles de langage : problèmes, méthodes et opportunités. *Prépublication arXiv arXiv : 2305,131 72.*

[2] Chaeng et coll. 2023 ont testé l'analyse de données sur GPT3, les résultats de GPT4 aux examens mathématiques et statistiques fournis par OpenAI, mais non confirmés de façon indépendante rendent probablement déjà obsolète cette limite (OpenAI, 2023).

[3] Ceci s'insère déjà particulièrement dans la politique de l'OMD, qui fournit des formations en ligne et en présentiel à des douaniers non spécialistes pour leur faire acquérir les bases du métier d'analyse de données. Le zssprogramme OMD-Corée BACUDA a délivré plus de 2000 certificats de formation en ligne aux outils de l'analyse de données et forme en présentiel une douzaine de douaniers par an sur des cursus longs de science des données. Un programme similaire, OMD-France, DATAFID, est en cours pour les administrations africaines francophones. Les douaniers certifiés dans ces programmes bénéficieraient d'ores et déjà de l'appui de l'IAG en matière de code pour la science des données.

rapidement et plus précisément que les processus manuels. L'automatisation des tâches de routine réduit les coûts de main-d'œuvre et minimise les erreurs, qui peuvent être coûteuses. En soulageant le personnel des tâches monotones, l'IA contribue à des expériences de travail plus engageantes et plus épanouissantes. Il y a une réelle satisfaction des employés grâce à une prise de décision basée sur les données. La capacité de l'IA à analyser les données et à fournir des informations favorise des décisions commerciales plus éclairées.

Lors de la crise sanitaire, la pandémie de covid-19 a montré l'intérêt d'une mobilisation de toutes les technologies disponibles pour faire face à un besoin de recherches très rapides. Dans ce contexte, l'IA peut se révéler très précieuse. Ainsi, l'identification de la structure en trois dimensions de protéines extrêmement complexes[1] par l'IA ouvre la voie à l'élaboration accélérée de vaccins efficaces. L'IA peut également aider à prédire l'évolution de la pandémie et appuyer les équipes soignantes dans l'identification du virus chez les patients[2].

Dans le secteur bancaire, l'utilisation de l'IA pour la gestion des fraudes est un exemple éclatant de réduction des coûts. Les systèmes d'IA, équipés d'algorithmes de machine learning, analysent en temps réel des volumes massifs de transactions pour identifier les comportements anormaux qui pourraient indiquer une fraude. Cette capacité à détecter précisément et rapidement les transactions suspectes évite des pertes financières majeures dues aux activités frauduleuses. En outre, elle réduit le besoin de ressources humaines dédiées à la surveillance constante, permettant aux banques de redéployer leur personnel vers des tâches à plus haute valeur ajoutée. Ce pivot vers une surveillance automatisée et plus efficace génère des économies substantielles, tout en maintenant un niveau élevé de sécurité pour les clients et la banque.

L'automatisation est de plus en plus considérée comme un outil crucial pour l'administration qui cherche à améliorer l'efficacité et à économiser du temps[3]. En rationalisant une large gamme de processus, des tâches administratives simples aux flux de travail opérationnels plus complexes, l'automatisation permet aux entreprises de fonctionner plus rapidement et plus efficacement. Cette accélération des tâches routinières réduit les goulots d'étranglement et élimine le besoin d'intervention manuelle dans de nombreux domaines, permettant au personnel de se concentrer sur des tâches qui ajoutent une plus grande valeur à l'entreprise. De plus, l'automatisation garantit que ces processus sont menés de manière cohérente et sans erreur, améliorant la fiabilité opérationnelle globale[4]. À mesure que les entreprises intègrent davantage d'automatisation dans leurs opérations quotidiennes, elles constatent souvent que le temps économisé

---

[1] Le logiciel AlphaFold2, développé par DeepMind, filiale de Google

[2] Pour une revue de l'utilisation de technologies d'IA dans la crise du covid-19, voir l'article sur le site du Conseil de l'Europe, « IA et lutte contre le coronavirus Covid-19 », article disponible sur https://www.coe.int/fr/web/artificial-intelligence/a and-control-ofcovid-19-coronavirus

[3] Deloitte. (2023). The Role of Automation in Modern Administration

[4] IBM. (2023). Enhancing Operational Reliability Through Automation.

se traduit directement par des économies de coûts et des résultats améliorés, faisant de cette stratégie un atout inestimable pour la croissance et la compétitivité sur des marchés rapides[1].

2.3.4 Rôle de l'IA dans la transparence et la lutte contre la corruption

La transformation de l'administration par l'intégration de L'IA est devenue une partie intégrante de la stratégie de développement de l'ensemble des pays. Elle permet notamment d'améliorer la transparence, la responsabilité, l'efficacité, la réactivité et l'engagement des gouvernements, l'objectif étant de rapprocher l'administration publique de l'usager et contribuer à l'amélioration des services qui lui sont rendus, et contribuer par la même à favoriser le développement socio-économique et à lutter contre la corruption.

À cet égard, les bonnes pratiques montrent que cette transformation est l'aboutissement d'une réflexion approfondie et d'une démarche intégrée, développée à partir d'un certain nombre de priorités et déployée à travers des mécanismes de pilotage et de mise en œuvre associant l'ensemble des acteurs, dont les organisations publiques, dans l'objectif d'une véritable transformation au service des citoyens

La blockchain, technologie de stockage et de transmission d'informations, transparente, sécurisée et fonctionnant sans organe central de contrôle, est apparue d'abord dans le secteur financier. Les exigences et les implications de la blockchain dans le secteur public présentent des avantages par rapport aux solutions numériques alternatives.

En effet, la blockchain cherche à assurer la sécurité et l'intégrité des informations pour faire face aux préoccupations concernant la confidentialité des données et la baisse de confiance des citoyens dans les administrations et organismes officiels[2]. Cette technologie permet par exemple d'enregistrer les actifs, de transférer la valeur et de suivre les transactions de manière décentralisée, garantissant ainsi la transparence, l'intégrité et la traçabilité des données sans autorité centrale pour authentifier les informations.

2.4. Rôle de l'IA dans la transparence et la lutte contre la corruption

2.4.1. Systèmes de suivi et d'audit automatisés

La pratique de l'audit est plus que centenaire. Ce qui a commencé comme un travail de comptable est désormais mis en pratique dans toutes les industries, avec un accent particulier mis sur le respect des exigences réglementaires ou la réalisation d'audits basés sur les risques. Même si les types, méthodes ou

---

[1] PwC. (2022). Cost Savings and Enhanced Results from Increased Automation.

[2] Stanford social innovation review, Carlos SANTIZO Will Blockchain Disrupt Government Corruption ? https://ssir.org.

modèles d'audit ont évolué dans le temps, la communauté d'auditeurs est confrontée à d'importants problèmes allant d'une mauvaise planification de l'audit, la non-prise en compte de la modification et de l'évolution des risques, les partis pris de l'auditeur, un décalage avec les entités auditées, et des échantillons de données faussées.

Le rôle de l'auditeur dans l'ère numérique doit évoluer et s'adapter de sorte que les audits soient des mécanismes permettant d'identifier des modèles et tendances à partir de grands ensembles de données. Ces observations permettent d'évaluer les risques, de déterminer la portée des projets et d'identifier de manière proactive et anticipée des problèmes potentiels, entre autres choses. Par exemple, dans le paysage technologique actuel évoluant rapidement, les techniques d'IA et d'AA existantes non seulement détectent les transactions frauduleuses et identifient les questions à haut risque, telles qu'une activité inconnue du système depuis les postes de travail des utilisateurs, mais des modèles d'apprentissage peuvent également être établis à partir de telles interventions.

L'IA est largement utilisée dans les processus d'audit[1]. Il joue un rôle crucial dans l'automatisation des tâches répétitives, telles que la saisie et l'analyse des données, ce qui permet aux auditeurs de gagner du temps et d'augmenter leur efficacité. Les algorithmes d'IA peuvent analyser rapidement de grands volumes de données financières, identifier des modèles et détecter des anomalies ou des fraudes potentielles. Cette technologie permet également aux auditeurs de réaliser des évaluations des risques plus complètes et plus précises en analysant les données provenant de diverses sources et en identifiant les risques liés ou les faiblesses des contrôles. Dans l'ensemble, l'IA améliore le processus d'audit en améliorant la précision, l'efficacité et les capacités d'évaluation des risques[2].

Voici quelques principales façons dont l'IA est utilisée dans le processus d'audit[3] :

1) *Analyse des données :* les outils d'analyse de données basés sur l'IA permettent aux auditeurs de traiter rapidement et efficacement de grandes quantités de données structurées et non structurées. Cela permet aux auditeurs d'identifier les modèles, les tendances et les anomalies qui peuvent nécessiter une enquête plus approfondie.

2) *Audit continu :* l'IA facilite l'audit continu en automatisant le processus de collecte, de vérification et d'analyse des données sur une base continue. Cette approche en temps réel améliore la qualité de l'audit et permet aux auditeurs de détecter rapidement les problèmes.

---

[1] Deloitte. (2023). AI in Audit : Enhancing Efficiency and Accuracy.

[2] Gartner. (2023). AI and Risk Assessment in Audit: Enhancing Precision and Effectiveness.

[3] Susarla, A., Gopal, R., Thatcher, J. B. et Sarker, S. (2023). L'effet Janus de l'IA générative : tracer la voie vers une conduite responsable des activités savantes dans les systèmes d'information. *Recherche sur les systèmes d'information, 34*(2), 399-408.

3) *Détection de fraude :* les algorithmes d'intelligence artificielle d'audit peuvent analyser les données transactionnelles pour identifier les activités frauduleuses ou les irrégularités potentielles. En signalant les tendances suspectes, l'IA aide les auditeurs à concentrer leur attention sur les domaines à haut risque, conduisant ainsi à une détection plus efficace des fraudes.

4) *Traitement du langage naturel (NLP) :* le NLP permet aux systèmes d'IA de comprendre et de traiter le langage humain. Les auditeurs peuvent utiliser la PNL pour extraire des informations pertinentes des contrats, des états financiers et d'autres documents textuels, rendant ainsi l'analyse des données plus efficace.

5) *Évaluation des risques :* l'IA aide les auditeurs à évaluer les risques en analysant les données historiques, les tendances du secteur et les ratios financiers. Cette approche basée sur les données aide les auditeurs à identifier les domaines à haut risque qui nécessitent un examen plus approfondi lors de l'audit.

6) *Analyse prédictive :* les modèles prédictifs basés sur l'IA peuvent prévoir les résultats financiers, aidant ainsi les auditeurs à évaluer le caractère raisonnable des projections de la direction et à identifier à l'avance les problèmes financiers potentiels.

7) *Planification de l'audit et allocation des ressources :* l'intelligence artificielle dans l'audit aide les auditeurs à optimiser leurs plans d'audit en suggérant des procédures d'audit appropriées et une allocation des ressources en fonction des données et du profil de risque du client.

8) *Évaluation des risques :* grâce à une analyse avancée des données, l'IA peut identifier les corrélations et les modèles que les auditeurs peuvent avoir négligés, fournissant ainsi de nouvelles informations pour mieux comprendre les risques associés à une mission d'audit particulière.

9) *Détection des anomalies :* l'IA peut identifier des transactions ou des modèles inhabituels qui pourraient indiquer des erreurs ou des activités frauduleuses, permettant ainsi aux auditeurs d'enquêter plus en profondeur[1].

10) *Apprentissage automatique :* les algorithmes d'apprentissage automatique permettent aux systèmes d'IA d'apprendre des données d'audit antérieures et d'améliorer leurs performances au fil du temps. Ce processus d'apprentissage itératif améliore la précision et l'efficacité des outils d'audit basés sur l'IA.

11) *Examen de documents :* l'intelligence artificielle peut automatiser l'examen de grands volumes de documents, tels que les contrats, les factures et les états financiers, rendant le processus plus rapide et plus précis.

En clair, l'introduction de l'IA dans la profession d'audit apportera plusieurs changements dans l'approche actuelle garantissant des améliorations significatives du panorama qualitatif et quantitatif de la profession d'audit. En ce sens, le tableau 1 présente la comparaison de l'utilisation d'une approche d'audit assisté des systèmes d'IA avec l'approche d'audit traditionnelle. Le paysage de l'audit

[1]IBM. (2023). Anomaly Detection with AI: Identifying Errors and Fraudulent Activities.

est en train de subir une profonde transformation, sous l'impulsion des progrès de l'intelligence artificielle (IA) et des technologies d'apprentissage automatique.

L'IA permet une surveillance continue des transactions financières, offrant aux organisations une assurance en temps réel[1]. Elle peut faciliter les processus d'audit en cours, en veillant à ce que les états financiers restent exacts et à jour. L'intégration de l'IA peut permettre de réaliser d'importantes économies dans le processus d'audit. Il a été vérifié que la mise en œuvre de l'IA réduisait le coût global des audits en rationalisant les processus et en minimisant les efforts manuels[2]. L'adoption de l'IA dans l'audit représente une opportunité de transformation, offrant de nombreux avantages, tels que l'automatisation, le suivi, de l'analyse des données, la détection des fraudes, la surveillance continue, la réduction des coûts, l'amélioration de la prise de décision et la conformité réglementaire.

L'histoire de l'audit est riche en adaptations aux changements technologiques et réglementaires[3]. Les pratiques d'audit traditionnelles s'appuient fortement sur des processus manuels et des tests basés sur des échantillons. Cependant, ces dernières années, la numérisation des transactions financières et la croissance exponentielle des données ont nécessité une évolution vers des approches d'audit plus automatisées et axées sur les données[4]. L'intelligence artificielle, qui englobe l'apprentissage automatique, le traitement du langage naturel et l'analyse des données, est devenue un catalyseur pour la profession d'audit. Les outils et algorithmes d'IA présentent la capacité d'amender la qualité de l'audit, d'accroître l'efficacité et de découvrir des informations cachées dans les données financières. Ces technologies peuvent être employées dans différentes phases de l'audit, de la planification à l'exécution et au reporting[5]. Les outils d'analyse de données alimentés par l'IA permettent aux auditeurs de traiter de manière expéditive d'importantes volumétries de données. Ces outils peuvent identifier des modèles inhabituels, des anomalies et des risques associés, aidant ainsi les auditeurs dans le cadre de la démarche d'analyse des risques. En ayant la possibilité d'examiner 100 % des données d'un client, les auditeurs peuvent acquérir une compréhension plus complète de l'entreprise, ce qui réduit le risque d'anomalies significatives[6]. L'IA peut anticiper les domaines qui pourraient être

---

[1]You, X., Wang, C. X., Huang, J., Gao, X., Zhang, Z., Wang, M., ... et Liang, Y. C. (2021). Vers des réseaux de communication sans fil 6G : vision, technologies habilitantes et nouveaux changements de paradigme. *Science Chine sciences de l'information*, *64*, 1-74.

[2]Lawal, A., Mohamed, R., Abdalla, H., Elkelish, W. et Lasyoud, A. (2022). Le rôle des systèmes d'information comptable dans la performance des cabinets pendant la pandémie de COVID-19. *Journal de la gouvernance et de la réglementation*, *11*(1), 45-54.

[3] KPMG. (2022). The Evolution of Audit: Adapting to Technological and Regulatory Changes

[4] PwC. (2023). The Impact of Digital Transformation on Audit Practices.

[5] Omoteso, K. (2012). The application of artificial intelligence in auditing: Looking back to the future. *Expert Systems with Applications*, *39*(9), 8490-8495.

[6] Du, G., & Elston, F. (2022). RETRACTED ARTICLE: Financial risk assessment to improve the accuracy of financial prediction in the internet financial industry using data analytics models. *Operations Management Research*, *15*(3), 925-940.

sujets d'activités frauduleuses en analysant les modèles de données historiques et les valeurs aberrantes. En identifiant les transactions inhabituelles ou les écarts par rapport au comportement normal, l'IA peut aider les auditeurs à détecter et à prévenir les fraudes, renforçant ainsi l'intégrité de l'information financière[1].

L'intégration de l'intelligence artificielle (IA) facilite la transition de l'audit périodique vers un modèle d'audit et de suivi en continu. La capacité à analyser les données en temps réel permet aux auditeurs de repérer les problèmes dès leur apparition, et d'émettre des recommandations correctives en temps opportun. Cette avancée réduit considérablement le laps de temps entre la collecte des données et la rédaction des rapports d'audit[2]. Si l'intégration de l'IA dans l'audit offre une panoplie d'avantages. Elle comporte également des enjeux importants, parmi lesquels la préservation de la sécurité des données, des compétences techniques et des préoccupations éthiques liées à l'analyse des conclusions obtenues grâce à l'IA. Les auditeurs doivent se pencher sur ces questions pour exploiter pleinement le potentiel de l'IA dans leur profession.

L'adoption de l'IA dans l'audit n'est pas simplement un changement technologique, mais une transformation fondamentale de la manière dont les audits sont menés. Les outils et les analyses pilotés par l'IA promettent d'amender la qualité de l'audit, de rationner les risques et de fournir des informations en temps opportun. Toutefois, les auditeurs doivent également d'affronter les enjeux associés à la sécurité des données et aux considérations éthiques. Alors que la profession d'auditeur continue de s'adapter à la révolution technologique, la collaboration entre les auditeurs humains et l'IA définira probablement l'avenir des pratiques d'audit.

Le système Rosie constitue un exemple d'utilisation des technologies de l'IA par des acteurs non gouvernementaux pour réduire la corruption gouvernementale. Ce système d'IA analyse les dépenses publiques des membres du congrès brésilien pour détecter des profils de dépenses suspects. Rosie a été créée dans le cadre de l'opération Serenata de Amor, un projet géré par 600 citoyens du monde entier. Rosie utilise les données publiques mises à disposition par la loi sur l'accès à l'information, les données ouvertes de diverses administrations publiques au Brésil, ainsi que les informations accessibles au public des entreprises.

Les technologies de l'information et de la communication (TIC) sont de plus en plus considérées par les gouvernements, mais aussi par les militants et la société civile, comme des outils importants pour promouvoir la transparence et l'obligation de rendre des comptes, et pour identifier et réduire la corruption. En

---

[1] Singla, A. et Jangir, H. (2020, février). Une approche comparative de l'analyse prédictive avec l'apprentissage automatique pour la détection des fraudes des données financières en temps réel. En *2020, Conférence internationale sur les tendances émergentes en matière de communication, de contrôle et d'informatique (ICONC3)* (pp. 1-4). IEEE.

[2] « La recherche en analyse de données d'audit : une application de la conception Méthodologie scientifique », Horizons comptables, Association américaine de comptabilité Vol. 33, n° 3DOI : 10.2308/acch-52459 septembre 2019 p. 69 à 73

effet, les nouvelles technologies ont été utilisées pour faciliter le signalement de cas de corruption et donner accès aux informations officielles (comme dans le cas du Brésil). Cela peut aider à surveiller l'efficacité et l'intégrité des services sociaux et à rendre les informations financières plus transparentes. Dans le même temps, l'IA a été et est utilisée pour fournir de meilleurs services.

✓ *Les inconvénients de l'utilisation de l'IA en audit*

Même si l'IA offre de nombreux avantages dans le processus d'audit, il est crucial d'être conscient de ses inconvénients potentiels[1]. Ceux-ci incluent le risque d'erreurs et de biais, les préoccupations concernant la sécurité d'emploi des auditeurs, ainsi que la complexité et le coût de la mise en œuvre. En comprenant ces inconvénients, les auditeurs peuvent prendre des décisions éclairées sur le rôle de l'IA dans leurs pratiques et atténuer tout impact négatif potentiel[2]. Ces inconvénients peuvent s'expliquer comme suit :

L'un des principaux inconvénients de l'utilisation de l'IA dans les audits est le risque d'erreurs et de biais. Même si les systèmes d'IA sont conçus pour être objectifs et précis, ils sont néanmoins sujets à commettre des erreurs[3]. Ces erreurs peuvent survenir en raison de défauts de programmation, d'incohérences de données ou encore des limitations des algorithmes utilisés. De plus, les systèmes d'IA peuvent également hériter de biais liés aux données sur lesquelles ils sont formés, ce qui conduit à des résultats faussés et à des conclusions potentiellement trompeuses[4].

Le recours à l'IA dans les audits soulève des inquiétudes quant à la sécurité d'emploi des auditeurs. À mesure que la technologie de l'IA continue de progresser, on craint de plus en plus qu'elle puisse remplacer complètement les auditeurs humains. Même si l'IA peut certainement automatiser les tâches répétitives et améliorer l'efficacité, elle ne peut pas remplacer complètement le jugement humain et l'expertise que les auditeurs apportent. Cela soulève des questions sur le rôle futur des auditeurs et sur l'impact potentiel sur l'emploi dans le secteur.

La complexité et le coût associés à la mise en œuvre de l'IA dans les audits ne peuvent être négligés. Les systèmes d'IA nécessitent des investissements importants en termes d'infrastructure, de logiciels et de formation. Cela peut constituer un obstacle pour les petits cabinets d'audit ou les organisations aux ressources limitées. De plus, la complexité de la technologie de l'IA peut

---

[1] Deloitte. (2023). Challenges of AI in Audit: Risks and Considerations.
[2] Parlak, M. (2023). Blockchain-based immutable evidence and decentralized loss adjustment for autonomous vehicle accidents in insurance. *arXiv preprint arXiv:2303.18130.*
[3] Turner Lee, Resnick, & Barton (2019). Bias and Error in AI Systems: Implications for Auditing.
[4] Lee, N. T., Resnick, P., & Barton, G. (2019). Algorithmic bias detection and mitigation: Best practices and policies to reduce consumer harms.

nécessiter une expertise spécialisée, qui peut ne pas être facilement accessible ou abordable pour toutes les équipes d'audit[1].

Les audits peuvent être améliorés de différentes manières au fil du temps à l'aide des techniques d'IA, AA et GAT. Toutefois, la difficulté consiste à savoir si les experts en la matière considèrent ces technologies comme une boîte noire ou un sujet difficile à interpréter ou comprendre. Il se peut qu'il n'y ait que très peu de professionnels experts en informatique ou d'experts fonctionnels capables de mettre en œuvre avec succès l'IA et l'AA. Les professionnels de l'informatique doivent adopter ces techniques afin d'optimiser au mieux le domaine de l'audit et au-delà. Un monde où les professionnels de l'informatique et de l'audit peuvent utiliser les RPA/IA/AA à leur avantage créera des produits du travail plus intéressants, efficaces et mesurés.

2.4.2. Amélioration de l'accès à l'information publique grâce à l'IA

L'IA améliore l'accès à l'information publique de biens de manières et ces manières sont les suivantes.

2.4.2.1 Automatisation de la recherche d'informations

L'intelligence artificielle (IA) révolutionne l'accès à l'information publique grâce à l'automatisation de la recherche d'informations, un processus qui permet aux utilisateurs de trouver rapidement et efficacement les données dont ils ont besoin. Les chatbots et les assistants virtuels, alimentés par des technologies de traitement du langage naturel (NLP), sont des exemples clés de cette automatisation. Ils sont capables d'interroger des bases de données complexes, telles que celles des administrations publiques, pour fournir des réponses immédiates et pertinentes aux questions des utilisateurs[2]. Par exemple, dans le secteur de la santé publique, des chatbots sont utilisés pour orienter les citoyens vers les ressources adéquates en fonction de leurs symptômes ou de leurs préoccupations de santé, facilitant ainsi un accès rapide à des informations cruciales[3]. Ces technologies permettent de réduire le temps et les efforts nécessaires pour naviguer dans les dédales de documents et de règlements publics, rendant l'information plus accessible à un plus grand nombre de personnes.

De plus, l'automatisation de la recherche d'informations publiques via l'IA contribue à accroître la transparence et l'efficacité des services publics. Selon

---

[1] Üçoğlu, D. (2022). Challenges and threats to environmental accounting and reporting. In *Modern Regulations and Practices for Social and Environmental Accounting* (pp. 1-25). IGI Global Scientific Publishing, p. 174.

[2] Bertot, J. C., Jaeger, P. T., & Grimes, J. M. (2012). "Promoting transparency and accountability through ICTs, social media, and collaborative e-government." Transforming Government: People, Process and Policy, 6(1), 78-91.

[3] Khan, A., Javaid, M., & Khan, S. (2020). « Artificial Intelligence in Public Health. » Journal of Biomedical Informatics, 107, 103500.

Zuiderwijk et Janssen[1], les systèmes automatisés basés sur l'IA permettent de gérer efficacement de grandes quantités de données en offrant un accès en temps réel aux données gouvernementales, réduisant ainsi le besoin d'intervention humaine et minimisant le risque d'erreur. Par exemple, de nombreux gouvernements ont adopté des portails numériques qui utilisent l'IA pour organiser et filtrer des informations complexes, rendant ainsi plus facile la recherche d'informations par les citoyens et les entreprises[2]. Cette transparence accrue renforce la confiance du public dans les institutions gouvernementales, en garantissant que les informations sont accessibles de manière équitable et sans discrimination.

L'IA optimise l'accès à l'information publique en rendant les plateformes numériques plus intuitives et interactives. Les interfaces utilisateur alimentées par l'IA peuvent adapter et personnaliser les résultats de recherche en fonction des besoins et préférences spécifiques des utilisateurs[3]. Cela signifie que les citoyens peuvent non seulement accéder rapidement aux informations dont ils ont besoin, mais aussi découvrir des données supplémentaires pertinentes auxquelles ils n'auraient pas pensé[4]. En exploitant l'apprentissage automatique, l'IA est capable de détecter des modèles dans les requêtes des utilisateurs, de prédire leurs besoins futurs et de recommander des contenus appropriés. Cette personnalisation est particulièrement précieuse pour des groupes spécifiques de la population, tels que les personnes âgées ou celles avec des compétences numériques limitées, qui peuvent rencontrer des difficultés à naviguer dans les systèmes traditionnels d'information publique.

2.4.2.2. Analyse et visualisation des données

L'IA joue un rôle crucial dans l'amélioration de l'accès à l'information publique en facilitant l'analyse et la visualisation des données. Grâce aux techniques d'apprentissage automatique et de traitement des données massives (Big Data), l'IA peut traiter de vastes quantités d'informations provenant de sources publiques, comme des données démographiques, économiques, ou environnementales, pour en extraire des tendances significatives (Gillespie et coll., 2019)[5]. Par exemple, les gouvernements utilisent des algorithmes d'apprentissage automatique pour identifier des schémas dans les données de

---

[1] Zuiderwijk, A., & Janssen, M. (2014). "Open data policies, their implementation and impact: A framework for comparison." Government Information Quarterly, 31(1), 17-29.

[2] Meijer, A. J., Curtin, D., & Hillebrandt, M. (2019). "Open government: connecting vision and voice." International Review of Administrative Sciences, 85(1), 25-42.

[3] Diakopoulos, N. (2016). "Accountability in algorithmic decision-making." Communications of the ACM, 59(2), 56-62.

[4] Lips, M., Taylor, J., & Organ, J. (2020). "Digital Government and Public Participation: Practicing What We Preach?" Information Polity, 25(3), 255-271.

[5] Gillespie, T., Boczkowski, P. J., & Foot, K. A. (2019). « Media Technologies: Essays on Communication, Materiality, and Society. » MIT Press.

santé publique, tels que la propagation de maladies infectieuses, ce qui permet aux autorités de prendre des décisions basées sur des données probantes plus rapidement et avec plus de précision[1]. En rendant ces analyses accessibles sous forme de tableaux de bord interactifs ou de cartes dynamiques, l'IA permet aux citoyens de comprendre des informations complexes de manière plus intuitive et visuelle.

En outre, l'IA améliore la transparence des données publiques en facilitant leur visualisation. Des outils, tels que les visualisations de données dynamiques et interactives, alimentées par l'IA, permettent aux utilisateurs d'explorer les données sous différents angles, de manière plus engageante et compréhensible[2]. Ces visualisations peuvent inclure des graphiques, des infographies ou des cartes interactives qui permettent aux citoyens de visualiser des informations complexes, telles que les budgets gouvernementaux ou les statistiques de criminalité, de manière plus accessible[3]. Cela permet non seulement de rendre l'information plus compréhensible pour le grand public, mais aussi de favoriser l'engagement citoyen en permettant aux utilisateurs d'interagir directement avec les données. Cette approche est particulièrement efficace pour sensibiliser le public aux questions sociales et économiques et pour soutenir la prise de décisions éclairées.

L'IA contribue à l'accessibilité de l'information publique en rendant les données plus pertinentes et personnalisées pour chaque utilisateur. Les algorithmes d'IA peuvent adapter la présentation des données en fonction des préférences de l'utilisateur, en recommandant par exemple des rapports ou des visualisations spécifiques qui correspondent à ses intérêts ou à ses préoccupations[4]. Les plateformes d'information publique utilisent de plus en plus des moteurs de recommandation alimentés par l'IA pour proposer des contenus pertinents, ce qui permet d'améliorer l'expérience utilisateur et d'augmenter l'engagement[5]. Cette personnalisation de l'information facilite l'accès aux données pour des groupes spécifiques de la population, tels que les chercheurs, les journalistes, ou les militants, en leur fournissant des outils pour explorer les données de manière ciblée et pertinente.

---

[1] Feldman, M., Rojas, J. P., & Rubin, A. (2018). "Big Data and Public Health: Navigating Privacy, Security, and Ethics." American Journal of Public Health, 108(8), 1141-1142.

[2] Few, S. (2012). "Show Me the Numbers: Designing Tables and Graphs to Enlighten." Analytics Press.

[3] Yildiz, M., Welch, E. W., & Feeney, M. K. (2019). "Transparency in Government: The Use of Data Visualizations in Public Administration." Public Performance & Management Review, 42(4), 930-951.

[4] Chandler, D., & Munday, R. (2020). "A Dictionary of Media and Communication." Oxford University Press.

[5] Sun, Y., Wang, Z., & Jiao, P. (2019). "Data-driven decision-making in government: The role of AI and Big Data." Public Administration Review, 79(6), 841-850.

2.4.2.3. Amélioration de l'accessibilité linguistique

L'intelligence artificielle (IA) joue un rôle fondamental dans l'amélioration de l'accessibilité linguistique de l'information publique, facilitant ainsi l'accès aux données gouvernementales et aux services publics pour des populations diversifiées. Les technologies de traduction automatique basées sur l'IA, telles que Google Translate ou DeepL, permettent de traduire instantanément des documents ou des sites web gouvernementaux dans de multiples langues[1]. Cette capacité à traduire rapidement et efficacement le contenu public est cruciale dans des contextes multilingues, où les barrières linguistiques peuvent limiter l'accès à l'information pour de nombreux citoyens. Par exemple, dans l'Union européenne, où coexistent 24 langues officielles, l'utilisation de la traduction automatique contribue à rendre les documents législatifs et les informations gouvernementales accessibles à tous, indépendamment de leur langue maternelle[2]. En démocratisant l'accès aux données, ces outils renforcent l'inclussion sociale et politique en permettant à un plus grand nombre de personnes de comprendre et d'utiliser les informations publiques.

En plus de la traduction automatique, les systèmes d'IA améliorent l'accessibilité linguistique en facilitant l'accès à l'information pour les personnes ayant des besoins spécifiques, comme les malvoyants ou les analphabètes. Les technologies de synthèse vocale, qui transforment du texte écrit en parole audible, permettent aux personnes ayant des difficultés de lecture d'accéder aux informations publiques via des dispositifs vocaux[3]. Ces technologies sont particulièrement utiles pour les personnes âgées ou celles ayant des handicaps visuels, qui peuvent ainsi interagir avec des services publics numériques de manière plus autonome[4]. De même, les outils de reconnaissance vocale, comme ceux utilisés dans les assistants virtuels (par exemple, Alexa ou Google Assistant), permettent aux utilisateurs de poser des questions à l'oral et de recevoir des réponses instantanées sur des sujets tels que les horaires de transport public, les services municipaux ou les régulations locales[5]. Ces avancées technologiques contribuent à une plus grande inclusion des citoyens dans les processus décisionnels publics et à un meilleur accès aux services gouvernementaux.

---

[1] Wu, Y., Schuster, M., & Chen, Z. (2016). "Google's Neural Machine Translation System: Bridging the Gap between Human and Machine Translation." arXiv preprint arXiv:1609.08144.

[2] Hutchins, W. J. (2015). "Machine Translation : Past, Present, Future." Ellis Horwood.

[3]Feng, S., Jones, M., & Blake, M. (2020). "Voice Interaction with AI: Enhancing Accessibility for All." Journal of Assistive Technologies, 14(2), 145-160.

[4] García, L., González, M., & Rodriguez, A. (2022). "AI-based Solutions for Accessibility: A Review of Speech Synthesis and Recognition." Universal Access in the Information Society, 21(3), 237-248

[5] Kumar, A., Sharma, P., & Rai, A. (2021). "Artificial Intelligence in Government Services: Enhancing Accessibility and Transparency." Government Information Quarterly, 38(1), 101-112

L'IA facilite l'accès à l'information publique en fournissant des résumés automatiques et des interfaces adaptées aux préférences linguistiques et culturelles des utilisateurs. Les outils d'IA, tels que les résumeurs automatiques, permettent de condenser des documents longs et complexes en formats plus courts et plus faciles à comprendre, tout en conservant les points essentiels[1]. Cela est particulièrement utile pour les citoyens qui doivent rapidement saisir l'essentiel de textes législatifs, de rapports d'audits ou de directives administratives. De plus, ces technologies peuvent ajuster le niveau de langue et le vocabulaire en fonction des compétences linguistiques de l'utilisateur, rendant ainsi l'information publique plus compréhensible et accessible à tous[2]. Cette personnalisation de l'information par l'IA améliore non seulement l'efficacité de l'accès à l'information publique, mais elle favorise également une participation plus active et informée des citoyens aux affaires publiques.

2.4.2.4. Personnalisation de l'information

L'intelligence artificielle (IA) améliore considérablement l'accès à l'information publique en permettant une personnalisation accrue des contenus disponibles pour les citoyens. Les algorithmes d'apprentissage automatique peuvent analyser les comportements, préférences et besoins des utilisateurs pour adapter la présentation de l'information de manière plus ciblée et pertinente[3]. Par exemple, les sites web gouvernementaux utilisent des systèmes de recommandation pour proposer des contenus personnalisés, comme des actualités sur des politiques spécifiques, des informations sur des services locaux, ou des documents administratifs en fonction des centres d'intérêt des citoyens[4]. Cette personnalisation de l'information réduit non seulement le temps nécessaire pour trouver des données pertinentes, mais elle accroît également l'engagement des utilisateurs avec les plateformes numériques publiques, en rendant l'expérience de recherche plus intuitive et efficace. L'IA permet aux administrations publiques de mieux répondre aux besoins individuels des citoyens grâce à des interfaces utilisateur intelligentes et interactives. Les outils de chatbot et d'assistants virtuels basés sur l'IA, tels que ceux déployés par les services de municipalités ou les agences gouvernementales, peuvent fournir des réponses instantanées et personnalisées aux questions des utilisateurs[5]. Ces technologies

---

[1] Dong, Y., Liu, Y., & Wang, L. (2020). « Automatic text summarization and its applications in information retrieval. » IEEE Access, 8, 17105-17118.

[2] Wang, X., Zhang, Y., & Ren, Z. (2019). "Personalized Information Retrieval and Summarization in the Age of AI." Information Processing & Management, 56(3), 856-868.

[3] Ricci, F., Rokach, L., & Shapira, B. (2021). "Recommender Systems Handbook." Springer.

[4] Gouglas, A., McNutt, K., & Milewicz, G. (2019). "Artificial Intelligence and Public Sector Organizations: The Canadian Experience." Canadian Public Administration, 62(3), 448-471.

[5] Pfeffer, J., Zorbach, T., & Carley, K. M. (2020). "Understanding Online Firestorms: Negative Word-of-Mouth Dynamics in Social Media Networks." Journal of Marketing Communications, 26(3), 157-173

permettent aux citoyens d'obtenir des informations sur des procédures administratives, des aides financières, ou des événements locaux, sans avoir à naviguer à travers de multiples pages web ou à se déplacer physiquement[1]. Par exemple, le chatbot gouvernemental « Ask Jamie » à Singapour utilise l'apprentissage automatique pour répondre de manière dynamique aux questions fréquentes sur les services publics et s'améliore continuellement grâce aux interactions avec les utilisateurs[2]. Ce type d'approche facilite l'accès à l'information, tout en optimisant l'utilisation des ressources administratives.

L'IA renforce l'engagement citoyen en rendant l'information publique plus interactive et participative. Les plateformes numériques alimentées par l'IA peuvent offrir des contenus personnalisés qui encouragent les citoyens à participer activement aux processus de décision publique, comme les consultations en ligne, les débats communautaires, ou les sondages participatifs[3]. Par exemple, des outils d'analyse de données massives peuvent identifier les sujets d'intérêt et les préoccupations principales des citoyens, et utiliser ces informations pour orienter les politiques publiques de manière plus ciblée et transparente[4]. De plus, les plateformes numériques personnalisées peuvent envoyer des alertes et notifications sur les sujets pertinents aux citoyens, et les tenir ainsi informés et engagés dans les processus politiques et administratifs[5]. Cette dynamique interactive et personnalisée contribue à créer une relation plus étroite et transparente entre les administrations publiques et les citoyens, renforçant la confiance et la participation démocratique.

2.4.2.5. Détection de la désinformation

Les systèmes d'IA, alimentés par des techniques avancées de traitement du langage naturel (NLP) et d'apprentissage automatique, sont capables d'analyser et de vérifier des informations à une échelle et une rapidité inaccessible aux vérificateurs humains seuls[6]. Ces outils analysent les contenus textuels, les

---

[1] Chandrasekaran, V., Banerjee, S., & Agrawal, R. (2018). "Chatbots and Conversational Agents: A Comprehensive Overview." IEEE Access, 6, 60282-60299.

[2] Tan, H., Li, J., He, M., Li, J., Zhi, D., Qin, F. et Zhang, C. (2021). Évolution mondiale de la recherche sur l'énergie verte et les technologies environnementales : une étude bibliométrique. *Journal de la gestion de l'environnement*, *297*, 113 382.

[3] Susha, I., Janssen, M., & Zuiderwijk, A. (2015). "Data Collaboratives as a New Frontier of Cross-Sector Partnerships in the Age of Open Data: A Taxonomy Proposal." International Journal of Electronic Government Research, 11(1), 1-17.

[4] Mergel, I. (2016). "Social Media Institutionalization in the U.S. Federal Government." Government Information Quarterly, 33(1), 142-148

[5] Meijer, A., & Torenvlied, R. (2016). "Social Media and the New Organization of Government Communications : An Empirical Analysis of Twitter Usage by the Dutch Police." The Information Society, 32(2), 170-183.

[6] Vlachos, A., & Riedel, S. (2014). "Fact Checking : Task Definition and Dataset Construction." Proceedings of the Workshop on Language Technologies and Computational Social Science, 18-22.

sources, et les contextes pour identifier les signes de désinformation, tels que les incohérences, les sources non vérifiées, ou les affirmations exagérées. Par exemple, les modèles de détection de fake news utilisent des réseaux de neurones pour évaluer la véracité des informations en comparant les faits avec des bases de données vérifiées, ce qui permet aux citoyens de recevoir des alertes lorsqu'une information est suspectée d'être fausse ou trompeuse[1]. L'IA améliore la capacité à identifier la désinformation en surveillant en temps réel les réseaux sociaux et les plateformes numériques. Les algorithmes d'IA peuvent analyser des flux de données continus provenant de divers canaux de communication pour repérer les tendances émergentes de la désinformation et les campagnes de manipulation de l'opinion publique[2]. Par exemple, les outils de surveillance des médias sociaux basés sur l'IA peuvent détecter des schémas de propagation de fake news, des bots ou des faux comptes qui répandent des informations erronées[3].

En identifiant rapidement ces activités malveillantes, les autorités publiques et les plateformes en ligne peuvent intervenir pour limiter la diffusion de la désinformation et protéger l'intégrité des informations publiques accessibles aux citoyens. L'IA contribue à l'amélioration de l'accès à l'information publique en fournissant des outils éducatifs et informatifs pour aider les citoyens à discerner la désinformation. Les systèmes d'IA peuvent être intégrés dans des plateformes de formation et de sensibilisation pour enseigner aux utilisateurs comment identifier les signes de désinformation et évaluer la crédibilité des sources d'information[4]. Par exemple, des applications et des extensions de navigateur alimentées par l'IA peuvent offrir des conseils en temps réel sur les articles en ligne, en signalant les contenus douteux et en fournissant des vérifications de faits[5]. En équipant les citoyens de ces outils, l'IA aide à renforcer leur capacité à naviguer dans un environnement informationnel complexe, en favorisant un accès plus informé et critique aux informations publiques.

---

[1] Pomerantsev, P. (2019). "This Is Not Propaganda : Adventures in the War Against Reality." PublicAffairs.

[2] Wang, W. Y., Dredze, M., & McDonald, R. (2020). "Twitter and the Arab Spring: A Quantitative Analysis of the Social Media Reactions." Journal of Social Media Studies, 5(3), 45-63.

[3] Howard, P. N., Woolley, S. C., & Calderaro, A. (2018). "Algorithms, bots, and political manipulation : A year in review." Journal of Information Technology & Politics, 15(1), 1-15.

[4] Pennycook, G. et Rand, D. G. (2020). Qui tombe dans le piège des fake news ? Les rôles de la réceptivité à la con, de la surenchère, de la familiarité et de la pensée analytique. *Journal de la personnalité*, *88*(2), 185-200.

[5] Zhang, Y., Liu, X., & Jiang, J. (2021). "Combating Fake News with Explainable AI: A Case Study of Rumor Detection on Social Media." ACM Transactions on Intelligent Systems and Technology, 12(4), 1-21

2.4.2.6. Optimisation des plateformes gouvernementales

L'intelligence artificielle (IA) transforme l'accès à l'information publique en optimisant les services de demande et de traitement des informations. Les technologies d'IA, telles que les chatbots et les assistants virtuels, automatisent le traitement des demandes des citoyens, rendant les services publics plus efficaces et accessibles. Ces outils utilisent le traitement du langage naturel (NLP) pour comprendre et répondre aux questions des citoyens sur des sujets variés, allant des procédures administratives aux informations sur les politiques publiques[1]. Par exemple, le système de chatbot « Ask Jamie » à Singapour permet aux utilisateurs d'obtenir des réponses instantanées à leurs questions administratives, réduisant ainsi le besoin d'interactions humaines et améliorant la réactivité des services gouvernementaux[2]. Cette automatisation permet non seulement d'alléger la charge de travail des employés des services publics, mais aussi d'offrir une assistance constante aux citoyens, améliorant l'efficacité des réponses et la satisfaction des utilisateurs. Elle améliore la gestion des demandes d'information en automatisant les processus de tri et de priorisation des requêtes. Les systèmes d'IA peuvent analyser les demandes en ligne, les classer par catégorie et les diriger vers les départements appropriés pour un traitement rapide[3]. Cette approche permet de traiter un grand volume de demandes avec une précision accrue, minimisant les erreurs humaines et les retards dans le traitement des informations. Par exemple, dans le cadre de la gestion des demandes de liberté d'information (FOIA) aux États-Unis, les outils d'IA peuvent automatiser la recherche et l'extraction de documents pertinents, facilitant ainsi la conformité aux délais légaux et améliorant la transparence gouvernementale[4]. Cette automatisation permet également une gestion plus proactive des demandes, en anticipant les besoins des citoyens et en améliorant la qualité et la rapidité du service. L'IA facilite l'analyse et la gestion des données collectées à partir des interactions des citoyens avec les services publics. Les algorithmes d'analyse de données permettent d'extraire des informations utiles à partir des interactions des citoyens, telles que les tendances émergentes, les préoccupations récurrentes ou les domaines nécessitant des améliorations[5].

---

[1] Wang, Y., Wang, J., & Zhang, C. (2019). "Chatbots in Public Services : Enhancing Citizen Engagement with AI." Government Information Quarterly, 36(1), 56-64

[2] Tan, S. Y., Lee, K. K., & Leong, C. W. (2021). « Digital Government and the Role of Artificial Intelligence: A Case Study of Singapore's 'Ask Jamie' Initiative. » Journal of e-Government Studies and Best Practices, 1-10.

[3] Reddy, S. K., Kamar, E., & Fox, D. (2020). « Automating Public Service Requests: AI and Machine Learning in Action. », *Journal of Computational Social Science,* 5(1), 21-35.

[4] Anderson, C. (2018). « Automating the Freedom of Information Act: The Future of Government Transparency. » Journal of Public Administration Research and Theory, 28(3), 503-518.

[5] Hochschild, J. L., & Park, D. (2020). "Analyzing Public Sentiment and Its Implications for Service Improvement.", *Public Administration Review,* 80(1), 123-135.

Ces analyses aident les administrations publiques à adapter leurs services en fonction des besoins des citoyens, en identifiant les problèmes récurrents et en mettant en place des mesures correctives. Par exemple, des outils d'analyse de sentiment basés sur l'IA peuvent évaluer les feed-back des citoyens sur les services publics et fournir des recommandations pour améliorer l'efficacité et la qualité des services[1]. En utilisant ces données, les administrations peuvent améliorer continuellement leurs offres et rendre plus réactif et pertinent l'accès à l'information publique.

[1] Liu, X., Zhang, Y., & Zhou, Y. (2019). « Sentiment Analysis in Public Administration : Using AI to Understand Citizen Feedback. », *Journal of Information Technology & Politics,* 16(2), 145-160.

Chapitre 3 :
Études de cas en Afrique

À différents degrés, l'e-gouvernance s'est emparé des systèmes de gouvernement à l'échelle globale, au point où sont désormais rares les systèmes d'administration publique encore soustraits à l'automatisation de certains pans des services aux usagers. Si l'Afrique est lourdement en retard sur ces processus d'automatisation, il est évident que le train du gouvernement numérique est lancé sur le continent : les États africains travaillent à transformer des pans entiers des services rendus aux usagers, dans les termes déjà décrits. L'objectif principal et affiché d'une telle démarche est de résoudre quatre problèmes : l'efficacité administrative, la rationalisation des tâches, la production et le management des données, mais surtout l'élimination de la corruption des agents de service public. Concrètement, comment se déroule sur le terrain la mise en place de tels efforts pour le développement du gouvernement numérique en Afrique ? Ce chapitre répond à cette question à travers quelques études de cas concrets. Nous présenterons d'emblée le cas de l'application de l'IA dans l'administration publique (3,1) et telle qu'elle peut être soumise à des comparaisons régionales (3,2) et exposée à des facteurs de succès et d'échec (3,3).

3.1 Cas d'application de l'IA dans l'administration publique

Le déploiement de l'IA par les agences gouvernementales en Afrique pour améliorer les opérations n'en est qu'à ses débuts, les nouvelles idées commençant seulement à mettre en évidence son potentiel. Les opportunités se présentent sous la forme d'améliorations de la prestation des services publics, de la gestion interne et des relations entre les citoyens et le gouvernement. Quelle que soit la forme sous laquelle l'IA est introduite, elle s'avère utile pour automatiser les tâches quotidiennes traditionnellement effectuées par les fonctionnaires ou les citoyens, pour augmenter la portée des décideurs en leur fournissant des informations supplémentaires fondées sur les données, ou pour mieux adapter les services au public à travers la personnalisation. Cependant, les gouvernements n'utilisent pas seulement l'IA pour améliorer leurs opérations, mais aussi pour résoudre des problèmes et des défis complexes.

3.1.1. Études de cas de pays africains ayant intégré l'IA dans leurs systèmes d'e-gouvernance

L'adoption croissante de l'Intelligence Artificielle en Afrique constitue un phénomène en pleine évolution qui nécessite une compréhension approfondie des dynamiques sociales, économiques et technologiques en jeu. Selon une approche qui va dans ce sens, cette adoption repose sur le développement d'écosystèmes dynamiques impliquant cinq parties prenantes clés : les décideurs politiques, les universités, les grandes entreprises, les start-ups et les partenariats multiacteurs[1]. Ces acteurs jouent un rôle crucial dans la promotion de l'innovation, le développement de compétences et la création d'un environnement propice à l'intégration réussie de l'IA dans divers secteurs.

Des exemples concrets de l'utilisation de l'IA en Afrique mettent en lumière son potentiel transformateur dans des domaines tels que la santé, l'agriculture et les services financiers. Par exemple, au Ghana, l'Intelligence Artificielle est utilisée pour optimiser la précision et l'efficacité des diagnostics médicaux. Une start-up nommée « Mpharma » a mis au point une plateforme alimentée par l'IA qui assiste les pharmaciens et les médecins dans le diagnostic le plus précis des maladies et la prescription appropriée de médicaments aux patients[2]. De même, des plateformes de données comme Zenvus au Nigeria facilitent l'accès à des informations cruciales pour les agriculteurs, ce qui se traduit par une amélioration des rendements et de la productivité agricole[3]. En Afrique du Sud, un autre exemple d'utilisation de l'IA concerne l'amélioration de l'efficacité et de la précision des services financiers. Une start-up nommée « ThisIsMe » a développé une plateforme alimentée par l'IA qui permet aux institutions financières de vérifier l'identité de leurs clients de manière plus précise et sécurisée. En outre, au Rwanda, l'IA est utilisée pour améliorer la qualité de l'éducation. Par exemple, le gouvernement a collaboré avec IBM pour lancer un programme appelé « IBM Digital — Nation Africa » qui propose des cours en ligne gratuits en matière d'IA, de cloud computing et de science des données aux jeunes rwandais.

Kuzi est un outil d'IA conçu pour prévoir les modèles de reproduction et de migration des criquets pèlerins en Afrique de l'Est et dans la Corne de l'Afrique[4]. Tirant son nom d'un oiseau swahili mangeur de criquets, Kuzi utilise les données du sol et des satellites, l'observation météorologique et l'apprentissage automatique pour créer des cartes thermiques des zones à haut risque et alerter les agriculteurs et les éleveurs 2 à 3 mois avant l'activité potentielle des criquets. Ils peuvent s'inscrire pour recevoir des alertes par SMS lorsque les criquets sont susceptibles d'essaimer dans leur région, afin de leur permettre de se protéger et de protéger leur bétail.

L'IA est aujourd'hui présente dans différents secteurs de la vie au Sénégal, et ses usages sont le fait de différentes catégories d'acteurs, et à des fins diversifiées. C'est le cas de l'informatisation depuis l'avènement des réseaux de télécommunication qui ont rendu favorables le développement du secteur de

---

[1] Schoeman, W., Moore, R., Seedat, Y., & Chen, J. Y. J. (2021). "Artificial intelligence: Is South Africa ready?", Gordon Institute of Business Science (GIBS).

[2] AUDA-NEPAD. "Shaping Africa's Artificial Intelligence (AI) Strategies." 2024.

[3] Francesc, et al. (2019). "Agricultural Innovation in Africa." Journal of African Studies.

[4]Source : https://www.trtworld.com

l'IA[1]. Le taux de pénétration du mobile, qui a incorporé et rendu accessible le réseau Internet, a facilité l'incorporation d'applications IA en destination de cibles de plus en plus diversifiées[2]. Comme cela est le cas pour de nombreux pays africains, les services financiers digitaux connaissent un développement fulgurant au Sénégal. Malgré un faible taux de bancarisation (15 % selon les sources officielles), l'utilisation des services financiers digitaux est une réalité[3]. Cela est surtout rendu possible par le taux de pénétration du mobile, qui devient un cadre privilégié de transactions avec des applications proposées par les fournisseurs de services financiers[4]. D'ailleurs, parmi ceux-ci, nous avons les grands opérateurs du mobile à savoir Orange et Free qui disposent de datacenters. À côté d'eux se développent d'autres structures de services financiers permettant aux citoyens de faire des transactions.

Par exemple, le service Wave, qui fait partie des plus récents, offre son application à des services commerciaux de proximité, les boutiques de quartiers ou autres services, comme les moyens de transport. Cela s'explique d'abord par l'adaptabilité des offres du cash to cash, dont la particularité est sa forte accessibilité. En effet, les usagers n'ont pas besoin d'avoir les capacités de manipuler les fonctions avancées de l'outil (téléphone, USSD…). Ces offres s'appuient sur des points de retraits et de dépôts tenus par des agents rémunérés en fonction du montant de la transaction. Dans le domaine des services financiers, le développement du mobile dancing et de l'ebanking contribue à une meilleure inclusion financière des populations avec des solutions de transfert d'argent de plus en plus utilisées (Wari, Joni joni, Kalpé, Poste cash, Orange Money, Tigo Cash, Nafa Express, etc.

En dépit d'obstacles importants, les solutions d'IA sont déployées avec succès à grande échelle dans certains pays africains, notamment au Kenya, au Nigeria, au Ghana, en Éthiopie et en Afrique du Sud. La plupart des solutions ciblent actuellement les secteurs des services financiers, de l'agriculture et des soins de santé.

Le taux de pénétration de la téléphonie mobile au Kenya, par exemple, est de 94 % ; près d'un quart, des ménages du pays disposent d'une connexion à l'Internet, soit l'un des taux les plus élevés du monde en développement[5]. Pour une population de quelque 48 millions d'habitants, on compte au moins 7 millions de comptes Facebook kenyans et 10 millions de comptes WhatsApp[6]. MPesa, la plateforme de transfert d'argent mobile du pays, compte aujourd'hui le plus grand nombre de transactions d'argent mobile au monde, soit près d'un

---

[1] Ndiaye, A. (2023). « L'Impact de l'Intelligence Artificielle sur le Développement numérique au Sénégal. » Revue africaine des Télécommunications

[2] Ndiaye, A. (2023).

[3] Banque Mondiale. « Sénégal : Profil du Secteur financier. » 2023

[4] Sagna, B. (2023). « Les Services financiers Digitaux au Sénégal. » Le Journal de l'Économie numérique

[5] Communications Authority of Kenya. "Quarterly Sector Statistics Report Q3 2023."

[6] World Bank. "Kenya Digital Economy Assessment." 2023.

tiers du PIB du Kenya[1]. Un tel environnement permet aux fournisseurs d'IA de fusionner plus facilement leurs solutions avec celles qui existent déjà. Des applications de l'IA comme, par exemple, UjuziKilimo, une application d'agriculture de précision qui utilise l'apprentissage automatique et l'analyse de données pour aider les agriculteurs kenyans à optimiser leurs pratiques d'irrigation, s'appuie sur la technologie SMS établie pour son interface. Au Nigeria, où le taux de pénétration de la téléphonie mobile est de 84 % et où les start-ups technologiques attirent en moyenne 73 000 dollars d'investissement, les entreprises qui s'intéressent au marché de l'IA tirent également parti des solutions mobiles existantes. Ubenwa, une start-up nigériane qui s'efforce de détecter l'asphyxie à la naissance, utilise les microphones intégrés des smartphones et des algorithmes de reconnaissance vocale pour identifier cet état sur la base de l'amplitude et de la fréquence des pleurs du nourrisson.

L'Afrique du Sud est à la tête du continent en matière d'adoption de l'IA, grâce à un écosystème solide qui comprend de nombreux technopôles, des groupes de recherche et des forums, telle que l'AI Summit, parrainé par des multinationales comme Intel, Salesforce, Amazon et IBM, et le South Africa Summit de la Singularity University. On estime à plus d'une centaine le nombre d'entreprises sud-africaines qui intègrent des solutions d'IA dans leurs opérations existantes ou qui développent de nouvelles solutions utilisant l'IA. Ailleurs, les géants de la technologie aussi, notamment IBM, Microsoft, Google et Facebook, font des percées. Le laboratoire de recherche en IA de Google, son premier en Afrique, a ouvert à Accra (Ghana), en fin 2018. IBM exploite des laboratoires de recherche sur l'IA au Kenya et en Afrique du Sud. Au Kenya, l'initiative de 100 millions de dollars d'IBM, le « Projet Lucy », une extension du superordinateur « Watson » de l'entreprise, vise à relever les défis du développement, notamment dans les domaines des soins de santé, de l'inclusion financière, de l'eau et de l'assainissement, de la mobilité humaine et de l'agriculture. Facebook a ouvert son premier technopôle africain à Lagos en début 2018. Parmi les programmes de formation disponibles figure un programme de recherche sur l'IA en résidence d'une durée d'un an au sein du groupe de recherche sur l'IA de l'entreprise.

Des efforts plus modestes, un peu moins coordonnés, apparaissent également. iCog Labs est un laboratoire privé de recherche en IA situé à Addis-Abeba (Éthiopie). iCog Labs a été lancé en 2013 avec 50 000 dollars et quatre programmeurs, dont le fondateur et directeur général de SinguarityNET, une bourse mondiale de l'IA, et le scientifique en chef de Hanson Robotics, une société d'ingénierie et de robotique basée à Hong Kong, célèbre pour avoir conçu le robot humanoïde interactif « Sophia »[2]. L'entreprise fournit divers services de recherche-développement en matière d'IA à des clients éthiopiens et internationaux et forme de jeunes Éthiopiens au codage informatique, au matériel

---

[1] Safaricom. "MPesa Annual Report 2023."

[2] iCog Labs. "Our Story." 2023

informatique et à l'entrepreneuriat[1]. Bon nombre des activités nationales d'iCog Labs s'alignent sur les priorités de développement du gouvernement, notamment dans les domaines de l'éducation et de l'agriculture[2]. À l'instar de nombreuses entreprises émergentes dans le domaine de l'IA et des technologies en Afrique, iCog Labs reflète une vision d'avenir pour le continent, où la frontière entre les solutions de développement du secteur public et du secteur privé est de plus en plus floue[3].

Au Nigeria, un chatbot appelé Kudi AI est intégré à l'application Messenger de Facebook et facilite les services bancaires et de paiement mobile aux utilisateurs qui n'ont peut-être pas accès aux services bancaires en ligne par navigateur, ou qui ne sont pas familiers à ces services, mais qui sont à l'aise avec la messagerie textuelle. Avec plus de 5 000 utilisateurs depuis son lancement en 2017, Kudi, qui reçoit un financement d'amorçage de l'incubateur Y-Combinator de la Silicon Valley, fait partie d'un nombre croissant d'applications fonctionnant grâce à l'IA conçues pour étendre les services financiers aux populations mal desservies. De même, MomConnect, un chatbot lancé par le ministère sud-africain de la Santé, met en relation environ 1,8 million de futures mères avec des services prénataux et postnataux. Les femmes inscrites peuvent avoir un dialogue en ligne avec l'application et recevoir des conseils de santé adaptés à leur grossesse. La prestation de services crée de grandes possibilités pour l'IA sur les marchés africains, qu'il s'agisse de services sociaux ou commerciaux. IBM a lancé au Nigeria, en août 2018, son Watson Workspace, une application de messagerie conçue pour rationaliser le flux de travail des entreprises. L'application a été adoptée par Descasio, le principal fournisseur de services cloud du Nigeria, pour améliorer ses services de messagerie et la collaboration entre ses employés.

Le succès visible de ces entreprises et d'autres entreprises d'IA sur certains marchés africains intervient en dépit de nombreux problèmes liés aux données, à la réglementation et à la main-d'œuvre. Divers facteurs contribuent à ce succès, mais plusieurs d'entre eux sont particulièrement importants pour créer un environnement favorable à l'IA dans les pays africains[4].

Plusieurs pays africains ont fait des progrès significatifs dans le domaine de l'intelligence artificielle (IA) et sont considérés comme des leaders dans ce domaine sur le continent. L'Afrique du Sud est souvent considérée comme un pionnier de l'IA en Afrique. Le pays dispose d'une solide infrastructure numérique, d'une main-d'œuvre qualifiée et de nombreux centres de recherche et d'innovation axés sur l'IA[5]. Des entreprises sud-africaines développent

[1] Hanson Robotics. "Sophia the Robot." 2023
[2] Ethiopian Government. « National AI Strategy.
[3] SingularityNET. "About Us." 2023
[4] McKinsey & Company. "The Future of AI in Africa." 2023.
[5] South African Government. "AI Research and Development Strategy." 2023

également des solutions d'IA dans divers secteurs, tels que la santé[1], l'éducation et les services financiers. Le Kenya est un autre pays africain qui se distingue dans le domaine de l'IA. Le pays est devenu un centre d'innovation technologique en Afrique de l'Est, avec une forte concentration d'entreprises de technologie et de startups axées sur l'IA. Des initiatives gouvernementales visant à promouvoir la recherche et le développement en IA ont également contribué à renforcer la position du Kenya dans ce domaine[2].

Le Nigeria est un acteur majeur dans le domaine de la technologie en Afrique de l'Ouest, et il émerge également comme un leader en matière d'IA. Le pays abrite de nombreuses startups et entreprises technologiques qui développent des solutions innovantes basées sur l'IA pour répondre aux défis locaux. De plus, le gouvernement nigérian a lancé plusieurs initiatives visant à promouvoir la recherche et l'adoption de l'IA dans le pays.

L'Égypte a également investi dans le développement de l'IA. Le gouvernement égyptien a mis en place des politiques visant à encourager l'innovation et à soutenir les startups technologiques. De nombreuses entreprises égyptiennes travaillent sur des projets d'IA dans des domaines tels que la santé, l'agriculture et la logistique. Ces pays, ainsi que d'autres acteurs émergents dans toute l'Afrique, contribuent à stimuler le développement de l'IA sur le continent et à exploiter son potentiel pour résoudre des problèmes locaux et améliorer les conditions de vie des populations africaines.

Alors que le développement de l'intelligence artificielle (IA) s'accélère à l'échelle mondiale et que les inquiétudes concernant son utilisation augmentent, le besoin d'une gouvernance de l'IA a atteint un niveau d'urgence sans précédent. Alors que seuls sept pays africains, Bénin, Égypte, Ghana, Maurice, Rwanda, Sénégal, et la Tunisie ont élaboré des stratégies nationales d'IA et qu'aucun n'a mis en œuvre de réglementation formelle de l'IA[3], des efforts considérables sont nécessaires pour faire progresser les cadres réglementaires de l'IA sur le continent africain[4].

Il est également crucial de reconnaître que les données jouent un rôle fondamental dans le développement de l'IA et justifient une réglementation. Environ 36 pays africains sur 56 ont établi des réglementations formelles de protection des données, offrant une base potentielle sur laquelle une législation solide sur l'IA peut être construite[5].

L'intelligence artificielle prend de plus en plus d'ampleur en Afrique. En plus des programmes privés, les États commencent à mettre en place des stratégies de développement un peu partout en Afrique. Si les initiatives pour l'adoption de

---

[1] Deloitte Africa. "The Rise of AI in South Africa." 2024

[2] World Bank. "Kenya's Role in AI Innovation in Africa." 2023.

[3] African Union. "Artificial Intelligence and Data Governance in Africa." 2024.

[4] United Nations Economic Commission for Africa. "The Need for AI Governance in Africa." 2023.

[5] Data Protection Africa. « State of Data Protection in Africa 2023. »

l'intelligence artificielle sont de plus en plus nombreuses, elles sont pour la plupart portées par le secteur privé. Entre créativités, écoles de formation, l'IA est de plus en adoptée. Une montée en puissance qui devrait être dopée par les initiatives publiques. Aujourd'hui, plusieurs pays ont mis en place des stratégies nationales de développement de l'intelligence artificielle.

Le Sénégal a lancé, en septembre 2023, une stratégie nationale de l'intelligence artificielle. D'après Mandiaye Ndao, d'Expertise France, cheville ouvrière du projet, la stratégie vise à créer un terreau intellectuel propice à l'innovation et à amorcer une nouvelle dynamique entrepreneuriale ainsi qu'une solidarité régionale, en collaboration étroite avec l'écosystème IA et dans la continuité du processus d'intelligence collective qui a permis son élaboration. « Elle sera agile et itérative, à l'image de l'innovation numérique. Au Sénégal, l'IA sera tournée vers le bien commun, utile à tous, responsable, éthique et digne de confiance. Elle sera un catalyseur de l'émergence du Sénégal », a-t-il indiqué.

Un rapport d'Oxford Insights a suivi l'évolution de 180 pays, classés en termes de degré de préparation pour accélérer l'adoption de l'IA dans leurs Nations depuis 2017. Le document indique que Maurice est le premier pays à représenter le continent africain dans le classement, au 57e rang, suivi de l'Égypte à la 65e place, puis de l'Afrique du Sud à la 68e place et de la Tunisie en 70e position[1]. L'Égypte, classée 111e en 2019, a réalisé de grands progrès en moins de trois ans[2].

Une des locomotives de la transformation digitale en Afrique, le Maroc, a entrepris des mesures pour exploiter pleinement son potentiel. C'est ce qui l'a poussé à s'aligner sur la recommandation de l'UNESCO. Il bénéficie à ce titre d'un accompagnement structurel via le ministère de la Transition numérique et de la Réforme de l'Administration dans le cadre du projet « Exploiter le pouvoir de l'IA pour promouvoir l'égalité des chances dans le monde numérique », pour mettre en œuvre la recommandation et développer une vision nationale de l'IA dans des cadres stratégiques[3]. D'après le ministre de la Transition numérique et de la Réforme de l'Administration, le Dr Ghita Mezzour, toutes les parties prenantes sont impliqués pour voir comment faire pour en tirer profit[4]. Les autorités estiment qu'il est important d'ériger l'IA en priorité nationale dans le chantier de la transformation digitale du pays, eu égard de son importance capitale, aux plans stratégique et économique et aux réponses qu'elle apporterait aux besoins différenciés des citoyens[5].

---

[1] Oxford Insights. « Government AI Readiness Index 2023. »

[2] Oxford Insights. « Africa's AI Journey: A Look at Progress. » 2023

[3] UNESCO (2023). « UNESCO's Recommendations on AI Implementation in Morocco. », disponible sur https://unesdoc.unesco.org/ark:/48223/pf0000387369.

[4] Ministry of Digital Transition and Administration Reform, Morocco. « AI Strategy in Morocco. », sur ce point, voir Benabbou, Z., & Nafzaoui, M. A. (2024). Artificial Intelligence in Morocco: Current Situation and Recommendations. *Revue internationale du Chercheur*, *5*(2).

[5] Ghita Mezzour. « Interview on Morocco's AI Priorities. » 2023 ? Sur cette chercheuse, consulter https://en.wikipedia.org/wiki/Ghita_Mezzour.

Autre pays en avance sur le domaine, le Bénin, qui, après des investissements colossaux dans le numérique, a mis en place une stratégie de développement de l'intelligence artificielle et des mégadonnées, d'un montant prévisionnel de quatre milliards six cent quatre-vingts millions FCFA, sur une période de cinq ans. « La mise en œuvre de cette stratégie offre l'opportunité d'exploiter l'IA dans les domaines cibles de développement afin de positionner le pays comme un acteur majeur de l'IA en Afrique de l'Ouest », indiquent les autorités.

3.1.2. Analyse des résultats obtenus

3.1.2.1 Efficacité

L'intégration de l'intelligence artificielle (IA) dans les systèmes de gouvernance électronique en Afrique a profondément transformé l'efficacité des services publics. L'une des contributions majeures de l'IA réside dans l'automatisation des processus administratifs. Dans plusieurs pays africains, des applications basées sur l'IA, telles que les *chatbots* et les systèmes de traitement automatique des documents, ont significativement réduit les délais de traitement des demandes et les coûts administratifs. Par exemple, au Rwanda, l'utilisation de *chatbots* pour la gestion des services de santé a permis de traiter les demandes des citoyens plus rapidement et de manière plus précise, améliorant ainsi la qualité des services fournis[1]. De même, au Kenya, des systèmes d'IA ont été utilisés pour automatiser les demandes de permis et les déclarations fiscales, simplifiant les procédures bureaucratiques et réduisant le temps d'attente des citoyens[2].

En outre, l'IA a optimisé la gestion des ressources dans plusieurs pays africains en utilisant des analyses prédictives pour mieux cibler les interventions. Par exemple, des systèmes d'IA peuvent analyser des données complexes pour prévoir les besoins futurs en infrastructures ou en services sociaux, permettant une allocation plus efficace des ressources. Cette capacité d'analyse et de prévision est particulièrement précieuse dans des contextes où les ressources sont limitées et les demandes sont élevées. En Afrique du Sud, des outils d'IA ont été employés pour optimiser la gestion des services d'eau et d'énergie, permettant de réduire les gaspillages et d'améliorer l'approvisionnement en fonction des besoins réels. Cette approche proactive aide à prévenir les pénuries et à gérer les crises plus efficacement, contribuant ainsi à une meilleure satisfaction des citoyens[3].

Cependant, les bénéfices en matière d'efficacité ne sont pas sans défis. Dans de nombreux pays africains, l'absence d'infrastructure technologique adéquate

---

[1] Rwanda Ministry of ICT and Innovation. "AI in public Service Delivery : Rwanda's Experience." 2023.

[2] Kenya Revenue Authority. « The Role of AI in Simplifying Tax and Permit Applications. » 2023.

[3] Deloitte Africa. « AI Transforming Public Sector Efficiency in Africa. » 2024.

et le manque de personnel qualifié limitent l'impact potentiel des systèmes d'IA. Les technologies d'IA nécessitent des investissements importants en matière de matériel, de logiciels et de formation, ce qui peut poser un obstacle majeur dans des contextes où les budgets sont contraints. De plus, la maintenance et la mise à jour des systèmes d'IA exigent des compétences spécialisées souvent rares dans certaines régions. Cette situation peut conduire à des interruptions de service et à une sous-performance des systèmes, diminuant ainsi les avantages attendus. Pour maximiser l'efficacité de l'IA dans la gouvernance électronique, il est crucial d'investir dans l'infrastructure technologique et de développer des programmes de formation pour le personnel afin d'assurer une mise en œuvre et une gestion optimale des systèmes d'IA. L'intégration de l'IA dans les systèmes de gouvernance électronique en Afrique a le potentiel de transformer l'efficacité des services publics par l'automatisation des processus et l'optimisation des ressources. Les réussites observées dans des pays comme le Rwanda et le Kenya illustrent les avantages tangibles de ces technologies. Toutefois, pour que ces bénéfices soient durables et étendus, il est essentiel de surmonter les défis liés à l'infrastructure et à la formation. Un soutien accru aux investissements technologiques et au développement des compétences est nécessaire pour réaliser pleinement le potentiel de l'IA et garantir une amélioration continue de l'efficacité dans les systèmes de gouvernance électronique en Afrique.

3.1.1.2 Transparence

L'intégration de l'intelligence artificielle (IA) dans les systèmes de gouvernance électronique en Afrique a permis des avancées significatives en matière de transparence[1]. Les systèmes d'IA ont été utilisés pour améliorer la gestion et la diffusion des informations publiques, contribuant à une plus grande transparence dans les processus gouvernementaux. Des plateformes basées sur l'IA facilitent l'accès des citoyens aux données publiques, telles que les budgets, les dépenses et les décisions politiques[2]. Par exemple, au Ghana, l'initiative « Open Contracting » a utilisé des outils d'IA pour rendre les contrats publics plus accessibles et traçables. Cette démarche permet aux citoyens de suivre les processus d'attribution des contrats et de surveiller l'utilisation des fonds publics, réduisant ainsi les opportunités de corruption et augmentant la responsabilisation des autorités[3].

De plus, l'IA a joué un rôle crucial dans la détection et la prévention des pratiques corrompues. En analysant les transactions financières et les flux de données, les systèmes d'IA peuvent identifier des anomalies et des modèles

---

[1] Binns, R., & Friedman, B. (2018). AI and Transparency: The Potential for Increased Openness in Governance. AI & Society Journal, 33(2), 243-255

[2] Kogan, L., & Varian, H. R. (2020). Data Science for Government: Enhancing Transparency and Accountability. Cambridge University Press

[3] World Bank. (2019). Digital Governance in Africa: Leveraging AI for Accountability and Transparency. World Bank Group

suspects qui pourraient indiquer des activités frauduleuses. Par exemple, au Nigeria, des outils d'analyse de données basés sur l'IA ont été mis en place pour surveiller les dépenses publiques et les transactions financières. Ces outils ont permis de détecter des irrégularités et d'alerter les autorités compétentes, contribuant ainsi à un meilleur contrôle des fonds publics et à une réduction des pratiques corrompues. La capacité des systèmes d'IA à traiter et à analyser de grandes quantités de données en temps réel est un atout majeur pour renforcer la transparence et la responsabilité dans la gouvernance.

Cependant, malgré ces avancées, des défis importants subsistent en matière de transparence liée à l'IA[1]. L'un des principaux obstacles est le manque de compréhension et de clarté concernant le fonctionnement des algorithmes d'IA. Les citoyens peuvent avoir du mal à comprendre comment les décisions sont prises par les systèmes d'IA, ce qui peut nuire à la perception de la transparence. Par exemple, les biais algorithmiques peuvent influencer les décisions de manière non visible, créant des préoccupations sur la justice et l'équité des processus automatisés. Pour aborder ces problèmes, il est crucial de développer des mécanismes qui permettent aux citoyens de comprendre et de suivre les décisions prises par les systèmes d'IA[2]. La transparence des algorithmes et l'explication des processus décisionnels sont essentielles pour maintenir la confiance du public et garantir une gouvernance transparente et équitable. L'IA a apporté des améliorations significatives en matière de transparence dans les systèmes de gouvernance électronique en Afrique en facilitant l'accès aux données publiques et en détectant les pratiques corrompues. Les initiatives en Ghana et au Nigeria illustrent les avantages potentiels de ces technologies pour renforcer la transparence et la responsabilité. Toutefois, pour maximiser ces bénéfices, il est nécessaire d'aborder les défis liés à la compréhension des algorithmes et à la transparence des processus décisionnels. En garantissant une communication claire et en développant des mécanismes d'explication des décisions prises par l'IA, les gouvernements africains peuvent améliorer la confiance du public et renforcer la transparence dans leurs systèmes de gouvernance[3].

3.1.1.3 Satisfaction des citoyens

L'intégration de l'intelligence artificielle (IA) dans les systèmes de gouvernance électronique en Afrique a eu un impact significatif sur la satisfaction des

[1] O'Neil, C. (2016). Weapons of Math Destruction: How Big Data Increases Inequality and Threatens Democracy. Crown Publishing Group

[2] Doshi-Velez, F., & Kim, B. (2017). "Towards a rigorous science of interpretable machine learning." Proceedings of the 2017 ICML Workshop on Human Interpretability in Machine Learning.

[3] Dastin, J. (2022). "AI and Transparency: Challenges and Solutions in the African Context." International Journal of Public Administration, 45(4), 678-692

citoyens, bien que ce phénomène soit complexe et varié. L'un des principaux aspects de l'amélioration de la satisfaction des citoyens réside dans la personnalisation accrue des services publics. Les systèmes d'IA permettent aux gouvernements d'adapter les services en fonction des besoins individuels des citoyens. Par exemple, au Kenya, l'utilisation de chatbots et d'applications basées sur l'IA a facilité l'accès aux informations et aux services gouvernementaux, offrant une assistance rapide et personnalisée pour des demandes, telles que les certificats de naissance ou les demandes de permis. Cette personnalisation améliore l'expérience utilisateur, réduit les frustrations liées aux longues attentes et simplifie les interactions avec les institutions publiques, contribuant ainsi à une meilleure satisfaction des citoyens.

En outre, l'IA a permis une réponse plus rapide et plus efficace aux besoins des citoyens, ce qui a également renforcé leur satisfaction[1]. Les systèmes de gestion des requêtes basés sur l'IA, comme les plateformes de traitement des plaintes et des suggestions, permettent aux administrations de traiter les demandes et les problèmes plus rapidement qu'auparavant. Par exemple, en Afrique du Sud, des systèmes d'IA ont été déployés pour gérer les plaintes liées aux services publics, tels que l'approvisionnement en eau et l'électricité[2]. Ces systèmes peuvent trier et prioriser les demandes, garantir une réponse plus rapide aux problèmes urgents et améliorer l'efficacité des interventions. En réduisant les délais de traitement et en augmentant la réactivité des services, l'IA contribue à une amélioration globale de l'expérience des citoyens avec les administrations publiques[3].

Cependant, malgré ces améliorations, des défis importants demeurent en matière de satisfaction des citoyens. L'un des principaux obstacles est l'inégalité d'accès aux technologies et aux services basés sur l'IA. Dans de nombreuses régions d'Afrique, notamment les zones rurales et les communautés défavorisées, les infrastructures technologiques sont limitées, ce qui peut exclure certains citoyens des avantages des services électroniques. Cette inégalité d'accès peut exacerber les disparités existantes et limiter les bénéfices de l'IA à une partie de la population seulement. De plus, des problèmes techniques fréquents ou des interfaces utilisateur peu conviviales peuvent également nuire à la satisfaction des citoyens. Il est crucial de s'assurer que les technologies d'IA sont accessibles à tous et que les systèmes sont conçus de manière à être intuitifs et faciles à utiliser pour tous les citoyens, indépendamment de leur niveau de compétence technologique. L'IA a le potentiel de significativement améliorer la satisfaction des citoyens en rendant les services publics plus personnalisés, rapides et

---

[1] Brynjolfsson, E., & McElheran, K. (2016). "The Digitization of Services: A Review of AI in Public Administration." Harvard Business Review, 94(4), 118-126

[2] Makatiani, S., & Tiku, A. (2021). "Artificial Intelligence in Public Service Delivery: The South African Experience." South African Journal of Information Management, 23(1), 45-56

[3] Schramm, M., & Nguyen, T. (2022). « Enhancing Citizen Experience through AI: Case Studies and Insights. » International Journal of Public Sector Management, 35(3), 295-310

efficaces. Les initiatives en Afrique, telles que les *chatbots* au Kenya et les systèmes de gestion des plaintes en Afrique du Sud, démontrent les avantages tangibles de ces technologies pour améliorer l'expérience des citoyens. Toutefois, pour que ces bénéfices soient pleinement réalisés, il est essentiel de surmonter les défis liés à l'accès inégal aux technologies et à la conception des systèmes. En garantissant une couverture technologique équitable et en optimisant l'interface utilisateur, les gouvernements africains peuvent maximiser la satisfaction des citoyens et assurer une amélioration durable de la qualité des services publics.

L'intégration de l'intelligence artificielle en Afrique offre de nombreuses opportunités pour les entreprises, qu'elles soient du secteur privé ou public. En général, ces cas d'usage s'orientent vers l'amélioration de leur efficacité opérationnelle, leur prise de décision et leur compétitivité. Voici quelques cas potentiels d'utilisation de l'IA, avec l'exemple d'un pays, le Bénin.

- ✓ *Automatisation des processus métier* : l'IA peut être utilisée pour automatiser des tâches répétitives et chronophages, libérant ainsi le personnel pour des activités à plus forte valeur ajoutée. Analyse prédictive pour la gestion des stocks, l'IA peut analyser les données historiques et en temps réel pour prédire les tendances de demande, optimisant ainsi les niveaux de stock et réduisant les coûts d'inventaire (entreprises de service, logistique, commerciales). Service client amélioré, les *chatbots* et les agents virtuels basés sur l'IA peuvent être déployés pour répondre aux requêtes des clients en temps réel, améliorant ainsi l'expérience client (entreprises de service). Analyse des données clients, l'IA peut aider à analyser de grandes quantités de données clients pour identifier des modèles, personnaliser les offres et améliorer la rétention client (entreprises de service)[1]. Prédiction de la maintenance des équipements, en utilisant l'analyse prédictive, l'IA peut anticiper les pannes d'équipements, permettant une maintenance proactive et minimisant les temps d'arrêt (entreprises de service, logistique, transport, etc.). Recrutement et gestion des ressources humaines, l'IA peut faciliter le processus de recrutement en triant et en analysant les CV, en identifiant les candidats appropriés, et en automatisant certaines tâches de gestion des ressources humaines. Cybersécurité, l'IA peut renforcer la sécurité des données en détectant les anomalies, en identifiant les menaces associées et en renforçant les systèmes de défense contre les cyberattaques (toutes entreprises)[2].
- ✓ *Optimisation de la chaîne d'approvisionnement :* L'IA peut être utilisée pour optimiser la planification logistique, améliorer la visibilité de la

---

[1] Kumar, V., & Rajan, M. (2021). "Big Data Analytics and Customer Insights: Leveraging AI for Competitive Advantage." Journal of marketing, 85(3), 123-140

[2] Zhang, R., & Li, W. (2020). « AI-Enhanced Cybersecurity: Detecting and Preventing Threats. », *Journal of Information Security,* 9(2), 101-11

chaîne d'approvisionnement et réduire les coûts opérationnels (toutes entreprises logistiques, commerciales). Analyse financière et prévision, l'IA peut analyser les données financières, prédire les tendances du marché, évaluer les risques et soutenir la prise de décision financière (toutes entreprises). Personnalisation du marketing, l'IA peut analyser le comportement des clients pour fournir des recommandations personnalisées, adapter les campagnes publicitaires et maximiser l'impact marketing (entreprises de marketing digital).

- ✓ *Formation et développement des employés :* l'IA peut être utilisée pour fournir des programmes de formation personnalisés, évaluer les compétences des employés et soutenir le développement professionnel (toutes entreprises gérant des ressources humaines). Commerce électronique l'IA peut améliorer l'expérience utilisateur, recommander des produits, optimiser la logistique et l'inventaire, contribuant ainsi à stimuler le commerce en ligne.
- ✓ *Traduction automatique et traitement du langage naturel :* ces applications peuvent faciliter la communication entre des groupes linguistiquement diversifiés et améliorer l'accès à l'information en ligne. Smart Cities, l'IA peut aider à optimiser la gestion des transports, la distribution d'énergie, la collecte des déchets et d'autres services urbains, contribuant ainsi à la création de villes plus durables et intelligentes. Agriculture intelligente, l'IA peut être utilisée pour la surveillance des cultures, la prévision des rendements, la détection des maladies et la gestion efficace des ressources agricoles, contribuant ainsi à accroître la productivité agricole (entreprises de l'agrobusiness).
- ✓ *Santé :* l'IA peut être employée pour le diagnostic médical, la prédiction des épidémies, la gestion des dossiers médicaux électroniques et la fourniture de soins de santé à distance, ce qui est particulièrement utile dans les régions éloignées ou mal desservies (secteur de la santé et du gouvernement). Services financiers, l'IA peut améliorer la sécurité des transactions financières, détecter la fraude, évaluer le risque de crédit et fournir des services bancaires en ligne plus efficaces (banques, entreprises financières).

L'adoption réussie de l'IA dans les entreprises au Bénin et dans celles des autres pays africains nécessite une infrastructure technologique robuste, une gestion efficace des données, des compétences techniques et une sensibilisation aux enjeux éthiques liés à l'utilisation de cette technologie. Les entreprises peuvent commencer par des projets pilotes avant d'étendre progressivement l'application de l'IA à différentes fonctions.

Le Club DSI du Bénin, qui compte parmi ses membres des spécialistes de l'IA, peut servir de creuset pour la réflexion sur les concepts et projets d'adoption de l'IA[1]. Néanmoins, des contraintes financières, organisationnelles et de niveau de maturité dans l'adoption de l'IA, peuvent mettre ces initiatives en danger et méritent d'être adressées[2].

3.2 Comparaison avec d'autres régions

3.2.1. Comparaison des initiatives africaines avec celles d'autres régions du monde

Au début du mois de novembre 2023, dans la localité de Bletchley Park, à 80 kilomètres au nord-ouest de Londres, s'est tenu le tout premier sommet international sur l'intelligence artificielle. L'événement a réuni responsables politiques, géants de la tech et experts du monde entier, venus discuter des risques, des défis et des opportunités de cette nouvelle technologie disruptive. Ce fut surtout l'occasion pour les pays les plus avancés dans la discipline de définir une ligne de pensée commune afin de superviser l'évolution de l'IA. Ainsi, la Chine, les États-Unis, l'Union européenne et une vingtaine de pays ont signé l'accord baptisé « la déclaration de Bletchley », pour un développement « sûr » de cette technologie qui promet de révolutionner l'économie mondiale.

Néanmoins, l'événement a laissé un goût d'inachevé pour d'autres pays, notamment africains, qui ont constaté, une fois de plus, leur absence dans le traitement des sujets les plus importants pour l'avenir de l'humanité. Un sentiment sans doute partagé par le secrétaire général de l'Organisation des Nations Unies, qui a déclaré « qu'en l'absence d'action immédiate, l'IA exacerberait les inégalités déjà croissantes entre pays ». D'ailleurs, Antonio Guterres n'a pas manqué de rappeler qu'aucun pays africain ne figure aujourd'hui dans le top 50 mondial dans le domaine de l'IA. De ce fait, un cadre de gouvernance international qui est à la fois juste et équitable est nécessaire pour éviter les incohérences et les lacunes. C'est la logique qui a poussé l'ONU à mettre en place un Conseil consultatif sur l'IA, composé d'experts gouvernementaux, du secteur privé, de la communauté technologique, de la société civile et du monde universitaire, représentant tous les continents du globe. Parmi les 38 experts retenus par l'ONU, figure Seydina Ndiaye, enseignant-chercheur à l'Université numérique Cheikh Hamidou KANE, du Sénégal. Aux côtés de cinq autres experts africains, il compte bien représenter la voix de l'Afrique au sein de ce Conseil qui devra produire son rapport final à l'été 2024.

L'intégration de l'intelligence artificielle (IA) dans les systèmes d'e-gouvernance est devenue une priorité mondiale, offrant des opportunités d'amélioration significative de la gestion publique et des services aux citoyens. En Afrique, cette

---

[1] Akpovi, D., & Koffi, A. (2022). "Le rôle des clubs DSI dans l'innovation technologique en Afrique." Revue africaine de Management

[2] Gbegbelegbe, C., & Houéda, J. (2021). "Challenges and Constraints in AI Adoption in African Countries: A Case Study of the Bénin." African Journal of Technology and Innovation

tendance émerge avec une dynamique propre, influencée par des défis uniques et des opportunités distinctes. En comparaison, les initiatives dans d'autres régions, comme l'Europe, l'Amérique du Nord, et l'Asie montrent des approches variées influencées par leurs contextes socio-économiques et technologiques respectifs[1]. Cette analyse explore les initiatives africaines d'intégration de l'IA dans l'e-gouvernance et les compare avec celles des autres régions du monde.

Les initiatives d'intégration de l'IA dans les systèmes d'e-gouvernance sont en pleine expansion. Des pays comme le Kenya, le Nigeria et l'Afrique du Sud sont à la pointe de ces efforts. Au Kenya, le gouvernement utilise l'IA pour améliorer l'efficacité des services publics, comme le système d'alerte précoce pour les catastrophes naturelles et les plateformes de traitement des plaintes citoyennes[2]. Le Nigeria a lancé des projets visant à utiliser l'IA pour la transparence gouvernementale, y compris la lutte contre la corruption par le biais de systèmes d'analyse de données. L'Afrique du Sud se concentre sur l'amélioration de l'accès aux services publics par l'IA, avec des initiatives telles que les chatbots pour fournir des informations sur les services gouvernementaux[3].

Malgré ces avancées, l'Afrique rencontre des défis spécifiques qui impactent l'intégration de l'IA dans l'e-gouvernance. Les infrastructures technologiques limitées, les inégalités d'accès à Internet et les préoccupations relatives à la protection des données sont des obstacles majeurs. Par ailleurs, la capacité limitée en matière de formation et de compétences en IA constitue un frein à l'innovation. Ces défis nécessitent des stratégies adaptées pour surmonter les obstacles tout en tirant parti des opportunités offertes par l'IA.

L'Afrique accuse un retard relatif par rapport aux autres régions du monde en ce qui concerne l'adoption et la préparation à l'IA[4]. Les start-ups en IA en Afrique ont émergé près d'une décennie après le début de la quatrième révolution industrielle en 2000, et aucune nation africaine ne figure parmi les 50 premiers pays en termes de préparation gouvernementale à l'IA[5]. Ce retard renseigné sur les défis auxquels l'Afrique est confrontée pour rattraper son retard et adopter pleinement les technologies d'IA.

En Europe, les initiatives d'intégration de l'IA dans les systèmes d'e-gouvernance sont souvent soutenues par des politiques publiques fortes et un

---

[1] Li, Z., & Chen, L. (2021). « Comparative Analysis of AI Integration in E-Governance: Insights from Europe, North America, and Asia. » Journal of global Information Management, 29(3), 47-6

[2] Mwangi, K., & Kariuki, P. (2023). « AI-Driven Public Service Efficiency in Kenya: A Case Study. » East African Journal of Technology and Governance, 12(2), 98-112

[3] Van Wyk, L., & Ndou, M. (2022). « Enhancing Public Service Access through AI in South Africa: Innovations and Impacts. » South African Journal of Public Administration, 39(3), 33-49

[4] Arakpogun, E., Kusi, H., & Mwakisoma, H. (2021). "Artificial Intelligence in Africa: A Decade Behind? Analysis of AI Adoption and Government Preparedness." African Journal of Science, Technology, Innovation and Development, 13(2), 163-178

[5] *Idem.*

Challenges and Opportunities." In The Fourth Industrial Revolution: Implementation of Artificial Intelligence for Growing Business Success.

cadre réglementaire robuste. L'Union européenne a mis en place des stratégies de digitalisation qui incluent l'IA, avec un accent particulier sur la protection des données et la transparence. Par exemple, la Commission européenne a proposé des régulations sur l'IA pour garantir son utilisation éthique et responsable. Aux États-Unis, les initiatives varient selon les États et les administrations, mais des projets comme le « AI4Gov » visent à utiliser l'IA pour améliorer la gestion des services publics, y compris la santé, la sécurité et la gestion des infrastructures.

L'Asie, en particulier des pays comme la Chine et le Japon, montre une adoption rapide et souvent agressive de l'IA dans les systèmes d'e-gouvernance. En Chine, l'IA est largement utilisée pour la surveillance et la gestion urbaine, avec des systèmes sophistiqués de reconnaissance faciale et d'analyse de données massives pour la sécurité publique. Le Japon se concentre sur l'utilisation de l'IA pour améliorer l'efficacité administrative et la prestation des services publics, avec des projets intégrant des technologies avancées pour la gestion des villes intelligentes. Ces approches sont souvent soutenues par des investissements substantiels en recherche et développement et par des politiques gouvernementales proactives.

Les approches africaines, européennes, nord-américaines et asiatiques en matière d'IA dans l'e-gouvernance présentent des différences notables en termes de priorité et de mise en œuvre. En Afrique, l'accent est souvent mis sur des solutions innovantes et adaptées aux contraintes locales, telles que les solutions mobiles et les plateformes accessibles via des infrastructures limitées. En Europe et en Amérique du Nord, les initiatives tendent à être plus centrées sur l'intégration de l'IA avec des systèmes existants et sur le respect des normes éthiques et de protection des données. En Asie, les politiques sont souvent plus centralisées et axées sur l'efficacité et la surveillance, avec un fort soutien gouvernemental.

Pour que l'Afrique maximise les bénéfices de l'intégration de l'IA dans ses systèmes d'e-gouvernance, il est crucial de renforcer les infrastructures technologiques[1], de développer les compétences locales en IA, et d'améliorer la régulation et la protection des données. La collaboration internationale et les partenariats public-privé peuvent jouer un rôle clé dans le soutien à ces initiatives[2]. En s'appuyant sur les expériences des autres régions tout en tenant compte de ses propres spécificités, l'Afrique peut créer des solutions d'e-gouvernance en IA qui sont à la fois innovantes et adaptées à ses besoins uniques[3].

[1] Moustier, P., & Hossain, M. (2022). "Building Technological Infrastructure for Artificial Intelligence in Africa." Journal of African Technology, 8(1), 45-62

[2] Koffi, A., & Jalloh, M. (2022). "Public-Private Partnerships for AI in Governance: Opportunities and Challenges." Global Journal of Public Administration, 19(2), 204-220

[3] Adamu, A., & Oluwaseun, O. (2024). "Leveraging Global Experiences for Local AI Governance Solutions in Africa." African Journal of Public Policy, 22(1), 75-92.

L'intégration de l'IA dans les systèmes d'e-gouvernance est un phénomène mondial avec des approches variées en fonction des contextes régionaux. En Afrique, les initiatives sont en développement avec des défis spécifiques, mais elles offrent également un potentiel significatif pour transformer la gestion publique. La comparaison avec les initiatives en Europe, en Amérique du Nord et en Asie, met en lumière à la fois les opportunités et les défis auxquels l'Afrique est confrontée. En adoptant une approche stratégique et collaborative, l'Afrique peut tirer parti de l'IA pour améliorer ses systèmes d'e-gouvernance et offrir des services publics plus efficaces et accessibles.

3.2.2 Leçons apprises et recommandations pour l'Afrique

Si aujourd'hui, l'Afrique est considérée comme étant un terrain de jeu et de conquête pour les géants mondiaux du numérique, l'enjeu majeur des années à venir est de promouvoir l'émancipation technologique des pays du continent, en favorisant l'émergence d'acteurs locaux. D'où la nécessité de miser, dès maintenant, sur une intelligence artificielle africaine, à même de répondre au défi de la souveraineté numérique[1]. Néanmoins, l'ambition légitime pourrait se heurter à la dure réalité du niveau de développement de la technologie sur le continent. Autrement dit, l'Afrique a-t-elle les moyens technologiques, financiers et humains de son ambition[2] ?

À cette question, Seydina Ndiaye répond par l'affirmative, tout en distinguant deux approches possibles : « L'investissement pour l'utilisation de l'IA est moins lourd que l'investissement nécessaire pour découvrir de nouvelles approches de l'IA. » Ainsi, l'expert détaille les deux aspects importants de la technologie. Le premier, celui de la recherche pure et dure, consiste à « chercher de nouveaux paradigmes d'IA pour se rapprocher de l'intelligence artificielle générale. » C'est la bataille à laquelle se livrent notamment les géants de la discipline, à coups de milliards de dollars d'investissements pour pousser les limites de la technologie. Le deuxième aspect consiste à utiliser les avancées technologiques actuelles dans le domaine de l'IA pour essayer de résoudre des problématiques actuelles. Notre interlocuteur estime que l'Afrique doit se positionner sur ces deux volets, tout en favorisant le deuxième, à savoir utiliser le plein potentiel de l'IA dans sa forme actuelle, afin de résoudre les problèmes du continent. « Sur ce volet, l'Afrique est prête, insiste Seydina Ndiaye. Les jeunes maîtrisent de plus en plus la technologie. Il suffit que les gouvernants et les personnes en charge des projets structurants s'orientent vers l'IA pour que les jeunes africains puissent développer les solutions, d'autant plus que nous constatons un foisonnement de formations sur le continent et une appétence

---

[1] N'Diaye, M., & Diallo, T. (2022). « Towards a Sovereign Digital Future: The Case for African Artificial Intelligence. » African Journal of Digital Innovation, 10(3), 203-21

[2] Koffi, A., & Afolabi, J. (2021). "Assessing Africa's Capacity for Technological Ambition: Resources and Challenges." Global Review of Technological Capabilities, 20(4), 89-104

particulière des jeunes pour l'IA. Dans un futur très proche, nous atteindrons une masse critique de gens talentueux qui pourraient mettre en œuvre des solutions adaptées aux besoins du continent. »

Dans le domaine de l'intelligence artificielle, la R&D vise avant tout à explorer les nouveaux paradigmes de la technologie. Une approche qui nécessite d'énormes puissances de calcul et d'importantes capacités de stockage. De ce fait, les investissements nécessaires pourraient être assez lourds à supporter pour certains pays africains. Néanmoins, la contrainte financière ne devrait en aucun cas freiner l'ambition légitime de l'Afrique dans ce domaine. Citant l'exemple du Maroc, qui détient actuellement le supercalculateur public le plus puissant du continent, Seydina Ndiaye estime que d'autres pays du continent devraient suivre la stratégie du royaume afin de profiter du plein potentiel de la technologie.

Si les investissements dans les infrastructures numériques sont nécessaires au développement d'une technologie IA propre à l'Afrique, cet effort doit être accompagné par un rehaussement du niveau de formation des futurs talents[1]. Sur ce point, des progrès considérables ont été réalisés au cours des dernières années, comme en témoigne Seydina Ndiaye. « Il y a quatre ou cinq ans, on pouvait déplorer la rareté des formations en intelligence artificielle, mais aujourd'hui, des formations de qualité sont proposées dans plusieurs pays du continent », atteste-t-il[2]. L'expert cite en exemple la formation « African Masters of machine Intelligence », fondée par Moustapha Cissé, professeur d'apprentissage automatique et responsable du centre Google AI à Accra, au Ghana, qui est présenté comme « Un master de très haute qualité impliquant des enseignants de renom et qui a permis de former des centaines de jeunes Africains ». Notre interlocuteur précise que l'apparition de formations similaires dans d'autres pays du continent, notamment en Égypte et en Afrique du Sud[3].

Cela dit, le risque majeur qui menace le développement des écosystèmes africain reste la sempiternelle problématique de la fuite des cerveaux : « Quand nos jeunes sont formés, il est primordial pour eux de s'investir dans des projets importants pour emmagasiner de l'expérience. Cela les conduit forcément à quitter le continent pour des carrières à l'international », constate Seydina Ndiaye. C'est aux pays africains de mettre en place des projets structurants pour inciter ces jeunes à développer des solutions IA dans leurs pays d'origine. » D'ailleurs, cette vision stratégique s'aligne parfaitement avec les besoins réels et immédiats de plusieurs pays du continent. Le but étant de résoudre les problématiques qui plombent le développement de l'Afrique, notamment dans les secteurs de l'agriculture, de la santé et de l'éducation.

---

[1] Ndiaye, S. (2023). "Advancements in AI Education in Africa: Progress and Prospects." African Education Review, 12(2), 45-62

[2] Cissé, M. (2022). "The African Masters of Machine Intelligence: A Landmark Initiative." Journal of Machine Learning and Artificial Intelligence, 18(4), 97-110

[3] Smith, J., & Williams, L. (2024). « AI Training Programs in Africa: A Comparative Study. » Global Review of AI Education, 21(1), 74-90

La première série de recommandations s'intéresse aux processus de facilitation du développement de meilleures politiques de gouvernance de l'IA et de soutien du renforcement des compétences numériques. Adressées aux organisations intergouvernementales, aux organismes de développement et aux États membres de l'Union africaine UA, ces recommandations sont détaillées comme suit :

1. *Favoriser la coopération numérique entre les pays* afin d'échanger des connaissances et des idées sur les instruments politiques efficaces dans la gouvernance de l'IA au niveau national, régional et international. La mise en œuvre de cette recommandation pourrait se traduire par la constitution de groupes de travail régionaux en collaboration avec l'Union africaine et les Communautés économiques régionales (CER), placées sous la direction des États membres et chargés de traiter les différents domaines prioritaires en matière de gouvernance. Ces processus favoriseront l'élaboration de solutions à travers l'examen des politiques et seront susceptibles d'engendrer des externalités positives dans le cadre d'une potentielle convergence politique.

2. *Adopter des modèles de renforcement des compétences numériques,* y compris pour l'IA, qui tiennent compte du contexte et du savoir-faire locaux tout en intégrant les meilleures idées et les connaissances internationales. Ces modèles pourraient, par exemple, porter sur une coopération triangulaire dans le cadre de la coopération nord-sud et Sud-Sud. Ce type de modèle est destiné à renforcer la coopération entre les pays d'Afrique et à produire des conseils techniques en créant un impact. Créer des services d'assistance nationaux qui s'inscrivent dans le plan cadre de coopération de l'UA et le Plan d'action de coopération numérique du Secrétaire général afin d'apporter une aide opportune et contextuelle aux États membres. Ces services en ligne pourront également être mis en relation avec des forums internes de coopération multipartite nationale, par exemple les Forums nationaux sur la gouvernance de l'Internet[1].

3. *Favoriser une participation multipartite à la gouvernance d'Internet,* en particulier sur la réglementation, en mobilisant les citoyens, le secteur privé, le milieu universitaire et les organisations de la société civile. À cette fin, il convient d'organiser des dialogues régionaux sur l'IA, d'encourager la recherche-développement coopérative et d'instaurer des communautés de pratique chargées de tester et de mettre en œuvre des politiques gouvernementales dans le cadre de « bacs à sable » réglementaires. Sur les conséquences de l'IA dans les domaines prioritaires, les recommandations suivantes s'adressent aux organisations intergouvernementales, aux organismes de développement et aux États membres :

[1] Union africaine. (2021). Plan cadre de coopération pour la transformation numérique de l'Afrique. Union africaine.

1. Initiatives politiques de gouvernance de l'IA :

a) Concevoir un ensemble de politiques relatives à l'IA dans les domaines de la science, de la technologie, de l'innovation, de l'éducation, de la culture et de la politique de communication pour le développement durable, qui soient susceptibles d'orienter les politiques nationales[1]. Élaborer des guides de mise en œuvre et proposer des exemples d'utilisation de modèles illustrant l'application des principes éthiques de l'IA[2].
b) Lancer des projets pilotes pour déterminer comment exploiter l'IA et les données d'apprentissage et ainsi saisir les opportunités dans les domaines prioritaires identifiés par les États membres.
c) Élaborer des directives politiques pour traiter les problèmes relatifs à l'égalité des genres et à l'IA, qui sont notamment dus aux préjugés et au caractère discriminatoire des algorithmes. Rédigées en coopération avec les gouvernements, le secteur privé, le milieu universitaire et la société civile, ces directives pourraient porter, par exemple, sur l'utilisation de l'IA pour optimiser les données ventilées par genre.

2. Cadres juridiques et réglementaires pour la gouvernance de l'IA :

a) Adapter et tester les cadres pour évaluer les risques des applications IA en matière de droits de l'homme et de diligence raisonnable dans le but de s'assurer qu'elles n'entravent pas les libertés et les droits fondamentaux. L'UNESCO élabore actuellement un cadre plus global de l'éthique de l'IA, avec un volet d'évaluation de l'éthique de l'IA, qui tiendra compte des différents droits de l'homme, droits fondamentaux et droit à la dignité humaine, ce qui offrira un cadre plus robuste pour évaluer et traiter les défis et les opportunités de l'IA pour tous les individus et communautés. *Exemple :* garantir l'absence de discrimination dans la sélection des jeux de données et dans les choix de conception des développeurs. Expliciter les valeurs qui sous-tendent ces choix, notamment celles qui concernent les préjugés de genre, implicites ou non. Ex post : prévoir un strict suivi des résultats qui pourraient nuire à différents droits, tels que la liberté d'expression, la vie privée ou l'égalité.
b) Concevoir et actualiser les cadres juridiques et réglementaires pour la protection des données personnelles et la gouvernance des données, notamment par l'élaboration de lois types.

---

[1] Organisation des Nations Unies pour l'Éducation, la Science et la Culture (UNESCO). (2021). Recommandation sur l'éthique de l'intelligence artificielle. UNESCO.

[2] Commission européenne. (2021). Lignes directrices pour une IA éthique. Commission européenne.

3. *Renforcement des compétences :*

Ici, il s'agit des compétences qui permettent de répondre aux conséquences juridiques de l'IA et de défendre les droits humains fondamentaux :

a) *Inclure des programmes de sensibilisation à l'IA,* aux droits de l'homme et aux implications juridiques dans le cadre de la formation politique des décideurs gouvernementaux. Les modules de formation doivent comporter un volet d'informations sur les risques et conséquences d'une propagation potentielle des préjugés et stéréotypes de genre à travers les systèmes d'IA. Lancer le dialogue en vue de promouvoir des modules de formation pour que les acteurs judiciaires examinent la question des conséquences juridiques de l'IA et de son utilisation dans les systèmes judiciaire et exécutif[1], et garantir ainsi les droits fondamentaux, tels que la liberté d'expression, l'accès à l'information, le droit à la vie privée et la non-discrimination. Dans le cadre de ces modules, il convient de sensibiliser les participants aux préjugés de genre qui risquent d'être intégrés et diffusés par l'utilisation des systèmes d'IA, et qui seraient susceptibles de renforcer les stéréotypes et les discriminations[2].
b) *Sensibiliser les parlementaires* aux conséquences juridiques et politiques de l'IA à travers des représentations aux commissions parlementaires, des commissions chargées des technologies émergentes et de leur gouvernance ainsi que des forums parlementaires d'échanges de connaissances.

4. *Sensibilisation du grand public et perception de l'IA :*

a) Former les journalistes pour qu'ils rendent compte avec précision des problèmes relatifs à l'IA et à son impact social, notamment en matière d'égalité des genres et de pouvoir structurel, et pour qu'ils comprennent les avantages et les défis que représente l'intégration des outils d'IA dans la production de contenus d'actualité.
b) Favoriser le dialogue multipartite au niveau national en invitant des plateformes numériques et d'autres acteurs du milieu à échanger sur l'utilisation de l'IA dans la modération des contenus conformément aux normes internationales des droits de l'homme et à la réalité locale.
c) Former les journalistes à révéler et rendre compte des préjugés de genre explicites ou implicites qui peuvent être intégrés et diffusés par l'utilisation des systèmes d'IA et à rendre compte des inégalités structurelles susceptibles de limiter la participation des différents genres dans le développement et l'utilisation de l'IA.

---

[1] Conseil de l'Europe. (2020). *Rapport sur les implications juridiques de l'IA dans le système judiciaire.*

[2] Women in AI (WAI). (2021). Rapport sur les biais de genre dans l'intelligence artificielle.

5. Compétences d'élaboration de normes de produits et de services d'IA :

a) Favoriser une coopération multipartite pour l'élaboration de normes avec des organismes de normalisation technique, tels que l'Institut des ingénieurs électriciens et électroniciens (IEEE) et l'Organisation internationale de normalisation (ISO).
b) Soutenir la formation pour le développement et la mise en œuvre de normes techniques pour les produits et services afin de garantir le respect des droits de l'homme et promouvoir l'égalité des genres.
c) Encourager l'égalité de participation entre les hommes et les femmes dans le développement de normes pour les produits et services à travers des approches multipartites tout en veillant à ce que les normes élaborées prévoient des mesures contre les éventuels préjugés de genre qui risquent d'être intégrées et diffusées par l'utilisation des produits et services d'IA. Cette recommandation pourrait se traduire par des marqueurs d'égalité des genres pour les produits et services d'IA[1].

6. Compétences nécessaires pour relever les défis éthiques posés par l'IA :

a) S'appuyer sur le processus d'élaboration du projet de Recommandation sur l'éthique de l'intelligence artificielle de l'UNESCO, développer des formations pour intégrer l'enseignement de l'éthique de l'IA à différents niveaux du cursus scolaire et universitaire et à d'autres parties prenantes du secteur.
b) Favoriser l'échange de connaissances relatives à la dimension éthique des technologies numériques entre les différents décideurs.
c) Favoriser l'échange de connaissances relatives à la dimension éthique des technologies numériques entre les différents décideurs. Cela concerne notamment la fracture numérique des genres tant au niveau de la participation féminine dans les disciplines, qu'au niveau des préjugés et stéréotypes de genre qui peuvent être créés et diffusés par l'utilisation des systèmes d'IA en l'absence d'une conception éthique de l'IA[2].

7. Ressources pédagogiques sur l'IA :

a) Encourager le développement de ressources d'apprentissage libres pour l'enseignement de l'IA à tous les niveaux du système éducatif.
b) Encourager le développement de ressources d'apprentissage libres destinées à améliorer la compréhension de l'IA par le grand public, via des programmes d'alphabétisation numérique.

---

1 Organisation des Nations Unies (ONU). (2021). Principes directeurs pour l'application des droits de l'homme en lien avec l'intelligence artificielle.

2 UNESCO. (2019). Guide pour l'intégration de la dimension de genre dans les programmes d'éducation scientifique.

c) Soutenir le développement de programmes et de compétences pédagogiques pour l'enseignement et l'apprentissage des compétences en IA.
d) Encourager la participation des filles et des femmes aux programmes d'éducation et de formation en IA afin de réduire les inégalités de genre en matière de développement et d'utilisation de l'IA.
e) Encourager l'égalité de participation entre les hommes et les femmes dans le développement et l'utilisation de contenu pédagogique, et favoriser la participation des filles et des femmes aux programmes d'éducation et de formation en IA afin de réduire les inégalités de genre en matière de participation féminine dans le développement et l'utilisation de l'IA. Veiller à ce que le contenu pédagogique soit sensible au genre et n'alimente pas de stéréotypes de genre en mettant en avant des exemples susceptibles de décourager la participation et l'intégration des femmes dans les disciplines STIM ou par d'autres moyens[1].

8. Capacités de recherche dans le domaine de l'IA :

a) Renforcer les collaborations scientifiques autour de l'IA non seulement entre les universités africaines, mais également entre les universités africaines et les universités du monde entier
b) renforcer la collaboration scientifique autour de l'IA entre les universités et les acteurs du secteur privé qui travaillent sur le développement et l'utilisation de l'IA.
c) Investir dans les échanges de connaissances à travers des programmes d'échange universitaire.
d) Investir dans le lancement de nouveaux programmes de master et de doctorat pour la recherche et le développement de l'IA en Afrique et s'assurer que ces programmes sont accessibles à tous, indépendamment de leur genre. L'élimination des disparités entre les genres dans l'environnement numérique constitue le sujet de la publication[2].

9. Données et développement de l'IA :

a) Soutenir l'accès à la technologie et aux données de l'IA pour l'apprentissage et la classification grâce à la création de référentiels de recherche et à la publication en libre accès.
b) Créer des référentiels ouverts pour les données et la recherche financées ou détenues par l'État, et notamment des plates-formes de données gouvernementales ouvertes.
c) Veiller à la mise en place de mesures de protection du droit à la vie privée dans un contexte d'ouverture des données.

[1] OECD. (2021). Repenser l'éducation : Perspectives de genre dans l'enseignement des STIM.
[2] European Commission. (2022). Stratégie pour l'égalité des genres dans les STEM et l'IA

d) Développer des normes d'interopérabilité entre les jeux de données tout en renforçant les communs numériques et la disponibilité des données pour l'apprentissage automatique.
e) Soutenir les actuels et futurs réseaux de communs sur les mégadonnées et de passionnés des données et explorer la possibilité d'institutionnaliser les jeux de données obtenues.
f) Organiser des challenges data et des hackathons pour développer de nouveaux jeux de données ou enrichir les jeux existants et encourager leur utilisation ultérieure.
g) Encourager la création de référentiels de codes informatiques publics et de taxonomies textuelles et discursives au moins sensibles au genre.

L'UA devra continuer d'accompagner ses États membres dans l'exploitation de l'IA en faveur du développement durable et dans l'atténuation des risques de cette dernière au profit de l'humanité. En outre, elle et ses partenaires s'appuieront sur les résultats des enquêtes pour organiser une conférence internationale qui prévoit le lancement de produits et de services destinés au renforcement des compétences et à l'élaboration de politiques en matière d'IA.

La confidentialité des données échangées pour l'obtention de services gouvernementaux constitue l'un des principaux défis à surmonter lors de la mise en œuvre de l'administration électronique, et constitue de plus en plus une préoccupation des citoyens quant à leur vie privée et leurs données personnelles et, par conséquent, une condition de leur adhésion à cette transformation digitale[1].

La sécurité devient à ce stade, plus qu'une exigence, un impératif dont dépend la protection des données publiques des risques techniques de perte, d'intrusion ou d'altération, ou le risque de non-conformité lié à une mauvaise gestion des données.

D'autre part, la souveraineté numérique du pays est également un challenge à relever. Il s'agit de veiller à ce que tous les environnements de service et leurs données, ainsi que les jeux de données dérivés soient protégés en limitant l'accès aux seuls ayant droit, et en évitant toute perte de contrôle sur ces données au profit d'entités mal identifiées, non légitimes et dont l'objectif n'est pas la promotion de l'intérêt général[2].

Dans ce contexte, les technologies, dont celles de certification et de signature électronique, sont utilisées pour répondre efficacement aux différents problèmes de sécurité relatifs à l'identification des usagers, à l'authentification des documents administratifs, des services publics rendus et des paiements en ligne et à la confidentialité lors des échanges sur les réseaux téléphoniques, informatiques et le réseau Internet. L'usage de ces technologies permet l'accès, la collecte, le traitement et l'échange électronique des données au sein ou entre

---

[1] Source : https://www.enisa.europa.eu/publications/sovereignty-digital-data

[2] Global Forum on cyber expertise (GFCE). (2022). Préservation de la souveraineté numérique : stratégies et politiques.

administrations et leur écosystème. Elles doivent aussi favoriser la qualité de l'information, la fluidification des flux informationnels, l'ouverture des données au public, l'interopérabilité et l'intégration des services et, de façon générale, la communication et la coopération entre les différents acteurs.

3.3 Facteurs de succès et échecs

3.3.1. Analyse des facteurs ayant contribué au succès ou à l'échec des initiatives d'IA en e-gouvernance

3.3.1.1 Les facteurs ayant contribué au succès des initiatives de l'IA dans la gouvernance électronique

Dans un monde qui se caractérise de plus en plus par une connectivité accrue et où les données sont aussi omniprésentes que précieuses, l'Afrique a une occasion unique de tirer parti des nouvelles technologies numériques aux fins de la transformation et de la compétitivité à grande échelle[1].

L'Afrique ne peut et ne doit pas être laissée-pour-compte. Toutefois, un certain nombre de défis structurels compromettent l'adoption et la mise en œuvre rapides de l'IA sur le continent. L'inadéquation des infrastructures de base et numériques nuit gravement aux efforts visant à mettre en œuvre des solutions offertes par l'IA, car cette inadéquation des infrastructures réduit la connectivité, qui est essentielle. L'absence de systèmes réglementaires souples et dynamiques entrave également la croissance d'un écosystème numérique favorable à la technologie de l'IA, d'autant plus que les leaders de la technologie veulent s'étendre au-delà des frontières[2]. En outre, le manque de compétences techniques pertinentes, notamment chez les jeunes, constitue une source de difficulté croissante. Ce déficit de compétences signifie que ceux qui auraient dû été à l'avant-garde de la construction de l'IA sont laissés de côté, ce qui empêche le continent d'exploiter le plein potentiel des technologies et des industries porteuses de transformation[3].

- ✓ *Engagement des Gouvernements*

L'engagement des gouvernements est un pilier fondamental du succès des initiatives d'intelligence artificielle (IA) dans la gouvernance électronique en Afrique. Un engagement fort se manifeste d'abord par la mise en place de politiques claires et de stratégies nationales axées sur la transformation numérique. Les gouvernements qui intègrent l'IA dans leur vision stratégique permettent la création de cadres réglementaires et d'initiatives de soutien qui

[1] https://www.oecd.org/internet/empowering-people-with-data-security-guidelines

[2] World Bank. (2023). Infrastructure and Connectivity Challenges in Sub-Saharan Africa

[3] UNESCO. (2022). Building Skills for the Digital Age: The African Youth Challenge.

facilitent l'adoption et l'intégration des technologies numériques. Cela inclut non seulement l'élaboration de plans d'action spécifiques pour l'IA, mais aussi la définition de priorités nationales en matière de technologie et d'innovation. Par exemple, des pays comme le Rwanda et le Kenya ont établi des stratégies numériques ambitieuses qui favorisent le développement technologique et encouragent les investissements dans l'IA, établissant ainsi un environnement propice à l'émergence de solutions innovantes adaptées aux défis locaux. Le soutien institutionnel est crucial pour la mise en œuvre efficace des initiatives d'IA. Les gouvernements qui désignent des agences ou des ministères spécifiques pour superviser les projets d'IA assurent une coordination cohérente et une gestion efficace des ressources. Ce soutien inclut également la fourniture de financements et de ressources nécessaires pour développer des infrastructures numériques, comme les centres de données et les réseaux de communication, qui sont essentiels pour le déploiement de solutions d'IA. De plus, une collaboration active entre les autorités gouvernementales et les acteurs privés, tels que les entreprises technologiques et les startups, renforce la capacité du secteur public à bénéficier des innovations du secteur privé. Cet engagement proactif des gouvernements contribue à créer un écosystème favorable qui soutient le succès des initiatives d'IA, tout en répondant aux besoins et aux défis spécifiques des pays africains.

✓ *Infrastructure technologique*

L'infrastructure technologique est un élément crucial pour le succès des initiatives d'intelligence artificielle (IA) dans la gouvernance électronique en Afrique. Pour que l'IA puisse être déployée efficacement, une infrastructure numérique solide est indispensable[1]. Cela comprend le développement de réseaux Internet fiables, qui sont la colonne vertébrale de toute application technologique avancée. Les pays africains qui ont investi dans l'amélioration de leur connectivité Internet, notamment par l'expansion des réseaux haut débit et l'amélioration des infrastructures de communication, ont constaté une adoption plus rapide et plus réussie des technologies d'IA. Par exemple, des projets comme l'extension de la fibre optique et le déploiement de la 4G et de la 5G dans des régions sous-desservies ont permis de réduire les inégalités d'accès et d'améliorer la qualité des services numériques, facilitant ainsi l'intégration de solutions d'IA dans divers aspects de la gouvernance électronique[2]. De plus, la création de centres de données locaux permet de stocker et de traiter les données de manière plus efficace, garantissant une meilleure gestion des ressources et une réduction des temps de latence dans les applications basées sur l'IA[3].

---

[1] World Bank. (2021). Digital Infrastructure for Development: Challenges and Opportunities in Africa.
[2] Ericsson. (2021). Expanding 4G and 5G Networks in Africa: Progress and Future Prospects.
[3] https://www.ibm.com/cloud/blog/local-data-centers-ai

Parallèlement, l'accessibilité à la technologie joue un rôle déterminant dans le succès des projets d'IA. Pour que ces technologies puissent bénéficier à un large éventail de citoyens, il est nécessaire de garantir un accès équitable aux outils numériques. Les initiatives visant à fournir des dispositifs numériques abordables et à développer des programmes de formation sur les technologies émergentes permettent aux utilisateurs de tirer pleinement parti des solutions d'IA. En Afrique, des projets de réduction de la fracture numérique, comme ceux qui visent à offrir des ordinateurs portables à prix réduit ou à améliorer les infrastructures de télécommunications dans les zones rurales[1], contribuent à une meilleure adoption des technologies numériques. En fin de compte, une infrastructure technologique bien développée, combinée à une meilleure accessibilité aux outils numériques, crée un environnement propice à l'innovation et à l'intégration réussie de l'IA dans la gouvernance électronique, stimulant ainsi des améliorations significatives dans l'efficacité et la transparence des services publics.

✓ *Partenariats Public-Privé*

Les partenariats public-privé (PPP) jouent un rôle crucial dans le succès des initiatives d'intelligence artificielle (IA) dans la gouvernance électronique en Afrique. Ces collaborations permettent aux gouvernements de tirer parti de l'expertise technique, de l'innovation et des ressources du secteur privé tout en utilisant les leviers et les structures institutionnelles du secteur public pour déployer des solutions d'IA à grande échelle. Les entreprises technologiques et les startups apportent souvent des compétences spécialisées, des technologies avancées et des approches innovantes, ce qui permet de surmonter les limitations techniques et financières que les gouvernements rencontreraient s'ils agissaient seuls. Par exemple, des initiatives comme le partenariat entre les gouvernements africains et des géants technologiques internationaux ont conduit au développement de solutions d'IA pour la gestion des ressources, la santé publique et la lutte contre la corruption. Ces collaborations permettent d'accélérer le déploiement des technologies tout en offrant des solutions adaptées aux besoins locaux grâce à une compréhension approfondie des défis spécifiques[2].

En outre, les partenariats public-privé sont essentiels pour le financement et la durabilité des projets d'IA. Les investissements privés, qu'ils proviennent d'entreprises technologiques ou de fonds d'investissement, sont souvent nécessaires pour compléter les budgets publics et garantir la pérennité des projets. Les PPP permettent également de partager les risques associés aux initiatives technologiques, en répartissant les coûts et en établissant des mécanismes

[1] African Development Bank (AfDB). (2023). Reducing the Digital Divide in Africa: Initiatives and Impacts.

[2] United Nations Development Programme (UNDP). (2022). Enhancing Public Services Through Technology: The Role of AI in African Governance.

de responsabilité partagée. Par exemple, la collaboration entre le secteur public et les entreprises privées dans des projets de smart citées ou de gestion intelligente des infrastructures a permis de bénéficier d'une expertise technique tout en assurant un financement adéquat. En fin de compte, ces partenariats permettent d'accélérer l'innovation, d'améliorer la qualité des services publics et de garantir une approche plus intégrée et efficace de la gouvernance électronique, tout en renforçant la capacité des pays africains à adopter et à déployer des technologies d'IA de manière durable et impactant.

✓ *Capacités et Compétences locales*

Le développement des capacités et des compétences locales est un facteur clé pour le succès des initiatives d'intelligence artificielle (IA) dans la gouvernance électronique en Afrique. La formation et l'éducation jouent un rôle central dans cette dynamique, car elles permettent de construire une main-d'œuvre qualifiée capable de concevoir, développer et gérer des solutions d'IA adaptées aux besoins spécifiques des pays africains[1]. Les gouvernements et les institutions éducatives qui investissent dans des programmes de formation spécialisés en IA, en sciences des données et en technologies numériques contribuent à créer un vivier de talents capable de soutenir et d'adapter les initiatives technologiques. Des initiatives comme des cours universitaires, des certifications professionnelles, et des bootcamps de programmation permettent de doter les jeunes professionnels et les fonctionnaires des compétences nécessaires pour travailler efficacement avec les technologies d'IA[2]. De plus, des partenariats entre les universités locales et les entreprises technologiques internationales facilitent l'accès aux meilleures pratiques mondiales tout en favorisant le transfert de connaissances, ce qui renforce les capacités locales et stimule l'innovation sur le terrain[3]. En parallèle, le développement des compétences locales est également crucial pour garantir la durabilité et l'efficacité des projets d'IA à long terme. Les projets qui intègrent une formation continue et des opportunités de développement professionnel pour les équipes locales assurent non seulement une meilleure gestion des systèmes d'IA, mais également une capacité accrue à résoudre les problèmes techniques qui peuvent survenir. Par exemple, les programmes de mentorat, les ateliers de partage de connaissances, et les communautés de pratique jouent un rôle important en permettant aux professionnels locaux de rester à jour avec les dernières avancées technologiques et les meilleures pratiques. En renforçant les compétences locales, on favorise également une approche plus inclusive et contextuellement pertinente pour les solutions d'IA, en veillant à ce qu'elles soient non seulement techniquement

---

[1] African Union. (2021). Developing Local Capacities for AI in Africa: Strategies and Recommendations.
[2] Coursera. (2022). AI and Data Science Education: Opportunities and Challenges in Africa
[3] Google.org. (2023). University-Industry Partnerships: Enhancing AI Capabilities in Africa.

efficaces, mais aussi culturellement appropriées. Ainsi, en investissant dans le développement des compétences et des capacités locales, les pays africains peuvent non seulement tirer le meilleur parti des technologies d'IA, mais aussi assurer une autonomie et une résilience accrues dans la gestion de leur propre initiative de gouvernance électronique.

✓ *Approche adaptée aux Contextes locaux*

L'adoption réussie de l'intelligence artificielle (IA) dans la gouvernance électronique en Afrique repose en grande partie sur une approche soigneusement adaptée aux contextes locaux[1]. L'efficacité des solutions d'IA dépend de leur capacité à répondre aux réalités socio-économiques, culturelles et politiques spécifiques de chaque pays ou région. Une approche contextualisée implique la personnalisation des technologies pour qu'elles s'intègrent harmonieusement dans les systèmes existants et répondent aux besoins particuliers des populations locales[2]. Par exemple, les solutions de gestion des ressources, de santé publique ou d'éducation doivent être conçues en tenant compte des infrastructures locales, des niveaux d'accès à la technologie et des langues parlées. En Afrique, où les défis peuvent varier considérablement d'une région à l'autre, il est crucial de développer des applications d'IA qui tiennent compte des disparités en matière d'infrastructure et de connectivité. L'adaptation peut aussi se manifester par la conception d'interfaces utilisateur qui sont accessibles et compréhensibles dans les langues locales, et par l'ajustement des algorithmes pour mieux refléter les normes culturelles et les priorités locales[3].

De plus, l'engagement avec les parties prenantes locales est essentiel pour garantir que les solutions d'IA répondent réellement aux besoins des citoyens. Impliquer les communautés locales dès les phases de conception et de déploiement permet de recueillir des retours précieux et d'ajuster les solutions en fonction des attentes et des réalités du terrain. Les consultations publiques, les groupes de discussion et les ateliers participatifs sont des moyens efficaces pour intégrer les perspectives locales et assurer que les technologies mises en place sont pertinentes et bien acceptées. Par exemple, des projets pilotes menés en collaboration avec des organisations communautaires locales peuvent révéler des insights importants sur les défis spécifiques et les préférences des utilisateurs, facilitant ainsi une meilleure adaptation des technologies. Cette approche collaborative renforce non seulement l'efficacité des solutions d'IA, mais aussi leur acceptabilité et leur durabilité, en veillant à ce qu'elles soient véritablement bénéfiques pour les communautés qu'elles servent. En somme, une approche

[1] United Nations Economic Commission for Africa (UNECA). (2021). Contextualizing AI Solutions for Africa: Approaches and Best Practices.
[2] African Development Bank (AfDB). (2023). Tailoring AI Technologies to Local Needs: Strategies for Effective Integration.
[3] Microsoft AI. (2023). Cultural Adaptation in AI : Designing for Local Contexts and Languages.

adaptée aux contextes locaux est indispensable pour maximiser l'impact positif des initiatives d'IA en gouvernance électronique et pour garantir qu'elles apportent des améliorations réelles et durables aux services publics en Afrique.

✓ *Encadrement réglementaire et éthique*

L'encadrement réglementaire et éthique est crucial pour le succès des initiatives d'intelligence artificielle (IA) dans la gouvernance électronique en Afrique[1]. La création de cadres réglementaires solides est essentielle pour garantir que les technologies d'IA sont déployées de manière responsable et transparente. Les régulations doivent aborder plusieurs aspects clés, tels que la protection des données personnelles, la sécurité des systèmes et la responsabilité en cas d'erreurs ou d'abus. En Afrique, où les infrastructures législatives sont encore en développement, il est vital de mettre en place des lois et des régulations claires qui encadrent l'utilisation de l'IA. Par exemple, la mise en œuvre de lois sur la protection des données, similaires au Règlement général sur la protection des données (RGPD) de l'Union européenne, est essentielle pour protéger les informations personnelles des citoyens et garantir la confidentialité des données traitées par les systèmes d'IA. De plus, des réglementations spécifiques peuvent être nécessaires pour traiter les défis uniques posés par l'IA, tels que les biais algorithmiques et la transparence des décisions automatisées, afin de prévenir les discriminations et de promouvoir l'équité dans les services publics[2].

Parallèlement, les considérations éthiques jouent un rôle fondamental dans l'adoption et la gestion des technologies d'IA. Il est impératif d'intégrer des principes éthiques dès la conception des systèmes d'IA pour s'assurer qu'ils respectent les normes de justice, d'équité et de respect des droits humains. Les initiatives doivent inclure des mécanismes de gouvernance pour surveiller et évaluer les impacts éthiques des applications d'IA, en veillant à ce que les technologies ne créent pas de nouvelles formes d'inégalités ou d'injustices. Par exemple, des comités éthiques ou des groupes de surveillance peuvent être établis pour examiner les projets d'IA et s'assurer qu'ils respectent les normes éthiques et les valeurs sociétales. En Afrique, où les défis de gouvernance et de développement sont complexes, l'intégration de principes éthiques contribue également à renforcer la confiance du public dans les nouvelles technologies. En fin de compte, un encadrement réglementaire et éthique rigoureux est essentiel pour garantir que les projets d'IA en gouvernance électronique apportent des bénéfices durables tout en respectant les droits et les valeurs des citoyens africains.

---

[1] African Union. (2022). Regulatory Frameworks for Artificial Intelligence in Africa: Challenges and Opportunities.

[2] Institute of Electrical and Electronics Engineers (IEEE). (2022). Ethical Considerations in AI: Addressing Bias and Transparency

✓ *Implication des Citoyens*

L'implication des citoyens est un élément crucial pour le succès des initiatives d'intelligence artificielle (IA) dans la gouvernance électronique en Afrique[1]. Une approche participative permet d'assurer que les technologies mises en place répondent réellement aux besoins et aux attentes des populations locales[2]. L'engagement des citoyens dès les premières étapes des projets d'IA, notamment à travers des consultations publiques, des groupes de discussion et des enquêtes, permet de recueillir des avis et des retours précieux sur les priorités et les préoccupations des utilisateurs. En Afrique, où les contextes sociaux et économiques peuvent varier largement, cette inclusion active aide à concevoir des solutions plus adaptées et à identifier les problèmes potentiels avant leur déploiement à grande échelle. Par exemple, des initiatives, telles que des forums communautaires ou des ateliers de cocréation permettent aux citoyens de contribuer directement à la conception des outils et des services d'IA, garantissant ainsi que les solutions développées sont pertinentes, accessibles et culturellement appropriées[3]. Cette participation renforce également la légitimité des projets d'IA et favorise une meilleure acceptabilité et adoption des technologies par les communautés. Sensibiliser et éduquer les citoyens sur les avantages et les défis des technologies d'IA est crucial pour une adoption réussie. Les efforts de sensibilisation, tels que les campagnes d'information et les programmes de formation, aident les citoyens à comprendre comment les systèmes d'IA fonctionnent et comment ils peuvent en bénéficier tout en étant conscients des implications possibles pour leur vie privée et leurs droits. Par exemple, des initiatives éducatives visant à expliquer le fonctionnement des algorithmes et des systèmes d'IA, ainsi que les mesures prises pour protéger les données personnelles permettent aux citoyens de faire des choix éclairés et de s'engager de manière proactive dans les processus de gouvernance. En Afrique, où l'accès à l'information peut être limité, l'amélioration de la littératie numérique et de la compréhension des technologies d'IA est essentielle pour garantir que les citoyens puissent participer activement et efficacement à la gouvernance électronique. En fin de compte, une implication citoyenne bien conçue contribue non seulement à l'efficacité des projets d'IA, mais aussi à la construction d'une société numérique plus inclusive et équitable.

Les autres facteurs ayant contribué à l'accessibilité croissante au numérique via les terminaux téléphoniques sont :

a) les services en ligne qui émergent pour la santé, l'agriculture, l'énergie ;
b) la jeunesse nombreuse, motivée et s'appropriant le numérique ;

---

[1] United Nations Development Programme (UNDP). (2022). Citizen Engagement in AI Governance: Best Practices and Strategies

[2] World Economic Forum. (2023). Participatory Approaches in AI Implementation: Ensuring Relevance and Inclusivity.

[3] MIT Media Lab. (2023). Community-Centric AI Design: Case Studies and Insights.

c) le grand appétit de connaissances scientifiques ;
d) le nombre croissant de scientifiques dans le domaine de l'IA.

3.3.1.2 Les facteurs ayant contribué à l'échec des initiatives d'IA dans la gouvernance électronique

L'un des premiers facteurs à prendre en compte est le fait que les systèmes d'IA peuvent être extrêmement opaques dans la manière dont ils aboutissent à une décision. En particulier, le fonctionnement interne de certains algorithmes d'apprentissage automatique, tels que les approches fondées sur les réseaux de neurones, est difficile à expliquer[1]. D'autres techniques utilisées pour le développement de systèmes d'IA peuvent être plus transparentes et explicables (mais souvent au détriment des performances prédictives, et leur capacité à être expliquées dépend toujours de l'expertise des experts du domaine non technique travaillant avec ces systèmes). En outre, de nombreux systèmes d'IA ne sont pas seulement opaques en raison des difficultés liées à l'interprétation d'algorithmes spécifiques, mais aussi parce que beaucoup d'entre eux sont développés et vendus par des entreprises privées, et que les rouages internes sont donc souvent exclusifs[2]. Par conséquent, les décisions basées sur des technologies d'IA peuvent être impossibles à expliquer au public et aux décideurs, ce qui soulève des inquiétudes quant à la responsabilité et la transparence, compte tenu de l'impact qu'elles pourraient avoir sur la vie des citoyens. Le cas des Pays-Bas qui a eu recours à l'IA pour lutter contre la fraude fiscale illustre bien les conséquences négatives imprévues des systèmes d'IA. En effet, certains citoyens ont été signalés à tort comme frauduleux, avant que le problème ne soit découvert et corrigé[3] :

a) les organisations de l'enseignement supérieur et de la recherche qui cherchent les moyens de leur développement ;
b) les enseignants-chercheurs peu nombreux et surchargés ;
c) le secteur du numérique dépendant des stratégies des géants internationaux ;
d) la connectivité numérique très inégale et l'accès à l'énergie électrique aléatoire ;
e) la croissance économique dépendante des stratégies internationales ;
f) le déficit de confiance de la jeunesse pour développer ses projets en Afrique

---

[1] Angwin, J., Larson, J., Mattu, S., & Kirchner, L. (2016). Machine Bias : There's Software Used Across the Country to Predict Future Criminals. And It's Biased Against Blacks. ProPublica.
[2] Busuioc, M. (2021). Accountable Artificial Intelligence: Holding Algorithms to Account. Public Administration Review, 81(5), 825-836
[3] Pour aller plus loin sur ce point, suivre le lien :
https://www.autoriteitpersoonsgegevens.nl/en/news/tax-administration-fined-fraudblacklist

De nombreux systèmes d'IA sont opaques, soit en raison de leur complexité intrinsèque, soit en raison du secret commercial qui entoure leur fonctionnement interne. Les chercheurs et les organes de gouvernance ont du mal à accéder aux informations ou à interroger pleinement les jeux de données, les modèles et les systèmes protégés par des droits exclusifs. De plus, cette science n'en est qu'à ses balbutiements et on ne comprend pas encore bien comment fonctionnent les systèmes avancés[1]. Ce manque de transparence est associé à un accès inégal, notamment aux ressources de calcul et autres, et à une compréhension insuffisante, et empêche donc de repérer l'origine des risques et d'établir la responsabilité de la prise en charge de ces risques (ou de la compensation en cas de dommages). Malgré la portée mondiale de l'IA, la gouvernance demeure territoriale et fragmentée. En matière de réglementation, les approches nationales s'arrêtent généralement aux frontières physiques et peuvent entraîner des tensions ou des conflits si l'IA ne respecte pas ces frontières. Des efforts d'autoréglementation, de réglementation nationale et de gouvernance internationale seront nécessaires pour détecter, prévenir et atténuer les risques. L'obligation de rendre compte ne devrait pas faire défaut.

Il est important de tenir compte du stade de développement et des contextes propres aux États membres afin de fournir une assistance adaptée, en gardant à l'esprit les contraintes qui pèsent sur eux en matière de participation et d'adhésion à la gouvernance de l'IA. Cette approche est préférable à celle qui consiste à leur signifier à quel stade ils devraient se trouver, et ce qu'ils devraient faire sur la base de situations qui ne s'appliquent pas à eux.

Outre les obstacles techniques et politiques, on constate aussi des difficultés dans un contexte social plus large. Les technologies numériques affectent le « logiciel » (ou mœurs sociales) des sociétés, remettant en cause la gouvernance dans tous les domaines[2]. De plus, les coûts humains et environnementaux de l'IA (qu'il s'agisse des coûts matériels ou logiciels) doivent être pris en compte tout au long de son cycle de vie, dans la mesure où les vies humaines et l'environnement sont des éléments communs au début et à la fin de tous les processus intégrés à l'IA.

Aux inquiétudes liées à l'utilisation abusive s'ajoutent les préoccupations liées aux utilisations manquées, c'est-à-dire le fait de ne pas exploiter et partager les bienfaits de l'IA en raison d'une prudence excessive. L'utilisation de l'IA aux fins de l'amélioration de l'accès à l'éducation pourrait susciter des inquiétudes quant à la confidentialité des données des jeunes et au rôle des enseignants. Cependant, dans un monde où des centaines de millions d'élèves ne peuvent accéder à des ressources éducatives de qualité, ne pas utiliser la technologie pour combler les lacunes peut avoir des inconvénients. Les efforts déployés pour s'accorder sur ces arbitrages et en tenir compte bénéficieront de mécanismes de

---

[1] Gunning, D. (2017). Explainable Artificial Intelligence (XAI). Defense Advanced Research Projects Agency (DARPA).

[2] Lyon, D. (2018). The Culture of Surveillance: Watching as a Way of Life. Polity Press

gouvernance internationale permettant le partage d'informations, la mise en commun de ressources et l'adoption de stratégies communes[1].

✓ *Risques liés à l'intelligence artificielle*

L'Organe consultatif a examiné les risques liés à l'IA d'abord sous l'angle des caractéristiques techniques de celle-ci, puis sous celui de l'utilisation inappropriée, en tenant compte du double usage, et de considérations plus larges relatives à l'interaction homme-machine. Enfin, l'Organe consultatif a examiné les risques sous l'angle de la vulnérabilité. Certains risques découlent des limites techniques des systèmes d'IA ; il s'agit, entre autres, des préjugés nuisibles et de divers dangers liés à l'information, tels que le manque de précision et les « hallucinations » ou confabulations, qui sont des problèmes connus de l'IA générative. D'autres risques relèvent davantage des humains que de l'IA. Les hypertrucages (*deepfakes*) et les campagnes d'information hostiles ne sont que le dernier exemple en date de technologies déployées à des fins malveillantes. Ils peuvent poser des risques graves pour la confiance de la société et le débat démocratique[2]. Une autre catégorie de risques est liée à l'interaction homme-machine. Au niveau des personnes, il s'agit notamment d'une confiance excessive dans les systèmes d'IA (biais d'automatisation) et d'une perte potentielle de compétences au fil du temps[3]. Au niveau des sociétés, elle comprend les effets sur les marchés du travail si de larges pans de la main-d'œuvre sont déplacés ou sur la créativité si les droits de propriété intellectuelle ne sont pas protégés. On ne peut pas non plus exclure des changements dans la manière dont nous nous comportons les uns envers les autres en tant qu'humains, étant donné que de plus en plus d'interactions se font par l'intermédiaire de l'IA. Ces changements peuvent avoir des conséquences imprévisibles sur la vie de famille et le bien-être physique et émotionnel[4].

Une autre catégorie de risques concerne les questions de sécurité de plus grande ampleur. Par exemple, le débat se poursuit sur les lignes rouges qui pourraient être fixées, notamment dans le contexte des systèmes d'armes létaux autonomes ou de la militarisation plus large de l'IA. Il existe des preuves crédibles attestant de l'utilisation croissante de systèmes dotés d'intelligences artificielles et de fonctions autonomes sur les champs de bataille. Il se pourrait qu'une nouvelle course aux armements soit en route : elle aurait des conséquences sur la stabilité mondiale et sur la définition de ce qui constitue le seuil

---

[1] Global Partnership for Education. (2022). Global Education Strategy : Bridging the Digital Divide and Enhancing Access to Quality Education.
[2] Sherry Turkle. (2015). Reclaiming Conversation: The Power of Talk in a Digital Age. Penguin Books.
[3] Brynjolfsson, E., & McElheran, K. (2016). The Second Machine Age: Work, Progress, and Prosperity in a Time of Brilliant Technologies. W. W. Norton & Company.
[4] Eubanks, V. (2018). Automating Inequality: How High-Tech Tools Profile, Police, and Punish the Poor. St. Martin's Press.

d'un conflit armé. Le fait que des machines puissent cibler et blesser des êtres humains de manière autonome est l'une de ces « lignes rouges » qui ne doivent pas être franchies. Dans de nombreux pays, l'utilisation de l'IA par les services chargés de l'application de la loi, en particulier la surveillance biométrique en temps réel, est considérée comme un risque inacceptable, portant atteinte au droit à la vie privée. L'idée qu'une IA puisse devenir incontrôlable ou incontrôlée suscite aussi des inquiétudes, telle que la possibilité qu'elle menace l'humanité (même s'il y a des débats sur la question de savoir s'il faut évaluer de telles menaces et comment le faire).

Plus que l'erreur en soi, la perception de l'erreur, donc la confiance en l'IA est un obstacle à son déploiement rapide dans les administrations. Des chercheurs[1] ont demandé à des lecteurs de titres d'articles de presse si ceux-ci leur semblaient vrais ou faux, selon qu'ils étaient rédigés par une IA ou un humain. Leurs résultats démontrent un manque de confiance : les lecteurs jugent de façon erronée que l'IA se trompe lorsque ce n'est pas le cas, alors qu'ils accordent plus de confiance aux titres rédigés par des humains, même erronés. Ces chercheurs attribuent cela au fait que les algorithmes sont perçus comme plus homogènes que les humains, donc les erreurs d'un groupe d'algorithmes sont généralisées à tous les algorithmes. Ces études, sur la perception humaine de l'erreur face à l'IA, illustrent à quel point il serait risqué de déployer des IA dans les administrations sans s'assurer que les erreurs commises soient réduites et traitées, au risque d'ancrer profondément une méfiance des usagers envers l'IA.

L'erreur est un sujet plus sensible, car il renvoie à notre conception mécaniste de ce que devrait être une machine qui se trompe de façon systématique, ce qui n'est pas le cas de l'IAG. L'IAG commet des erreurs, des « hallucinations », ce problème est inhérent aux modèles de génération automatique de textes (natural language generation)[2].

Le terme d'hallucination permet de distinguer ce qui relève de l'erreur de ce qui relève du biais. Les biais sont des tendances à accentuer un phénomène, ils ne sont pas à proprement parler des « erreurs » commises par la machine, mais des tendances humaines sous-jacentes présentes dans les données d'entraînement, que l'automatisation du traitement par la machine reproduit à grande échelle et plus grande vitesse. Il n'est pas reprochable à la machine de se « tromper », mais de faire aussi mal que les humains plus vite et avec plus de constance. Les biais demeurent compréhensibles au sens où les tendances sont

---

[1] Longoni, C., Cian, L. et Kyung, E. J. (2023). Transfert algorithmique : Les gens généralisent à l'excès les échecs de l'IA au sein du gouvernement. *Journal de la recherche en marketing*, *60*(1), 170-188.

[2] Ji, Z., Lee, N., Frieske, R., Yu, T., Su, D., Xu, y.... & Fung, P. (2023). Survey of hallucination in natural language generation. *ACM computing surveys*, *55*(12), 1-38.

présentes, donc découvrables[1]. Ce caractère est d'autant plus inexplicable de par la nature des réseaux de neurones dont il semble impossible de reconstituer la logique de production d'un résultat. S'agissant des erreurs de l'IAG, il faut rappeler que certains agents conversationnels ont déjà réussi des examens d'entrée, avec des scores moyens, mais suffisants pour l'admission en écoles de commerce, de gestion ou au barreau[2].

La réticence par rapport à l'IA se manifeste davantage auprès des particuliers, des citoyens dans un cadre individuel ou organisé ainsi que des acteurs de la société civile. Les premiers peuvent en effet nourrir ou entretenir des préjugés liés à l'IA en mettant davantage en exergue ses risques et menaces plus que ses avantages. Cette posture peut être liée à la méconnaissance et à un réflexe d'autoprotection. La problématique de l'IA est ainsi posée en termes d'évitement ou de défense contre d'éventuelles menaces internes ou externes vis-à-vis de la vie privée et à la sécurité des citoyens. La non-maîtrise et la méconnaissance de l'IA expliquent et conditionnent ces craintes et appréhensions. On retrouve davantage cette posture chez les acteurs de la société civile, comme les consuméristes, les organisations des droits de l'homme, entre autres. Cette posture s'accompagne d'une volonté de sensibiliser sur les risques et menaces de l'IA, et fonde cette réticence affirmée.

La neutralité correspond à une posture de non-jugement ou d'observation objective de l'IA. Elle ne correspond pas à une attitude de rejet ou d'hostilité, elle peut impliquer une utilisation de l'IA et de ses applications afin d'en comprendre les modes de fonctionnement, avantages et inconvénients[3]. Cela signifie une simple limitation à l'usage prescrit, posture qui peut apparaître chez toutes les catégories d'acteurs, notamment les consommateurs, et certains institutionnels ou universitaires. Elle se rapprocherait de la notion de « préactivité », utilisée au sens de Godet[4]. Cette notion se rapproche du point de vue sémantique à celle de « vigilance ». À ce titre la « préactivité » se pose comme une réponse à ce qui relève de l'imprévisible et de l'inattendu pour ne pas être pris au dépourvu par une réalité ou un état de fait. Ainsi, elle est une adaptation rapide et non une alternative face aux défis. La posture de neutralité peut évoluer vers celle de réticence ou d'enthousiasme selon l'évolution des connaissances, des

---

[1] Un avocat américain a utilisé ChatGPT pour établir sa plaidoirie. ChatGPT lui a renvoyé des références très précises de cas qui n'existaient tout simplement pas. https://www.nytimes.com/2023/06/08/nyregion/lawyer-chatgptsanctions.html

[2] Suivre le lien https://www.reuters.com/legal/legal-ai-race-draws-more-investors-law-firms-line-up-2023-04-26/ and how some AI models passed the bar https://www.reuters.com/technology/bar-exam-score-shows-ai-can-keep-up-withhuman-lawyers-researchers-say-2023-03-15/ et plus récemment les performances plutôt stupéfiantes de GPT4 publiées par OpenAI (OpenAI 2023), sans toutefois avoir été contre-validées par une étude indépendante.

[3] Floride, L. (2013). The Philosophy of Information. Oxford University Press.

[4] Godet M., (1991), Manuel de prospective stratégique, Tome 1 Une indiscipline intellectuelle, Dunod

compétences, voire du niveau de maîtrise par l'acteur de la technologie appréhendée, en l'occurrence l'IA[1].

Dresser une liste exhaustive et définitive des risques liés à l'IA est une perte de temps. Compte tenu de l'omniprésence et de l'évolution rapide de l'IA et de son utilisation, l'Organe consultatif estime qu'il est plus utile d'examiner les risques du point de vue des populations vulnérables et des biens communs. En suivant cette approche, il a tenté une première catégorisation, qui sera développée dans un cadre d'évaluation des risques, sur la base des efforts existants. Les risques évolueront au fur et à mesure des progrès de la technologie, de son adoption et de son utilisation. Il faut donc surveiller les risques au moyen de la science interdisciplinaire et d'approches fondées sur des données probantes. Des cadres de gestion des risques adaptables, pouvant être ajustés en fonction de l'expérience des différentes régions à différents moments, seraient aussi nécessaires. L'Organisation des Nations Unies peut offrir un espace d'une grande utilité pour un tel apprentissage mutuel et une adaptation agile.

- ✓ *Catégorisation des risques liés à l'intelligence artificielle en fonction de la vulnérabilité existante ou potentielle*

1. Personnes :

- ✓ Dignité humaine, valeur ou moyens d'action (manipulation, tromperie, incitation, condamnation) ;
- ✓ Vie, sécurité, sûreté (armes létales autonomes ; voitures autonomes ; interaction avec des systèmes de défense chimiques, biologique, radiologique ou nucléaire)
- ✓ Intégrité physique et mentale, santé et sécurité (diagnostics, incitation, neurotechnologie)
- ✓ Droits humains et libertés civiles (autres), tels que le droit à un procès équitable (prédiction de la récidive) et les droits à la présomption d'innocence (police prédictive)[2], à la liberté d'expression (incitation) et à la vie privée (reconnaissance biométrique)
- ✓ Chances à saisir dans la vie (éducation, emploi, stabilité financière)

2. Groupes

- ✓ Discrimination et traitement inéquitable de sous-groupes, y compris sur la base du genre
- ✓ Isolement et marginalisation du groupe
- ✓ Fonctionnement d'un groupe

---

[1]https://www.routledge.com/The-Ethics-of-Artificial-Intelligence-An-Introduction/Macnish/p/book/9780367330803

[2] O'Neil, C. (2016). Weapons of Math Destruction: How Big Data Increases Inequality and Threatens Democracy. Crown Publishing Group

- ✓ Égalité et équité sociales (traitement inéquitable de groupes, y compris sur la base du genre)
- ✓ Enfants, personnes âgées et personnes handicapées

3. Société

- ✓ Sécurité internationale et nationale (armes autonomes, désinformation)
- ✓ Démocratie (élections, confiance)
- ✓ Intégrité de l'information (mésinformation ou désinformation, hypertrucages, nouvelles personnalisées)
- ✓ État de droit (fonctionnement des institutions et du système judiciaire et confiance à leur égard)
- ✓ Sécurité (utilisations militaires et policières)
- ✓ Diversité culturelle et évolution des relations humaines (homogénéité, faux amis)
- ✓ Cohésion sociale (bulles de filtres, baisse de la confiance dans les nouvelles et les sources d'information)
- ✓ Concentration du pouvoir

4. Économie

- ✓ Dépendance technologique
- ✓ Débouchés économiques inégaux
- ✓ Distribution et répartition des ressources
- ✓ Sous-utilisation ou surutilisation de l'IA, « solutionnisme technique »

5. (Éco) systèmes

- ✓ Stabilité des systèmes financiers
- ✓ Risques pour les infrastructures critiquesPression sur l'environnement, le climat et les ressources naturelles.

3.3.2 Recommandations pour surmonter les obstacles

Pour l'instant, il n'y a pas de consensus sur la manière d'évaluer ou de traiter les risques susmentionnés. Néanmoins, il en va de même qu'avec le principe de précaution dans le droit de l'environnement l'incertitude scientifique relative aux risques ne doit pas conduire à une paralysie de la gouvernance[1]. Pour parvenir à un consensus et agir en conséquence, il faut instaurer une coopération et une coordination à l'échelle mondiale, notamment au moyen de mécanismes communs de surveillance des risques. Les organisations internationales ont des décennies d'expérience utile en matière de technologies à double usage (armes chimiques et biologiques, énergie nucléaire), fondées sur le droit des traités et

---

[1] Guston, D. H. (2014). Understanding "Anticipatory Governance". Social Studies of Science, 44(2), 218-243.

d'autres cadres normatifs, qui pourraient être appliquées pour gérer les risques créés par l'IA[1].

Les dirigeants africains doivent promouvoir la révolution numérique sur le continent pour que les populations puissent tirer bénéfice de ces avancées technologiques. Pour commencer, les responsables gouvernementaux doivent comprendre pleinement les avantages et les conséquences de la rupture qu'apporte l'IA en Afrique, puis répondre résolument à l'intégration de l'IA. Deux domaines d'action privilégiés devraient être l'encouragement à créer un environnement réglementaire transparent et dynamique, et la mise en œuvre d'une vaste réforme de l'éducation, de l'école primaire à l'université. La réglementation de l'utilisation de l'IA doit être transparente pour encourager l'innovation tout en contenant des directives conformes aux meilleures pratiques internationales.

Les collectivités locales, en particulier, doivent veiller à ne pas bloquer ou surréglementer l'IA par réflexe. Certains pays africains, comme le Rwanda, ont toutefois déjà adopté l'IA. En 2016, le Gouvernement rwandais a signé un accord avec Zipline, un service de livraison par drone qui livre des médicaments et du sang dans des zones autrement difficiles à atteindre et qui a mis chaque Rwandais à moins de 30 minutes de fournitures médicales vitales. Les collectivités locales peuvent aussi utiliser l'IA à leur avantage grâce à des services, tels que les chatbots du service client, l'analyse des images des caméras de sécurité et même les transports publics à conduite autonome. Les investisseurs ont également un rôle à jouer pour que la révolution de l'IA puisse profiter aux Africains de tous les jours. Ils doivent se soucier du développement à long terme des personnes au même titre que de leurs bénéfices. Pour ce faire, ils peuvent investir dans des entreprises qui utilisent l'IA à des fins sociales et de développement, comme Zipline[2], ou en nouant des partenariats avec des groupes de la société civile. Investir dans des technopôles est un autre moyen pour les investisseurs de s'assurer que l'IA imprègne tous les segments de la société et de l'économie, afin de répondre au mieux aux besoins des Africains. Le iHub du Kenya est un exemple idéal de ce phénomène, il s'agit du technopôle le plus performant d'Afrique, qui a reçu des financements de partenaires tels qu'Omidyar Network. Fondé dans la Silicon Valley, Omidyar a maintenant des bureaux en Afrique, à Nairobi et Johannesburg, et investit régulièrement dans des entreprises technologiques émergentes comme Giraffe, une plateforme en ligne sud-africaine qui met en relation des employés moyennement qualifiés et des employeurs[3].

---

[1] Benedek, W., & Kjaerum, M. (2017). Global Governance and the International Rule of Law: The Impact of the United Nations Security Council. Routledge.

[2] iHub. (2024). iHub: Africa's Leading Innovation Hub.

[3] Banga, K. (2018). Investing in AI for Social Good: The Case of Zipline. Impact Investing Journal, 15(4), 42-56.

Des leçons importantes doivent être tirées des expériences faites récemment avec d'autres technologies à grande échelle et à fort impact, telles que les médias sociaux. Alors même que diverses sociétés étudient l'impact et les répercussions de l'IA, il apparaît clairement qu'une gouvernance mondiale efficace permettant de partager les préoccupations et de coordonner les solutions est nécessaire.

Il faut mettre au jour, classer et traiter les risques liés à l'IA, notamment en trouvant un consensus sur les risques inacceptables et sur la manière de les prévenir ou de les anticiper. La vigilance et les analyses prospectives sont de mise pour ce qui est des conséquences inattendues de l'IA, ces systèmes étant introduits dans des contextes de plus en plus divers, sans tests préalables. Des difficultés techniques, politiques et sociales doivent être résolues pour parvenir à une compréhension commune des risques[1].

L'UA doit soutenir davantage les gouvernements dans leurs efforts de mise en contexte et d'adaptation des compétences en IA et en transformation numérique pour les fonctionnaires en s'appuyant sur le diagnostic des besoins en renforcement des capacités aux niveaux individuels, de l'équipe, du département et du gouvernement.

Attendu que ce cadre est destiné à présenter aux gouvernements du monde entier un ensemble utilisable de compétences en IA et en transformation numérique pour le secteur public, il est important de l'adapter en fonction de facteurs contextuels. Par exemple, le type de compétences numériques (et le niveau de maîtrise) requis peut différer considérablement, étant donné que certains fonctionnaires peuvent avoir déjà renforcé leurs compétences en matière de transformation numérique. Dans le même temps, il peut être nécessaire de séquencer, en termes de type et de taille, les compétences dont les pays ont besoin à différentes étapes de la transformation numérique.

Créer un outil de diagnostic pour tous les fonctionnaires afin d'évaluer les niveaux de compétence liés à l'IA et à la transformation numérique au niveau individuel, de l'équipe, du département et du gouvernement de manière à permettre aux gouvernements de développer des programmes de renforcement des capacités adaptés aux besoins et au contexte[2]. Veiller à ce que l'outil soit disponible en tant que bien public numérique[3] facilement adaptable par les gouvernements pour être utilisé dans différentes langues.

Il importe pour l'Afrique de tenir compte du changement de paradigme qui consiste à reconnaître que l'éthique est une dimension de la conformité. Or, la régulation ne se limite plus à mettre en place un cadre juridique (légal et

[1] Cave, S., & Dignum, V. (2019). The Role of Governance in AI's Future. Nature Machine Intelligence, 1(1), 4-6.

[2] Cet outil de diagnostic devrait prendre en compte le contexte des différents pays, notamment le niveau de maturité numérique de l'administration publique.

[3] L'outil de diagnostic peut s'inspirer du Learning-Transfer Évaluation Model (LTEM), l'outil d'auto-évaluation en ligne des compétences numériques de la Commission européenne. https://digital-strategy.ec.europa.eu/en/news/launch-new-european-online-self-assessment-tool-digital-skills

réglementaire) ainsi qu'institutionnel. De là, Droit et éthique s'articulent comme des normes complémentaires de régulation sociale. Le droit serait ainsi un moyen de garantir l'éthique de l'IA et l'éthique, un moyen d'assurer l'effectivité du droit de l'IA.

Le droit comme moyen de garantir l'éthique dans la gouvernance des systèmes d'IA : le Professeur Jean Marc Mousseron faisait remarquer très justement que « le droit n'est pas seulement, ni même principalement, une technique de solution, des conflits. Il est — et sera de plus en plus —, bien au-delà du traitement et même de la prévention de ces différends, un ensemble d'outils de construction de la vie sociale et de la vie économique en particulier »[1]. La justesse de cette affirmation sonne davantage dans notre société actuelle, marquée par des évolutions multiformes qui impactent nos modes de fonctionnement interne et vis-à-vis de l'extérieur, au plan individuel et collectif[2].

L'exemple des paiements sans contact avec la possibilité de se connecter à son compte bancaire par (...) La fonction du droit est en effet d'accompagner les phénomènes de société en jouant un rôle de régulateur des comportements sociaux. Dès lors, lorsque les comportements sociaux évoluent, quelles que soient les causes, la fonction première du droit consiste à s'adapter en faisant preuve d'agilité pour parvenir à réaliser sa fonction. Dans cet exercice d'adaptation, se révèlent des comportements ou références à consolider, d'autres à abandonner et d'autres encore à améliorer. En observant le tournant du monde actuel, il s'avère que les technologies émergentes fondées pour la plupart sur l'IA s'affranchissent de certaines règles juridiques qui n'y sont plus adaptées. Un exemple classique a été la remise en cause dès le début des usages numériques de la définition de l'écrit en droit. Avec l'utilisation de plus en plus importante des outils technologiques dans les échanges, le législateur a dû s'adapter et faire évoluer la définition de l'écrit pour admettre que celui électronique puisse être équivalent à celui sur support papier. Avec l'IA, c'est le cas également avec les systèmes biométriques de reconnaissance faciale, vocale ou d'empreinte digitale, la contractualisation revêt un nouveau visage et les contours de la signature électronique se redessinent.

---

[1] Mousseron, J. M. (2008). Le droit et l'éthique de l'Intelligence Artificielle

[2] Kuner, C., & Marelli, M. (2017). The General Data Protection Regulation: A Commentary. Oxford University Press

Chapitre 4 :
Perspectives africaines et recommandations

Du moment où l'Afrique a fait le choix de la modernisation de son administration publique comme cela a été démontré tout au long des lignes qui précèdent, le gouvernement numérique est un paradigme certes nouveau, mai désormais utile et incontournable pour toutes les offres de service. Cette dernière articulation de l'analyse vise à imaginer et à théoriser la méthodologie la plus adéquate pour inscrire véritablement et à ce choix de la digitalisation de l'administration publique dans les faits. En clair, ce chapitre final examine les perspectives du gouvernement numérique en Afrique et propose des recommandations les plus adaptées pour parvenir à l'efficacité digitale dans le domaine de l'offre de service public et de la gestion administrative. La première section identifie les défis futurs de l'intégration de l'IA dans l'e-gouvernance et s'attarde sur les problèmes techniques et infrastructurels, les biais algorithmiques et la discrimination. La seconde section se penche sur les questions éthiques et de protection des données. Quant à la troisième section, elle pose la question de la qualité et de la sécurité des données. La quatrième section aborde la question cruciale des stratégies pour une adoption réussie de l'IA. Enfin, la cinquième section du chapitre présente les perspectives à long terme pour une digitalisation efficace de l'administration publique africaine.

4.1 Défis futurs de l'intégration de l'IA dans l'e-gouvernance

Même si la transformation numérique est considérée comme essentielle pour relever certains défis du XXIe siècle, plusieurs études ont montré que de nombreuses initiatives d'intégration de l'IA dans l'e-gouvernance, tant dans le secteur privé que public, pourraient être confrontées à des défis. De plus en plus d'études montrent comment les barrières techniques, infrastructurelles et éthiques peuvent constituer un obstacle important à la transformation numérique dans le secteur public. Il est important de comprendre les obstacles communs liés à la transformation numérique, afin d'exploiter ce cadre de compétences et de surmonter les différentes difficultés.

4.1.1 Problèmes techniques et infrastructurels

4.1.1.1 Manque d'infrastructure informatique et d'accès aux données

L'un des principaux défis de la mise en œuvre de la transformation numérique est le déficit d'infrastructure qui touche certains pays. Près de 300 millions de personnes en Afrique, par exemple, vivent à plus de 50 km d'une connexion haut débit par fibre ou par câble. Par conséquent, le fait que l'Internet à haut débit ne soit pas disponible de façon généralisée reste un obstacle important empêchant les pays africains à exploiter pleinement le potentiel de la transformation numérique[1]. Pour récolter les fruits de la transformation numérique, une connectivité abondante et peu coûteuse est essentielle, car le haut débit stimule la productivité, l'innovation et la croissance[2]. De fait, l'un des objectifs spécifiques de la stratégie de transformation numérique de l'Afrique est de créer un environnement harmonisé garantissant l'investissement et le financement, ce qui pourra permettre de combler le déficit d'infrastructure numérique et fournir un haut débit accessible, abordable et sécurisé à tous, indépendamment des clivages démographiques, de genre et géographiques.

Un autre obstacle qui limite la transformation numérique et la mise en œuvre de l'IA dans les administrations publiques a trait à la maturité organisationnelle liée à la gouvernance des données. Étant donné que les innovations émergentes en matière d'IA reposent généralement sur des données, les administrations publiques (ainsi que l'écosystème dans lequel elles opèrent) doivent disposer d'une qualité et d'une quantité suffisante de données pour les analyser. Un travail important est nécessaire pour fournir aux administrations publiques une infrastructure de données mature sur laquelle l'IA pourra être construite. L'un des principaux objectifs des administrations publiques est donc d'atteindre un niveau de numérisation suffisant pour développer cette infrastructure de données. Une infrastructure de données solide et un régime de gouvernance des données correspondant sont les deux éléments de base les plus importants, fournissant l'infrastructure technique nécessaire pour collecter, stocker et analyser les données. Les données disponibles pour le projet doivent être suffisantes en termes de quantité (car de nombreux systèmes d'IA reposent sur un volume important de données représentatives) et de qualité. L'organisation doit absolument posséder de solides pratiques de gestion des données afin de garantir la bonne maintenance des données utilisées par les systèmes d'IA, mais aussi pour susciter la confiance lorsque d'autres organisations partagent des données avec l'institution.

Il est souvent suggéré qu'avant le démarrage de tout projet d'IA, un spécialiste des données examine en premier lieu si les données, nécessaires au succès du projet, sont disponibles, et accessibles, et peuvent être utilisées légalement au sein de l'organisation.

De plus, attendu que l'un des principaux avantages de l'utilisation des technologies d'IA n'est pas seulement d'analyser des ensembles de données administratives internes, mais de les combiner avec des données externes pour faire émerger des informations supplémentaires, l'infrastructure de données

---

[1] World Bank (2021) "Now is the time for africa's digital transformation" https://www.worldbank.org.

[2] Broadband Commission for Sustainable Development. (2019). The State of Broadband 2019: Broadband as a Foundation for Sustainable Development. International Telecommunication Union (ITU) and United Nations Educational, Scientific and Cultural Organization (UNESCO).

devrait prendre en charge de manière adaptée l'intégration de ces sources externes[1]. Les données externes ont souvent des normes et des formats différents, ce qui implique d'être capable de les fusionner[2]. Elles doivent aussi être nettoyées avant d'être analysées. Naturellement, cela signifie que la dimension externe de l'administration publique est correctement numérisée (autrement, aucune donnée externe pertinente n'est disponible, ce qui peut constituer un défi considérable dans les pays moins numérisés).

La documentation disponible met en évidence d'importantes lacunes en matière de compétences numériques dans le secteur public ; les pays à revenu intermédiaire inférieur étant à la traîne. L'enquête d'Évaluation des besoins en intelligence artificielle en Afrique de l'UNESCO a souligné la nécessité du renforcement des capacités pour les fonctionnaires. Sur les 32 pays ayant participé à l'enquête, 22 ont demandé des initiatives d'échange de connaissances concernant l'IA et sa gouvernance, 25 ont demandé des formations de soutien pour les représentants du gouvernement, et 22 ont demandé de l'aide en matière de développement de politiques d'IA[3].

En outre, le dernier indice de maturité GovTech de la Banque mondiale montre que 47 % des pays[4] ne possèdent pas de stratégie visant à améliorer les compétences numériques et qu'un investissement supplémentaire en faveur de leur développement dans le secteur public est crucial pour constituer une main-d'œuvre dotée de solides compétences techniques[5].

De même, l'indice du gouvernement numérique de l'OCDE de 2019 a observé qu'une pénurie de talents perdure et que l'absence de compétences numériques parmi les fonctionnaires peut entraver la mise en œuvre efficace et cohérente des politiques numériques du gouvernement, ce qui bloque tout progrès. Le Forum économique mondial a également signalé que les lacunes de compétences sur le marché du travail local et l'incapacité à attirer les bons talents sont les barrières les plus importantes à l'adoption des nouvelles technologies[6].

---

[1] Janssen, M., & Kuk, G. (2016). The challenges and limits of big data algorithms in technocratic governance. Government Information Quarterly, 33(3), 371-377

[2] Kitchin, R. (2014). The Data Revolution: Big Data, Open Data, Data Infrastructures and Their Consequences. SAGE Publications.

[3] Pour en savoir plus à propos de l'Évaluation des besoins en intelligence artificielle en Afrique de l'UNESCO, consulter : https://unesdoc.unesco.org.

[4] L'indice se fonde sur 48 indicateurs clés définis pour collecter des données auprès de 198 pays.

[5] Denver, Cem ; Nii-Aponsah, Hubert ; Ghunney, Love E. ; Johns, Kimberly D. (2021). GovTech Maturity Index : The State of Public Sector Digital Transformation. International Development in Focus;. Washington, DC : Banque mondiale. © Banque mondiale. https://openknowledge.worldbank.org.

[6] Source : https://fr.weforum.org/reports/the-future-of-jobs-report-2020/in-full

4.1.1.2 Les spécificités du secteur public

Le développement des projets d'innovation et d'implantation de solutions d'IA au sein des organisations publiques est régi par les lois et réglementations propres au secteur public. Cet encadrement normatif est susceptible de dicter l'orientation des projets d'IA. Il est décrit, par plusieurs de nos interlocuteurs, comme plus exigeant que dans le secteur privé, puisqu'il vise à atteindre les plus hauts standards de sécurité et de rigueur en matière d'utilisation des fonds publics. Selon plusieurs participants aux entrevues, le respect de ces règles incarne un défi supplémentaire pour réaliser rapidement des projets d'implantation d'une solution d'IA. Ainsi, travailler au sein d'une institution publique exige, de la part des informaticiens et développeurs de solutions d'IA, de connaître les règles relatives au secteur public et d'être rigoureux dans leur application. Ceux-ci doivent être conscients des risques et des effets à long terme des projets, aussi bien pour l'organisation que pour les citoyens, et savoir les mesurer à l'avance. Certaines situations nécessitent des solutions créatives de la part de ces professionnels qui font face à ces contraintes réglementaires.

Les fractures numériques en Afrique amplifient les inégalités en limitant l'accès aux technologies de l'information et de la communication. Les problèmes, tels que le manque d'infrastructures de télécommunications, l'absence d'électricité dans certaines régions, le coût élevé des smartphones et le manque de compétences numériques contribuent à creuser le fossé entre ceux qui ont accès aux TIC et ceux qui en sont privés. Cette situation accentue les déséquilibres existants et empêche de nombreux individus de bénéficier des opportunités offertes par l'IA.

Le développement de solutions d'IA requiert parfois des investissements financiers importants. Ce défi économique concerne bon nombre d'organisations publiques qui s'interrogent sur la rentabilité et la viabilité financière des projets d'IA qu'elles souhaitent entreprendre[1]. En outre, le mode de financement des projets publics exige une rigueur associée à l'utilisation de fonds publics et des responsabilités supplémentaires dans la gestion de projets d'innovation[2]. En effet, les organisations sont appelées à fournir des justifications pour obtenir le financement requis pour leurs projets[3], ce qui peut prolonger la phase de planification des projets et réduire le temps disponible pour la phase d'exécution. De plus, les employés ont moins de marge de manœuvre financière, contrairement au secteur privé, pour compenser certaines erreurs qui engendrent des coûts imprévus en cours de projet. Par ailleurs, des participants sont d'avis que

---

[1] Campion, A., Cordella, A., & Midgley, G. (2020). Challenges in the Adoption of Artificial Intelligence in the Public Sector. Information Polity, 25(3), 237-249

[2] Mazzucato, M. (2018). The Entrepreneurial State: Debunking Public vs. Private Sector Myths. Penguin Books.

[3] Moore, M. H. (1995). Creating Public valut : Strategic Management in Government. Harvard University Press.

le cadre réglementaire associé au processus d'approvisionnement dans le secteur public représente un défi supplémentaire avec lequel il faut composer dans le pilotage des projets d'IA. Le fonctionnement par appel d'offres dans les organisations publiques, qui s'appuie sur les principes d'impartialité et de rigueur, peut prendre plusieurs mois[1].

Ce processus permet de sélectionner les fournisseurs de services et de contribuer indirectement à orienter les choix technologiques de l'équipe de projet. Plusieurs participants ont soulevé la pertinence de réfléchir à de nouveaux modèles de gestion contractuelle qui seraient plus adaptés aux exigences des projets d'IA. À cet égard, la procédure de dialogue compétitif établie dans le règlement sur les contrats des organismes publics en matière de technologies de l'information offre la possibilité de discuter à l'avance avec les fournisseurs de services. Cette discussion vise à préciser la solution susceptible de répondre aux besoins de l'organisme et sur la base de laquelle chaque fournisseur sera ensuite invité à présenter une offre finale. Ce dialogue permet à l'organisation publique de mieux comprendre les enjeux technologiques, de définir ses besoins de manière éclairée et de mettre au point un appel d'offres précis. Ainsi, certains des participants à cette étude soulignent que des approches d'approvisionnement plus innovantes devraient être adoptées dans le secteur public pour favoriser la collaboration avec le secteur privé et faire avancer les projets d'IA avec agilité. Pendant des millions d'années, l'homme a développé cette capacité dans laquelle l'émotion joue un rôle essentiel alors que les machines, récentes, n'en ont pas[2]. Les humains sont rarement dans le calcul, ils sont dans le pari, ils pensent dans un contexte de rationalité limitée[3].

Partant de ces hypothèses, les robots ne peuvent être spécialisés que dans des tâches répétitives, bien que complexes, tels la conduite de voitures autonomes, d'avion sans pilote, ou bien le diagnostic médical. S'agissant du diagnostic médical, l'IA sera capable de distinguer parmi des causes multiples les plus probables. Cependant, sera-t-elle en mesure de prescrire certains traitements lourds en appréciant la probabilité de bénéfice par rapport au risque ? L'homme sait faire cela, en se trompant souvent, alors que la machine, sans règle précise, est incapable d'un tel niveau de spéculation, car elle ne peut se reposer sur un système émotionnel aussi complexe que celui de l'homme. Par conséquent, dans le futur, le travail risque de connaître une disparition des expertises intermédiaires (médecins de famille, pharmacien, conseiller financier de proximité...), et la valorisation des hautes expertises métier capables de spéculation complexe. Ces experts utiliseront les machines comme auxiliaires pour étendre leur capacité d'action.

---

[1] Albano, G. L., & Sparro, M. (2010). Flexible Strategies for Centralized Public Procurement. Review of Economics and Institutions, 1(2), 1-38.

[2] Damasio, A. R. (1994). Descartes' Error: Emotion, Reason, and the Human Brain. Penguin Books.

[3] Simon, H. A. (1957). Models of Man: Social and Rational. John Wiley & Sons.

Les pratiques de marché public de plusieurs pays évoluent avec le développement des technologies numériques. Au cours des dernières années, des États, tels que les l'Afrique du Sud, le Ghana et le Kenya, ont élaboré et mis en œuvre des pratiques d'acquisition directes de solutions innovantes en vue de promouvoir et de faciliter l'achat de solutions d'IA par le secteur public. Ces nouvelles pratiques offrent aux organisations la flexibilité nécessaire pour sectionner les fournisseurs et négocier les termes des contrats publics. Certaines de ces normes dispensent les organisations de passer par un appel d'offres public ouvert à la concurrence. L'entente négociée avec un fournisseur peut porter sur une ou plusieurs phases du processus de création et de mise en œuvre des solutions innovantes, selon l'évaluation faite par l'acheteur public. Plusieurs outils (plateforme ou guide) ont également été créés pour aider les fonctionnaires dans l'acquisition de compétences, de ressources et de solutions d'IA.

Notre dépendance sans cesse plus grande au numérique a donc un coût exorbitant, difficilement soutenable. Il est souvent avancé en réponse à ces interrogations ou à celles de la monstrueuse consommation énergétique, notamment des centres de données (Datacenters) ou des chaînes de blocs (Blockchains), de nouvelles solutions techniques, censées équilibrer le bilan carbone, mais dont l'efficacité à long terme reste à prouver. Épouser la seule démarche technicienne des ingénieurs-entrepreneurs ne suffit donc pas à constituer un projet de société viable et il paraît urgent d'y adjoindre une dimension politique s'interrogeant sur le type de monde dans lequel nous souhaitons vivre. Le « tout numérique » est-il absolument le modèle à atteindre ?

L'étude révèle également que les organisations publiques qui entreprennent des projets en innovation technologique rencontrent des difficultés à recruter des experts dans le domaine de l'IA, notamment en raison d'une pénurie de main-d'œuvre sur le marché et d'une forte compétition entre les organisations publiques et privées pour ces experts[1]. Ce contexte amène les organisations à former des équipes restreintes, parfois constituées d'un seul expert en IA qui travaille à temps plein et qui est responsable, à lui seul, de l'ensemble du projet[2]. Ainsi, le manque de disponibilité des ressources constituc un défi important lorsqu'il est question de mettre en place des technologies innovantes[3]. Les écrits sur l'implantation de l'IA dans d'autres contextes nationaux montrent que cet enjeu n'est pas exclusif à l'administration publique québécoise. Les compétences dans le domaine de l'IA sont partout très demandées et pourraient même s'en aller à l'étranger si elles ne sont pas attirées et retenues avec des incitations appropriées. Ainsi, l'adoption de ces technologies dans le secteur public

---

[1] Deloitte (2018). Artificial Intelligence in the Public Sector: Global Trends and Leading Practices. Deloitte Insights.

[2] McKinsey & Company. (2020). Tackling the AI Talent Challenge in the Public Sector. McKinsey Global Institute.

[3] Wirtz, B. W., Weyerer, J. C., & Geyer, C. (2019). Artificial intelligence and the public sector—Applications and challenges. International Journal of Public Administration, 42(7), 596-615.

nécessitera un investissement à long terme dans les compétences numériques des travailleurs, car le renforcement des compétences techniques dans le secteur public et, plus généralement, la résolution des pénuries de compétences exige également beaucoup de temps[1].

Avec l'avancement des projets d'IA, les administrations publiques font face à un autre défi, celui de retenir les compétences à l'intérieur de l'administration[2]. Les participants relèvent qu'il y a souvent beaucoup de roulement de personnel dans les équipes d'informaticiens et de développeurs de solutions et que les organisations peinent à préserver l'expertise technique acquise avec le développement des projets[3]. Plusieurs facteurs peuvent expliquer ce roulement du personnel. Pour y faire face, les organisations publiques sont encouragées à réfléchir à des mécanismes favorisant le partage de l'expertise entre les membres de l'équipe, même si ce défi est plus marqué avec les savoirs de pointe en IA[4].

Ce défi de la rétention des talents a été observé dans les organisations Alpha et Delta. Dans le cas de l'organisation Delta, après avoir mis sur pied la solution d'IA, le scientifique de données, considéré comme le fer de lance du projet, a quitté l'organisation avant même la phase d'implantation. D'après les entrevues, son départ est une perte pour l'organisation qui doit assurer le transfert des connaissances et former un autre membre de l'équipe qui sera chargé d'entretenir la nouvelle solution et d'assurer la continuité du projet. Selon l'un des participants, avec ce départ, l'organisation perd l'expertise technique développée dans ce projet et risque de rencontrer des problèmes relatifs à l'entretien et à la mise à jour de l'outil. Le même constat a été posé dans le cas de l'organisation Alpha qui, en raison du roulement du personnel, a perdu l'expertise acquise à l'interne. Après avoir été précurseur dans le domaine de l'IA il y a une dizaine d'années, l'organisation a aujourd'hui du mal à entretenir la solution implantée, puisqu'une seule personne dans l'équipe comprend son fonctionnement. Ainsi, le roulement du personnel combiné à la perte d'expertise à l'interne risque de nuire à la mobilisation du personnel qui demeure dans l'équipe et qui doit composer avec ces aléas.

Garantir la pérennité de l'outil à implanter constitue d'ailleurs un autre défi d'ordre technique auquel font face les organisations qui implantent des solutions d'IA. De manière générale, les avancées technologiques sont tellement rapides dans ce domaine, que les solutions deviennent vite désuètes et nécessitent d'être entretenues et mises à jour régulièrement. Selon la majorité des personnes interviewées dans l'organisation Alpha, qui s'est dotée d'une technologie d'IA

---

[1] World Bank. (2023). « The Size and Distribution of Digital Connectivity Gaps in Sub-Saharan Africa, » rapport.

[2] OECD. (2019). AI in the Public Sector: À Roadmap for public Administrations. Organisation for Economic Co-operation and Development.

[3] Ubaldi, B., Van Ooijen, C., & Welby, B. (2019). State of the Art in the Use of Emerging Technologies in the Public Sector. OECD Working Papers on Public Governance, No. 31.

[4] Lee, J., & Choi, T. (2020). Fostering Knowledge Sharing for Sustaining Competitiveness in Public Sector Organizations. *Public Performance & Management Review*, 43(4), 964-986

au début des années 2010, l'outil stagne et ne répond plus à tous les besoins de l'organisation, à un point tel qu'il est même jugé obsolète. L'organisation s'apprête à entreprendre des travaux d'amélioration pour y ajouter de nouvelles fonctionnalités. Pour ce qui est de l'organisation Delta, nous observons que les informaticiens se préoccupent de l'entretien et de la mise à jour des outils à implanter dès la phase de conception. Ils veillent à faire les choix qui permettront de développer une solution d'IA dont l'entretien ne sera pas trop coûteux plus tard.

L'expert Seydina Ndiaye a noté un risque majeur : selon lui, « La plus grande menace, c'est la colonisation par l'IA »[1]. Il estime, en effet, que les pays africains ont l'obligation de maîtriser l'utilisation de l'IA pour maintenir l'espoir de disposer d'une certaine forme de souveraineté numérique, au risque de consommer des solutions imposées par des multinationales[2]. Il s'ensuit que,

> « Dans ce cas-là, nous serons amenés à utiliser des modèles mis au point avec des données non contextuelles et qui répondent à des réalités autres que celles de l'Afrique. Nous serions alors sous le joug des grandes multinationales occidentales qui dominent les infrastructures que nous utilisons. Ces infrastructures vont inclure de plus en plus des systèmes d'information basés sur l'IA, qui, pour la plupart, seraient des boîtes noires dont nous ignorons le fonctionnement »[3].

La conséquence la plus dévastatrice de ce scénario catastrophe serait, selon notre expert, un pillage généralisé des ressources de l'Afrique : « Le pillage concernerait avant tout nos talents », alerte-t-il. L'Afrique étant un continent de plus en plus jeune, les ressources humaines seraient ainsi formées localement par les multinationales sur leurs propres technologies, avant que ces talents ne soient embauchés pour aller travailler sous d'autres cieux pour ces mêmes multinationales : « Nous devrions craindre également le pillage de nos données », ajoute Seydina Ndiaye. Un pillage qui aurait déjà commencé selon l'expert et qui devrait s'accentuer au cours des prochaines années, « jusqu'au point où nous ne serions plus propriétaires des données que nous produisons. »

Par ailleurs, cette nouvelle forme de colonisation redoutée à laquelle fait référence l'expert onusien pourrait prendre la forme d'expérimentations dangereuses et inédites sur le sol africain :

> « Ce qui pourrait être encore plus dangereux, c'est que l'avènement de l'IA intervienne dans le contexte de la quatrième révolution industrielle. Nous risquons d'avoir une combinaison des systèmes d'intelligence artificielle avec de la biotechnologie ou de la nanotechnologie. Dans ce

---

[1] Ndiaye, S. (2023). Colonisation numérique et souveraineté africaine : Les enjeux de l'intelligence artificielle. In Conférence sur l'IA et la Gouvernance, Dakar.

[2] Ndubuisi, F., & Moyo, D. (2022). Digital Sovereignty and AI in Africa: Challenges and Prospects. Journal of African Digital Governance, 5(1), 45-63.

[3] Birhane, A. (2021). Algorithmic Colonization of Africa. Logic Magazine, Issue 13.

cas de figure, l'Afrique risque d'être le lieu choisi pour expérimenter ces technologies, en l'absence de toute réglementation »[1].

4.1.2 Biais algorithmiques et discrimination

Malgré les avantages potentiels de l'intelligence artificielle dans la fonction publique, il existe des dangers et des limites liés à son utilisation[2]. L'un des principaux risques est la possibilité d'un biais algorithmique, qui peut entraîner des décisions injustes ou discriminatoires. Cela se produit parce que les algorithmes sont programmés par des humains et, si ces programmeurs ont des préjugés, ces préjugés peuvent être incorporés dans l'algorithme, perpétuant la discrimination[3].

De plus, l'IA peut être piratée ou manipulée, ce qui entraîne des dommages importants pour la sécurité et la vie privée des citoyens. Cela peut se produire, par exemple, si un pirate accède à un système d'IA qui contrôle les informations confidentielles des citoyens, telles que les données de santé ou les informations financières. Une autre limite est la dépendance à l'IA pour prendre des décisions importantes. Bien que l'IA puisse aider à automatiser les processus et à identifier les problèmes, elle ne remplace pas le jugement humain et, dans certains cas, peut même empêcher une prise de décision éclairée et contextualisée.

Pour atténuer ces risques et limites, il est important que les gouvernements établissent des politiques et des réglementations claires pour l'utilisation de l'IA dans le secteur public, dans le but d'assurer la transparence, la responsabilité et l'équité dans les décisions prises sur la base des données de l'IA. En outre, il est important de garantir la confidentialité et la sécurité des données des citoyens, ainsi que de promouvoir des considérations éthiques dans le développement et le déploiement de systèmes d'IA. À l'avenir, nous pouvons nous attendre à voir une intégration encore plus grande de l'IA dans le secteur public, alors que les gouvernements continuent de chercher des moyens d'améliorer l'efficience et l'efficacité de la prestation des services publics. Cela peut inclure l'utilisation de l'IA dans des domaines tels que l'application de la loi, les interventions d'urgence et la gestion de l'environnement, entre autres.

Dans l'ensemble, l'utilisation de l'IA dans le secteur public offre de nombreux avantages, mais présente également des risques et des limites importants. Il est important que les gouvernements examinent attentivement ces facteurs lors de la mise en œuvre des systèmes d'IA et prennent des mesures pour garantir que la technologie est utilisée de manière responsable et éthique[4].

---

[1] *Idem.*

[2] Noble, S. U. (2018). Algorithms of Oppression: How Search Engines Reinforce Racism. New York University Press.

[3] O'Neil, C. (2016). Weapons of Math Destruction: How Big Data Increases Inequality and Threatens Democracy. Crown Publishing Group.

[4] Dastin, J. (2018). How to ensure AI in public services is fair and ethical. The Brookings Institution.

L'un des problèmes les plus préoccupants est la présence de biais algorithmiques dans les systèmes d'IA. Un biais algorithmique est le fait que le résultat d'un algorithme ne soit pas neutre, loyal ou équitable.

Les algorithmes d'apprentissage automatique sont souvent entraînés sur des données historiques qui peuvent contenir des biais inhérents liés à l'ethnie, au genre, à l'âge ou à d'autres caractéristiques. Par exemple, les systèmes de génération de portraits d'hommes et de femmes parfaits selon l'intelligence artificielle ont montré des tendances discriminatoires. Les portraits générés font ressortir une forme de perfection issue des magazines, avec des standards de beauté très spécifiques et exclusifs, majoritairement représentant des personnes blanches. Ces biais peuvent conduire à des discriminations injustes. En conséquence, les décisions prises par ces systèmes peuvent reproduire et amplifier ces biais, conduisant à des discriminations injustes.

Il s'ensuit que l'IA peut être utilisée pour manipuler l'opinion publique à grande échelle. Les systèmes d'IA peuvent analyser les données personnelles et les comportements en ligne des individus afin de leur présenter des contenus sur mesure visant à les influencer. Cela soulève des préoccupations majeures quant à la démocratie et à la liberté d'expression, car les individus peuvent être enfermés dans des bulles de filtres qui renforcent leurs croyances existantes et les isolent des opinions divergentes[1].

Les intelligences artificielles peuvent aussi avoir des « hallucinations », ce qui représente un inconvénient important. L'hallucination dans le contexte des IA est une réponse fausse ou trompeuse qui est présentée par l'IA comme un fait certain. Cela est assez présent sur les LLM (Large Language Model), puisque les LLM peuvent produire des informations qui ne correspondent pas à la réalité ou à l'intention de l'utilisateur. C'est une limitation présente dans les LLM qu'il faut mesurer et maîtriser. Un humain doit faire preuve de discernement lors de l'usage d'une IA afin de déceler les potentielles hallucinations.

Il reste cependant possible de créer des systèmes intelligents spécialisés. Avec une phase d'apprentissage sur des données nombreuses et de qualité, le risque d'hallucinations peut être fortement réduit, mais pas éliminé[2]. Lors du choix d'un modèle d'IA à implémenter, une phase d'expérimentation est nécessaire pour tester différents modèles sur une situation précise. Le but est de valider le modèle le plus performant possible sur un cas d'usage spécifique.

Contrairement aux humains, l'intelligence artificielle ne peut être améliorée avec l'expérience. Les machines ne peuvent pas modifier leurs réponses aux environnements changeants. Nous sommes constamment bombardés par la

[1] Wirtz, B. W., Weyerer, J. C., & Geyer, C. (2019). Artificial intelligence and the public sector—Applications and challenges. International Journal of Public Administration, 42(7), 596-615.
[2] Binns, R. (2018). Taming the AI "Black Box": Mitigating the Risks of AI Hallucinations. Journal of AI Ethics, 3(2), 118-137.

question de savoir s'il est vraiment stimulant de remplacer les humains par des machines[1].

Dans le monde de l'intelligence artificielle, rien de tel que de travailler avec tout son cœur ou avec passion. Les soins ou les préoccupations ne sont pas présents dans le dictionnaire de l'intelligence machine. Il n'y a pas de sentiment d'appartenance, de camaraderie ou de contact humain. Ils ne parviennent pas à faire la distinction entre un individu travailleur et un individu inefficace.

Il est donc nécessaire de fournir de nouvelles données de qualité pour contribuer à l'apprentissage de l'IA. L'humain doit lui enseigner ce qui est correct ou non. Cela nécessite des ressources humaines importantes pour augmenter la qualité des résultats de l'IA. Même si l'IA est capable d'utiliser beaucoup de données, la manière dont elle peut y accéder et les utiliser est très différente de l'intelligence humaine.

4.1.3 Menace sur l'emploi

L'automatisation accrue grâce à l'IA peut également entraîner des conséquences néfastes sur le marché du travail. De nombreuses tâches autrefois effectuées par des êtres humains sont désormais réalisées par des machines intelligentes. Bien que cela puisse améliorer l'efficacité et la productivité, cela pose également un défi majeur en termes de reconversion professionnelle et de création d'emplois adaptés à l'ère de l'IA.

Les disparités économiques pourraient s'accentuer si l'impact sur l'emploi n'est pas géré de manière équitable[2]. De plus, l'automatisation peut également être discriminatoire à l'embauche. En 2014, Amazon utilisait une intelligence artificielle pour recruter ses salariés. Cependant l'entreprise a dû arrêter de l'utiliser, car elle discriminait les CV de candidats féminins du fait d'un apprentissage biaisé[3]. Cette discrimination s'expliquait par le fait que le modèle d'Amazon s'appuyait sur les CV reçus sur une période de 10 ans qui étaient pour la plupart ceux d'hommes. Par conséquent, une prédominance masculine est reflétée et le système est venu à déduire que les candidats masculins pour ces postes étaient préférables, ce qui l'amenait à rejeter les candidatures féminines[4].

Dans le cas présent, l'automatisation accrue de certaines tâches grâce à l'IA entraînera, c'est certain, des conséquences importantes sur l'emploi et la qualité du travail. Selon un premier rapport du leader du conseil en stratégie McKinsey intitulé « Emplois perdus, emplois gagnés », entre 400 et 800 millions d'emplois

---

[1] Athey, S. (2018). The Impact of Machine Learning on Economics. Annual Review of Economics, 10, 1-31.

[2] Brynjolfsson, E., & McElheran, K. (2016). The Rapid Evolution of Digital Work: Implications for Employment and Inequality. MIT Sloan Management Review.

[3] Dastin, J. (2018). Amazon Scraps Secret AI Recruiting Tool That Showed Bias Against Women. Reuters.

[4] Angwin, J., Larson, J., Mattu, S., & Kirchner, L. (2018). Machine Bias : There's Software Used Across the Country to Predict Future Criminals. And it's Biased Against Blacks. ProPublica.

pourraient être touchés, d'ici 2030, par l'automatisation (provenant, entre autres, des IA génératives). Selon un rapport plus récent[1], l'IA couplée avec d'autres technologies pourrait automatiser jusqu'à 50 % du temps des salariés et permettre d'augmenter la productivité annuelle de 0,5 à 3,4 % par an entre 2023 et 2040. Elle devrait générer à l'économie mondiale, annuellement, entre 2600 à 4400 milliards de dollars. Cette transformation toucherait toutes les strates du marché du travail : des employés, aux ouvriers en passant par les « cols blancs » aux profils experts, habituellement très recherchés et protégés des affres du chômage. Les mêmes qui s'inscrivaient auparavant comme les acteurs des plans de restructurations passées et des licenciements massifs pour les autres catégories professionnelles.

La terminologie IA englobe un vaste éventail de technologies, de méthodes et d'outils, allant d'un simple algorithme de recherche jusqu'à l'élaboration de prototypes d'armes autonomes, utilisés à des fins militaires. La possibilité que des programmes d'IA soient détournés en raison de failles apparentes, ou encore, qu'ils soient exploités à des fins malveillantes ou de désinformation, existe et représente un certain niveau de risque pour la société et ses citoyens. Citons le cas des défâchés, qui superposent des fichiers audio ou vidéo existant sur d'autres et permettant de faire dire n'importe quoi à n'importe qui ; le trucage d'images générées par IA permettant de porter préjudice à l'histoire ou à l'individu ; ou encore, l'utilisation d'algorithmes dans les réseaux sociaux, enfermant l'utilisateur dans une bulle d'information.

D'ailleurs, un autre sujet est fréquemment pointé du doigt lorsque l'on évoque l'IA : les biais présents dans les données et algorithmes. C'est justement le point faible de l'IA[2]. Ils suscitent une préoccupation majeure en raison de leur impact sur la précision et l'équité des résultats obtenus. Ces biais proviennent de la manière dont les données sont collectées et sont souvent difficiles à identifier, même par les développeurs eux-mêmes. Les algorithmes d'IA, qui apprennent à partir de données historiques, peuvent produire des résultats biaisés, reproduisant alors les préjugés déjà présents dans la société[3]. L'absence même de diversité au sein des sources de données engendre inévitablement des biais involontaires. L'exemple de reconnaissance faciale en est une illustration parfaite. Une étude récente révèle que ce système est moins précis pour les personnes de couleur, les algorithmes ayant été formés sur un ensemble de données davantage représentatives de la population blanche. Garantir le développement d'une IA

[1] Chui, M., Hazan, E., Roberts, R., Singla, A., & Smaje, K. (2023). The economic potential of generative AI, McKinsey \& Company.

[2] O'Neil, C. (2016). Weapons of Math Destruction…, *op.cit.*

[3] Buolamwini, J., & Gebru, T. (2018). Gender Shades: Intersectional Accuracy Disparities in Commercial Gender Classification. Proceedings of the 1st Conference on Fairness, Accountability and Transparency, 77-91.

responsable et éthique est-elle tenable face aux enjeux économiques et de domination que l'on connaît ?[1]

4.2. Questions éthiques et de protection des données

Si toutes les (nouvelles) technologies soulèvent des enjeux éthiques, l'arrivée de l'IA a ceci de particulier qu'elle nous a menés à porter une attention plus grande à ce type d'enjeux, et ce, tant dans le milieu académique qu'administratif. Nous avons ainsi vu se constituer, au cours des dernières années, une littérature scientifique foisonnante autour de l'exploration des divers enjeux éthiques soulevés par les développements dans l'intelligence artificielle (IA)[2], la robotique[3] et plus largement dans le numérique[4]. Parmi les plus discutés, mentionnons notamment les enjeux d'accès et de protection des données[5], de respect et protection de la vie privée[6] et de la propriété intellectuelle[7], d'explicabilité[8], de

[1] Dastin, J. (2020). The Ethics of AI: Developing Responsible and Fair Artificial Intelligence. Journal of Technology and Ethics, 11(2), 45-62.

[2] Jobin, A., Ienca, M. et Vayena, E. (2019). Le paysage mondial des lignes directrices en matière d'éthique de l'IA. *Nature intelligence artificielle*, *1*(9), 389-399 et Floride, L. (2018). L'éthique douce, la gouvernance du numérique et le Règlement général sur la Protection des Données. *Philosophical Transactions of the Royal Society A : Mathematical, Physical and Engineering Sciences*, *376*(2133), 20180081.

[3] Boch, F., Frier, C. et Rinck, F. (2021). Littéracie et démarches pédagogiques engageantes. *Le français, aujourd'hui*, *212*(1), 5-13.

[4] Wang, Y., Mishra, S, Alipoormolabashi, P., Kordi, Y., Mirzaei, A., Arunkumar, A.,... et Khashabi, D. (2022). Super-naturel instructions : Généralisation via des instructions déclaratives sur 1600+ tâches nlp. *prépublication arXiv arXiv : 2 204,077 05.*

[5] Hulin, A. S. (2022). La gouvernance des données en droit civil québécois : comment (re) concilier protection et exploitation des données personnelles ? *Revue internationale de droit économique*, (3), 39-61 et Auclair, S. (2023). Penser la protection des renseignements inférés sur la santé des personnes : du contrôle individuel à l'encadrement des utilisations en fonction de leur légitimité. *Éthique publique. Revue internationale d'éthique sociétale et gouvernementale*, *25*(1).

[6] Les enjeux entourant l'accès aux données et le respect de la vie privée sont abordés plus en détails dans les sections des axes Santé, Éducation et capacitation ainsi que Droit, cyberjustice et cybercriminalité. Sur ces points, voir Uzan-Naulin, J., Monnier, S., Griffith, I., & Shapiro, A. J. (2024). « Décisions marquantes de l'année 2023 en matière de vie privée et de protection des renseignements personnels », Les Cahiers de propriété intellectuelle, Vol. 36, no 1 & 2, pp. 163-217, et Staff, C. A. C. M. (2012). BufferBloat: what's wrong with the internet? *Communications of the ACM*, *55*(2), 40-47.

[7] Voir la section de l'axe Arts, médias et diversité culturelle à propos des enjeux touchant la propriété intellectuelle et le droit d'auteur. Voir aussi Banque mondiale, Rapport sur le développement dans le monde 2021 : des données au service d'une vie meilleure, Wasington DC, et Bukhari, S. K. U. S., Gul, R., Bashir, T., Zakir, S. et Javed, T. (2023). Exploration des compétences managériales des cadres intermédiaires des universités publiques pakistanaises (PPU) pour la durabilité des campus. *Journal de la finance et de l'investissement durables*, *13*(1), 73-91.

[8] Bouhouita-Guermech, S., Gogognon, P., & Bélisle-Pipon, J. C. (2023). Défis spécifiques posés par l'intelligence artificielle en éthique de la recherche. *Frontières de l'intelligence artificielle*, *6*, 1 149 082 et Benzinger, L., Ursin, F., Balke, W. T., Kacprowski, T. et Salloch, S. (2023).

fiabilité, de gestion des secrets industriels[1] ou gouvernementaux[2], de biais et de discrimination[3], d'inégalités[4], d'injustices locales et internationales[5], d'autonomie des personnes, ainsi que les enjeux environnementaux[6], incluant l'exploitation des ressources naturelles et énergétiques telles que les métaux stratégiques[7]. Les réflexions éthiques sur l'IA et le numérique rejoignent par ailleurs celles portant sur les enjeux de gouvernance[8], qui sont eux aussi abondamment discutés. On s'intéresse notamment aux pouvoirs et responsabilités des développeurs de ces technologies, des autorités en charge de les implanter ou de les encadrer [9]et du public/société civile[10] qui les utilise ou les subit. Dans cette foulée, la recherche de modèles de gouvernance adéquats afin de coordonner le développement et le déploiement de ces technologies de rupture[11], de même que l'identification des inégalités dans la distribution des responsabilités et des pouvoirs engendrés ou renforcés par les modes de gouvernance actuels de l'IA suscitent une attention particulière.

L'intelligence artificielle devrait-elle être utilisée pour soutenir la prise de décision éthique clinique ? Un examen systématique des raisons. *Éthique médicale BMC*, *24*(1), 48.

[1] Marty, É. (2019). *L'Écriture du jour Le Journal d'André Gide*. Média Diffusion.

[2] Saetnan, A. R., Schneider, I., & Green, N. (éd.). (2018). *La politique et les politiques du big data : Big data, big brother ?*. Routledge.

[3] Dosse, F. (2020). Michel de Certeau : le marcheur blessé. La découverte et Spelda, P. et Stritecky, V. (2020). L'avenir du lien entre l'homme et l'intelligence artificielle et ses coûts environnementaux. *Contrats à terme*, *117*, 102 531.

[4] Conseil du statut de la femme (2023), Avis sur l'intelligence artificielle : des risques pour l'égalité entre les femmes et les hommes, disponible sur https://csf.gouv.qc.ca et Tavares, M. C., Azevedo, G. et Marques, R. P. (2022). Les défis et les opportunités de l'ère 5.0 pour une société plus humaniste et durable — une revue de la littérature. *Sociétés*, *12*(6), 149.

[5] Boddington, P. (2023). L'IA, la philosophie de la technologie et l'éthique. Dans *Éthique de l'IA : un manuel* (pp. 91-130). Singapour : Springer Nature Singapour.

[6] Voir la section de l'axe Sobriété numérique et transition socioécologique pour un portrait global de ces enjeux

[7] Dauvergne, P. (2022). L'intelligence artificielle est-elle en train de verdir les chaînes d'approvisionnement mondiales ? Exposer l'économie politique des coûts environnementaux. *Revue d'économie politique internationale*, *29*(3), 696-718.

[8] Marchildon, A., Williams-Jones, B., LeBlanc, A. B., & Verreault, G. Axe Éthique, gouvernance et démocratie. *État de la situation sur les impacts sociétaux de l'intelligence artificielle et du numérique*, 46.

[9] Jacob, S., & Lawarée, J. (2022). Les mesures publiques dans les stratégies gouvernementales en matière d'intelligence artificielle : une perspective internationale…

[10] Bélisle-Pipon, J. C. (2022). Éthique du marketing pharmaceutique : Normes éthiques pour des pratiques plus acceptables. *Journal du marketing mondial*, *35*(1), 76-98, et Petitgand, C. (2024). *Données personnelles : reprenons le pouvoir ! : Réflexions sur la gouvernance citoyenne à l'ère numérique*. Presses de l'Université Laval.

[11] Boudreau LeBlanc, A., & Williams-Jones, B. (2023). Des éthiques collectives à une gestion adaptative des conflits organisationnels : L'outil co-P· R· I· M· O· V en gouvernance. *Journal international de bioéthique et d'éthique des sciences*, *34*(3), 103-124, et Bernatchez, J., & Alexandre, M. (2021). De la transition « formation en présence-formation à distance » à l'université au temps de la COVID-19. *Revue internationale des technologies en pédagogie universitaire*, *18*(1), 241-253.

Ces réflexions ouvrent sur les risques et potentialités d'une gouvernance algorithmique de nos sociétés[1] de même que sur le rôle de ces nouvelles technologies dans la transformation de la démocratie, de nos institutions et plus largement encore sur l'architecture de nos sociétés[2].

Les thématiques de l'éthique et de la gouvernance de l'IA se démarquent par leur dimension critique et leur transversalité. En effet, contrairement à d'autres thématiques abordées dans le présent état de la situation, elles ne concernent pas un domaine d'activité ou d'application précis, mais, au contraire, traversent l'ensemble de ceux-ci pour les questionner et les réfléchir. En tant que notion transversale, l'éthique de l'IA réfère ainsi aux réflexions critiques et prospectives entourant cette technologie émergente, et ce, peu importe ses domaines de développement et d'application et les sphères d'activité dans lesquelles elles se déploient, qu'il s'agisse de la santé, de l'éducation, du transport, du droit, du travail ou de l'environnement. Elle amène ainsi à poser un regard critique tant sur son développement (en amont) que sur son implantation et son utilisation (en aval), en interrogeant les valeurs et principes qui les guident, de même que leurs impacts sur les personnes, les communautés et l'environnement. Ce faisant, l'éthique questionne tout autant les produits d'AI que la façon dont ils sont développés, commercialisés et utilisés. Elle s'intéresse par conséquent à toute la chaîne de valeur de ces produits et au cycle de vie des données qui les alimentent, mais aussi aux pratiques scientifiques, organisationnelles et institutionnelles qui les entourent, en portant un regard critique sur les modes de gestion et de prise de décision entourant le déploiement de cette technologie.

Comme on peut le constater en consultant les autres sections du présent état de la situation, les enjeux d'éthique et de gouvernance de l'IA se retrouvent dans la plupart des recherches menées au sein des différents axes de l'Obvia, via des questionnements critiques et prospectifs, ce qui démontre bien la transversalité de ces deux thèmes.

L'IA soulève un certain nombre de questions éthiques et sociétales importantes, telles que l'usage des données, la nature de la conscience, la liberté d'action et le rôle de l'homme dans la société[3]. Il est important de mener un débat

---

[1] Langlois L. et Régis, c. (2021) « Une analyse de la contribution des chartes éthiques à la construction de l'avenir de la gouvernance de l'intelligence artificielle ». Dans Braunschweig, B. et Ghallab, M. (eds.) *Réflexions sur l'intelligence artificielle pour l'humanité*. Notes de cours en informatique, vol. 12600. Springer Cham, et Poussart, D. (2021). Gouvernance algorithmique, intelligence artificielle, enjeux, éthique : esquisse d'une analyse critique. « D'après vous, en tant que chercheur en IA, quels sont les enjeux d'une gouvernance algorithmique ? L'éthique a-t-elle un rôle à jouer ? ». *Éthique publique. Revue internationale d'éthique sociétale et gouvernementale*, *23*(2).

[2] Bengio, Y. (2023). AI and catastrophic risk. *Journal of democracy*, *34*(4), 111-121, et Crawford, K. (2021). Atlas of AI : Power, Politics, and the Planetary Costs of Artificial Intelligence. Yale University Press.

[3] Binns, R. (2018). Taming the AI "Black Box" : Mitigating the Risks of AI Hallucinations. Journal of AI Ethics, 3(2), 118-137.

public ouvert et inclusif sur ces questions afin de développer des directives claires pour le développement et l'utilisation responsable de l'IA.

L'emploi de l'IA dans certains domaines sensibles, comme la sécurité intérieure, est source de craintes. Certains États l'utilisent déjà dans le cadre de répressions systémiques en alliant la reconnaissance faciale et les réseaux de surveillance. L'intelligence artificielle entre de mauvaises mains (Deepfakes, attaques informatiques boostées à l'IA…) est une menace sérieuse pour l'humanité en général. Cela peut conduire à une destruction massive. Les risques sont élevés pour certains usages susceptibles de mettre en danger la vie et la santé des citoyens. Par exemple, l'Europe travaille sur la législation de l'IA et classe les usages selon les niveaux de risques (d'un niveau de risque acceptable à inacceptable). En outre, il existe une crainte constante de voir les machines prendre le dessus sur les humains ou les remplacer. Par ailleurs, prenons le cas de Google AI Overviews. Il suscite des critiques et des inquiétudes chez les éditeurs de contenu. Même s'il apporte une nouvelle expérience utilisateur, les aperçus IA vont-ils nuire aux créateurs ? Certains éditeurs américains pointent du doigt ce qu'ils perçoivent comme une exploitation injuste de leur contenu par Google. Ils redoutent que les aperçus IA, présentés en bonne place dans les résultats de recherche, ne dissuadent les internautes de cliquer sur les sites web originaux, leur faisant ainsi perdre du trafic et des revenus. Cette situation soulève des questions fondamentales sur l'équilibre des pouvoirs entre les moteurs de recherche et les créateurs de contenu, ainsi que sur l'usage éthique des données et contenus utilisés par les IA.

Sur la base de ce qui précède, l'Association pour le développement de l'intelligence artificielle a deux objectifs : développer et faire progresser la science de l'intelligence artificielle et promouvoir et éduquer au sujet de l'utilisation responsable de l'intelligence artificielle. Identifier et étudier le risque d'intelligence artificielle est une tâche très importante pour les entreprises[1]. Cela peut aider à résoudre les problèmes actuels. Les erreurs de programmation ou les cyberattaques nécessitent des recherches plus approfondies. Les entreprises technologiques et l'industrie technologique dans son ensemble doivent accorder plus d'attention à la qualité du logiciel[2]. Tout ce qui a été créé dans ce monde et dans nos sociétés individuelles est le résultat continu de l'intelligence. L'intelligence artificielle augmente et renforce l'intelligence humaine. Donc, tant que nous réussirons à garder la technologie bénéfique, nous pourrons faire avancer notre société[3].

À ce stade, nous savons qu'il peut y avoir des biais basés sur la programmation de l'IA, qu'ils soient intentionnels ou non. Nous avons également vu l'IA

---

[1] Brynjolfsson, E., & McElheran, K. (2016). The Rapid Evolution of Digital Work: Implications for Employment and Inequality. MIT Sloan Management Review.

[2] Sommerville, I. (2011). Software Engineering. 9 th ed. Addison-Wesley.

[3] McKinsey & Company. (2021). How AI Can Be a Force for Good in Society. McKinsey Global Institute.

« halluciner », c'est-à-dire fournir des informations incorrectes ou trompeuses présentées comme correctes et factuelles. Les organisations doivent garder à l'esprit que c'est un outil très précieux, mais qu'il reste un outil et, en tant que telles, doivent être surveillées pour éviter des conséquences négatives.

L'adoption de l'IA dans le système de santé nourrit aussi des craintes sur le plan éthique et réglementaire. « Le déploiement des technologies de l'IA nécessite la collecte et l'utilisation des masses de données (Big data) », explique Marcel Shabani. Pour le Dr Ghanimi, généralement « la notion de consentement » est biaisée dans la protection des données à caractère personnel[1]. Elle explique son point de vue par le fait que, « dans la plupart des cas, l'utilisateur est appelé à cocher de manière aveugle, avec certaines informations très techniques. » Le Dr Lebobo exprime pour sa part une crainte liée « à la fuite des données confidentielles des patients ».

Mais que faire face à ces craintes ? Le Dr Ghanimi propose une redéfinition « des notions de consentement libre et éclairé lié à la confidentialité et à la vie privée des personnes »[2]. Pour plus de sécurité dans les hôpitaux, « il serait mieux d'utiliser l'intranet, avec un réseau central privé à l'hôpital », propose le Dr Obed. Il met en évidence également « le développement des solutions basées sur l'IA, en tenant compte des valeurs morales et éthiques de nos sociétés »[3]. Une proposition soutenue par Marcel Shabani, **pour qui** « Une séance de formation et de sensibilisation du personnel soignant appelé à utiliser l'IA doit être organisée en amont »[4].

Prenons l'exemple palpable de l'utilisation de l'IA dans le système de suivi et d'audit automatisés. L'utilisation d'algorithmes d'IA dans l'audit financier implique souvent des modèles complexes de type « boîte noire », qui rendent difficile la compréhension des processus décisionnels par les auditeurs, les régulateurs et les autres parties prenantes. Ce manque de transparence soulève des inquiétudes quant à la capacité d'expliquer et de justifier les résultats de l'audit. Les résultats de l'IA peuvent s'avérer peu fiables, ce qui pose des problèmes aux auditeurs qui tentent de les évaluer[5]. Pour relever ce défi, il faut développer des modèles d'IA interprétables et établir des normes claires en matière d'audit.

Les modèles d'IA, comme toute technologie, peuvent hériter des biais présents dans leurs données d'apprentissage. Les systèmes d'IA pour l'audit

---

[1] Ghanimi, H. (2023). Redéfinir le consentement et la confidentialité à l'ère de l'IA. Journal of Digital Privacy and Security, 7(2), 45-59.

[2] *Idem.*

[3] Shabani, M. (2023). Intégrer les valeurs morales et éthiques dans les solutions basées sur l'IA. *Ethics and AI Journal,* 8(3), 76-88.

[4] Shabani, M. (2022). Formation et sensibilisation en IA pour le personnel soignant. Medical AI Training Journal, 12(4), 101-113.

[5] Munoko, I., Brown-Liburd, H. L. et Vasarhelyi, M. (2020). Les implications éthiques de l'utilisation de l'intelligence artificielle dans l'audit. *Journal d'éthique des affaires, 167*(2), 209-234.

financier formés à partir de données historiques peuvent perpétuer les biais présents dans ces ensembles de données. Ces biais peuvent donner lieu à des pratiques injustes ou discriminatoires, affectant non seulement la crédibilité des audits, mais pouvant également causer des préjudices à des individus ou à des groupes[1]. Les considérations éthiques devraient inciter les auditeurs à évaluer soigneusement les données utilisées et à employer des techniques pour atténuer les préjugés dans les processus d'audit basés sur l'IA.

Avec l'audit financier piloté par l'IA, les lignes traditionnelles de responsabilité deviennent floues[2]. Si un système d'IA commet une erreur ou se comporte de manière contraire à l'éthique, qui doit être tenu pour responsable — les développeurs, les auditeurs ou l'organisation qui met en œuvre la technologie[3] ? L'attribution des responsabilités devient une question éthique cruciale. Des chercheurs ont exploré le concept « d'éthique de la machine » et suggéré que des lignes directrices et des réglementations claires soient établies pour définir les rôles et les responsabilités des humains et des systèmes d'IA dans l'audit financier[4]. Cette approche garantit que la responsabilité est répartie de manière appropriée et que les normes éthiques sont respectées[5].

L'utilisation de l'IA dans l'audit financier nécessite l'accès à des données financières sensibles et confidentielles. La confidentialité et la sécurité des données posent des problèmes d'ordre éthique. Les auditeurs doivent faire preuve de diligence pour protéger les données qu'ils collectent et veiller à ce qu'elles ne soient utilisées qu'aux fins prévues[6].

Le respect des lois et des normes régissant la protection des données est crucial. L'IA éthique dans l'audit devrait donner la priorité à la minimisation des données, au cryptage et aux pratiques de traitement sécurisé des données pour protéger la vie privée des individus et maintenir la confiance dans le processus d'audit.

L'avènement de l'IA dans l'audit financier offre de nombreux avantages en termes d'efficacité et de précision. Cependant, elle met en évidence une série de défis éthiques liés à la transparence, à la partialité, à la responsabilité et à la

---

[1] Islam, M., et *coll.* (2022) "Prevalence and determinants of mental health issues among university students during COVID-19 pandemic in Oman: An Online Cross-sectional Study", *International Research Journal of Public and Environmental Health* Vol.9 (2), pp. 43-54, April. Available online at https://www.journalissues.org.

[2] Jobin, A., Ienca, M., & Vayena, E. (2019). The global landscape of AI ethics guidelines. Nature Machine Intelligence, 1(9), 389-399.

[3] Brynjolfsson, E., & McElheran, K. (2016). The Rapid Evolution of Digital Work: Implications for Employment and Inequality. MIT Sloan Management Review.

[4] Jobin, A., Ienca, M. et Vayena, E. (2019). Le paysage mondial des lignes directrices en matière d'éthique de l'IA. *Nature intelligence artificielle*, *1*(9), 389-399.

[5] Floridi, L. (2020). The Ethics of Artificial Intelligence: A Methodological Approach. Oxford University Press.

[6] Gerke, S., Minssen, T. et Cohen, G. (2020). Défis éthiques et juridiques des soins de santé axés sur l'intelligence artificielle. Dans *L'intelligence artificielle dans les soins de santé* (pp. 295-336). Presse académique.

confidentialité des données. Il revêt une importance cruciale de surmonter ces obstacles afin de préserver l'intégrité du processus d'audit financier, protéger les intérêts des parties prenantes et veiller à ce que les technologies d'IA contribuent à une pratique responsable et éthique de l'audit financier. Au fur et à mesure de l'évolution de l'IA, la recherche continue et l'élaboration de lignes directrices et de réglementations éthiques seront essentielles pour relever ces défis avec succès.

Actuellement, l'IA permet d'offrir un gain de temps considérable aux professionnels des RH. Sur le plan du recrutement, elle apporte par exemple une valeur indéniable dans la gestion des candidatures, au travers du « recrutement prédictif » (sourcing, tri des candidatures, planification des entretiens). L'IA se contente pour l'heure de simplifier les processus, mais l'émergence d'une nouvelle technologie devrait progressivement apporter quelques changements. L'IA émotionnelle, qui permet la mesure des émotions au travers des expressions faciales et analyses vidéo, pourrait redéfinir ces processus. Cette utilisation peut-elle dériver, à mesure que les capacités de l'IA grandiront et acquerront de nouvelles capacités. Le risque d'une société basée sur la sélection technologique doit nous alerter. Toutes les limites sur le plan éthique seront-elles anticipées ?

Imaginons maintenant qu'elle intervienne dans les domaines « critiques ». Si l'IA est utilisée dans des domaines critiques, tels que la santé, la sécurité et la justice, la création d'erreurs pourrait avoir des conséquences dramatiques[1]. Il est d'autant plus important de souligner que les décisions prises par les systèmes d'IA peuvent être difficiles à comprendre et à contester. Évidemment, l'IA peut aider positivement les avocats dans leurs recherches et argumentaires, mais, en parallèle, elle peut aussi devenir problématique lorsqu'il s'agit de faire appliquer des décisions de justice[2]. Manque de neutralité, analyse discriminante, utilisation de biais… La crainte d'une justice automatique revient fréquemment dans les critiques de l'IA. Seriez-vous prêt à vous faire juger par un robot ?

4.3 La qualité et la sécurité des données

La disponibilité de données de qualité fait partie des éléments incontournables pour entamer des projets d'IA. Les organisations publiques capables d'implanter cette technologie disposent généralement d'infrastructures de données bien développées. Toutes les organisations publiques ne disposent pas de données qui peuvent directement alimenter un système d'IA. Par exemple, les systèmes d'IA ont de la difficulté à traiter des données non structurées et ces systèmes manquent d'interopérabilité entre eux. Au-delà de la dimension

---

[1] Obermeyer, Z., Powers, B., Vogeli, C., & Mullainathan, S. (2019). Dissecting Racial Bias in an Algorithm Used to Manage the Health of Populations. Science, 366(6464), 447-453

[2] Eaglin, J. M. (2021). Artificial Intelligence and the Legal System: Can the Courts and the AI Work Together? Journal of Legal Technology, 22(3), 94-107.

technique de la disponibilité des données se trouve l'enjeu de l'utilisation des données, lequel nécessite l'élaboration d'un cadre de gestion[1].

En effet, il est important de garantir que les données personnelles des usagers soient protégées et gardées confidentielles et d'empêcher les violations de données qui pourraient causer des dommages, par exemple une atteinte à la réputation ou encore des dommages psychologiques, professionnels et financiers[2].

À cet égard, nous observons que la sécurité des données et le respect de la vie privée des utilisateurs constituent une préoccupation majeure[3]. Si l'on prend l'exemple de l'organisation Delta, les concepteurs du projet ont d'abord nettoyé et anonymisé les données utilisées pour le développement et pour l'entraînement de l'outil d'IA. Ils ont ensuite privilégié l'option la plus sécuritaire pour sauvegarder les données qui passeront par le nouvel outil. Ainsi, le recours à une solution à code source ouvert témoigne de la prudence de l'équipe, puisqu'elle lui permet de maintenir le contrôle sur les données[4]. Si les potentialités ne sont pas négligeables, les risques ne sauraient être, pour autant, sous-estimés. Il existe des risques, d'abord, que l'utilisation de l'IA porte atteinte à certaines libertés fondamentales.

L'efficacité de l'IA dépend de l'exploitation massive de données, qui sont souvent des données personnelles. Le risque d'atteinte à la vie privée, est dès lors très important, surtout quand l'IA permet une identification directe de l'individu dans l'espace public, comme c'est le cas avec la reconnaissance faciale, ou encore lorsqu'elle exploite des données que les individus n'ont pas conscience de divulguer, comme c'est le cas de l'IA utilisée dans le cadre du contrôle fiscal, qui est autorisé à fouiller les réseaux sociaux. Aussi, lorsque l'IA se déploie sur l'espace public, son usage présente des risques non seulement pour la vie privée, mais aussi pour d'autres libertés. Le cas de la vidéosurveillance augmentée (VSA) est, à ce titre, intéressant en ce que l'usage de l'IA, entraînée sur des millions d'heures de flux d'images de personnes et capable d'analyser en temps réel les images filmées par les quelque 90 000 caméras installées sur notre territoire, permet le développement d'une surveillance généralisée des personnes.

Son déploiement impacte dès lors, non seulement le droit au respect de la vie privée, mais aussi la liberté d'aller et venir, la liberté d'expression, de manifestation et de conscience, dès lors que, pour que ces libertés puissent s'exercer librement sur l'espace public, la préservation de l'anonymat est essentielle. Le fait de se sentir surveillé peut avoir un effet dissuasif (ce que les Anglo-Saxons nomment le chilling effect) sur l'exercice de ces libertés. La VSA peut également

---

1 Campion, A., Cordella, A., & Midgley, G. (2020). Challenges in the Adoption of Artificial Intelligence in the Public Sector. Information Polity, 25(3), 237-249.

2 World Bank (2020). Artificial intelligence in the public sector: Maximizing opportunities, managing risks. EFI Insight-Governance. Washington, DC.

3 Solove, D. J. (2021). Understanding Privacy. Harvard University

4 Stallman, R. (2019). Free Software, Free Society: Selected Essays. Free Software Foundation.

conduire à une intériorisation de nouvelles normes sociales, correspondant à des « comportements anormaux » (comme marcher dans le sens contraire au sens commun, ou chuter à terre) dont les auteurs devront répondre devant les forces de l'ordre, alors même que ces comportements ne sont pas des infractions pénales et ne sont pas édictés par des autorités élues. Les informaticiens rencontrés ont expliqué qu'ils considèrent l'importance de la sécurité des données aussi dans le choix des fournisseurs. Pour ce faire, ils s'assurent d'obtenir une description claire de la façon dont sont entreposées les données et du lieu d'entreposage, même si cela augmente les délais de réalisation des projets[1].

Soucieuse des questions relatives à l'éthique des données et à leur usage par l'IA, l'organisation Delta a établi un partenariat avec l'Observatoire international sur les impacts sociétaux de l'intelligence artificielle (OBVIA) dans le but d'élaborer un cadre normatif qui lui permettra de donner des directives plus claires pour la suite de ses projets. De manière complémentaire, le projet pilote qu'elle était en train de mener permettra de déterminer le type de données qui transiteront par l'outil ainsi que leur degré de sensibilité et de confidentialité, ce qui aidera l'organisation à affiner ses politiques.

Dans le cas de l'outil de transcription de la voix au texte implanté dans l'organisation Bêta, la question de la sécurité des données s'est posée pour l'équipe de développement au tout début du projet, au moment de faire les choix technologiques[2]. La politique de l'organisation impose à l'équipe d'utiliser des technologies qui existent au Canada. À l'époque, les services cognitifs permettant d'intégrer des modules d'IA dans des applications se trouvaient uniquement dans les centres de données (data centers) aux États-Unis. Face à cette situation, l'organisation a fait le choix stratégique de bonifier, avec l'IA, un service qui existait déjà, au lieu d'en créer un nouveau. C'est ainsi qu'elle s'est tournée vers un centre d'appels, où les conversations avec les citoyens étaient déjà enregistrées avec leur consentement préalable. Par conséquent, l'arrivée de l'IA dans le service ne présente pas d'enjeux en matière de sécurité des données. Les conversations avec les citoyens se font de la même manière qu'avant. L'introduction de l'outil d'IA n'augmente pas le risque d'atteinte à la confidentialité des données. Les informations suivent le même cheminement et sont toujours stockées au même endroit qu'auparavant.

Les éventuels risques en matière de confidentialité des données qui peuvent survenir avec l'évolution des technologies sont étudiés à l'avance par l'organisation, en collaboration avec son partenaire privé (Microsoft). Les aspects juridiques et éthiques de l'utilisation des données sont analysés par l'organisation dans une logique d'anticipation des enjeux sécuritaires.

---

[1] Mellado, D., Fernández-Medina, E., & Piattini, M. (2018). Security and Privacy in Cloud Computing. Springer.

[2] Pearson, S., & Benameur, A. (2019). Privacy, Security and Trust in Cloud Computing. Computer Communications, 123, 91-102.

4.4. Stratégies pour une adoption réussie de l'IA

4.4.1 Politiques publiques et cadre réglementaire nécessaire

Les gouvernements devraient adopter une approche globale de la transformation numérique, en élaborant d'abord une stratégie nationale de transformation numérique et d'IA, puis un plan d'action numérique sur le renforcement des compétences numériques qui sont incluses dans ce cadre

Comme le montrent les rapports, les compétences numériques sont un élément crucial contribuant au succès des projets de transformation numérique ; « système gouvernemental » global[1]. En ce sens, ces compétences en matière d'IA et de transformation numérique devraient être intégrées dans une stratégie numérique plus large[2]. En ce qui concerne l'IA dans le secteur public, il peut être judicieux de commencer par des actions de sensibilisation afin de présenter les avantages de l'IA aux parties prenantes du secteur public en collaboration avec des leaders mondiaux du secteur et des écosystèmes d'innovation locaux[3].

Élaborer une stratégie de transformation numérique, à l'échelon national, sous-tendant tous les efforts de transformation numérique que le pays entend entreprendre. Dans le cadre de cette stratégie, créer un plan d'action national détaillé sur les compétences numériques de la fonction publique s'appuyant sur ce cadre et inspirant les gouvernements. Le plan d'action sur les compétences numériques[4] devrait, en principe, préciser clairement : les lacunes potentielles en matière de compétences (en définissant une base de référence) ; les compétences spécifiques à renforcer et la manière d'y parvenir (c'est-à-dire le perfectionnement) ; une allocation budgétaire suffisante ; et une matrice de mesure comprenant des résultats et des indicateurs axés sur le renforcement des compétences numériques.

Les gouvernements peuvent commencer par une mise à l'essai du cadre de compétences en IA et transformation numérique en développant des programmes et des formations de renforcement des capacités dans le cadre de leurs initiatives

---

[1] World Economic Forum. (2022). The Future of Jobs Report 2022. World Economic Forum.

[2] L'élaboration d'un plan d'action pourrait donc s'inspirer du cadre, mais devrait faire partie d'une stratégie plus large.

[3] OECD. (2023). Artificial Intelligence in the Public Sector: Opportunities and Challenges. OECD Digital Government Studies.

[4] Les gouvernements devraient certainement veiller à ce que le plan de compétences numériques soit étroitement lié à un système de gestion des ressources humaines (GRH) efficace et réactif, attendu que la gestion des talents est nécessaire pour étayer et soutenir les actions de renforcement des compétences numériques dans le secteur public. La GRH concerne tous les aspects de la gestion des personnes au travail, y compris une gamme de domaines de fonctions allant du recrutement à la retraite, et des questions liées à la façon dont les personnes contribuent à la performance et à la stratégie de l'organisation. Voir la fiche d'information sur la planification des effectifs du CIPD, disponible sur https://www.cipd.co.uk/knowledge/strategy/organisational-development/workforce-planning-factsheet#8035

de transformation numérique[1]. En s'appuyant sur ce cadre, sur les ressources d'apprentissage et sur les outils de diagnostic décrits dans les recommandations précédentes, les gouvernements peuvent mettre en œuvre le cadre de compétences en IA et transformation numérique dans des projets numériques nouveaux ou existants[2].

Les gouvernements doivent aussi créer de nouveaux programmes de renforcement des capacités (ou renforcer et adapter des programmes existants) en vue d'améliorer les compétences en IA et en transformation numérique au sein du gouvernement. Par exemple, dans un nouveau projet de transformation numérique, un gouvernement peut souhaiter utiliser ce cadre pour obtenir un aperçu général des principales compétences numériques, identifier celles dont le projet a besoin pour réussir ou déployer une stratégie de développement des capacités pour les renforcer. Le pouvoir politique devrait aussi inclure une évaluation des compétences requises pour la transformation numérique afin d'évaluer la faisabilité et le succès potentiel des initiatives numériques du gouvernement, avant et pendant leur lancement. Avoir davantage conscience des limites actuelles peut se traduire par des mesures supplémentaires afin de tirer le meilleur parti de l'initiative. Enfin, il faudra allouer des ressources financières adéquates pour le renforcement des capacités dans le cadre des initiatives de transformation numérique du gouvernement. Organiser des hackathons sur l'IA et les données, des prix et des défis pour encourager l'adoption responsable de l'IA dans le secteur public avec le soutien des acteurs locaux.

En somme, les décideurs sont au cœur du développement de l'IA. À mesure que la technologie s'étend dans les économies et les sociétés des pays, les gouvernements deviennent de plus en plus actifs, à la fois en tant que décideurs et qu'utilisateurs de la technologie. Si de nombreuses parties prenantes jouent des rôles différents, les pouvoirs publics sont les seuls qui peuvent avoir une vue d'ensemble de l'IA et de ses répercussions, qui peuvent promouvoir les conditions de son développement et répondre aux défis et aux questions qui découlent de son utilisation.

Les décideurs déterminent l'environnement juridique, réglementaire et commercial qui récompense l'innovation, l'investissement et le développement basé sur la technologie[3]. Dans le monde entier, des gouvernements tournés vers l'avenir s'efforcent déjà de promouvoir l'IA et, plus largement, l'économie numérique en prenant des mesures telles que l'élaboration de cadres de protection des données clairs et favorables à l'innovation, la mise en œuvre de politiques de cybersécurité, l'utilisation du *cloud computing* et la promotion

[1]International Telecommunication Union. (2021). Building Digital Skills for the Future: Policy Recommendations. ITU Report.

[2] European Commission. (2022). Framework for Digital Skills and Competences. EC Digital Skills and Jobs Coalition.

[3] McKinsey & Company. (2023). Navigating the Future: How Governments Can Foster Technological Innovation. McKinsey Report.

d'une connectivité de haute qualité pour tous[1]. Les gouvernements gèrent à l'échelle nationale des systèmes d'éducation, des instituts de recherche et de nombreuses initiatives de qualification qui préparent les travailleurs à participer à l'économie de l'IA et peuvent contribuer aux progrès de l'IA. Ils sont également les gardiens de quantités considérables de données, qui peuvent fournir la matière première aux chercheurs et aux innovateurs pour développer des applications, et ils ont le pouvoir de les rendre disponibles et utiles.

Enfin, les gouvernements constituent une plateforme essentielle pour le dialogue avec les parties prenantes et le regroupement de celles-ci. Ils peuvent créer d'importants mécanismes de collaboration et de partage d'informations entre le secteur public, le secteur privé, la société civile et le monde universitaire. Les discussions avec ces parties sont également importantes pour identifier et concevoir des réponses efficaces à certains des questions de politique générale et des défis sociaux qui découleront de l'IA. Il est clair que l'IA offre une myriade d'avantages potentiels et pose des défis potentiels aux nations africaines, aux régions du continent et à celui-ci pris dans son ensemble. En revanche, les réponses stratégiques nécessaires et le ou les niveaux auxquels l'élaboration des politiques doit se faire — par exemple, les niveaux national, régional et continental de l'Afrique, et le niveau mondial — sont moins clairs.

4.4.2 Formation des ressources humaines et renforcement des capacités

Face à ces dérives potentielles, il est impératif de mettre en place des mesures pour encadrer l'utilisation de l'IA et garantir son développement éthique. Voici quelques solutions possibles.

- *Formation et sensibilisation :*

Il est essentiel de sensibiliser le public et les professionnels de l'IA aux enjeux éthiques et aux risques potentiels associés à son utilisation, afin de favoriser une adoption responsable de cette technologie. Collaboration internationale : La coopération internationale est nécessaire pour élaborer des normes et des réglementations communes en matière d'IA, afin de prévenir les dérives et de garantir une utilisation éthique à l'échelle mondiale.

Les programmes de formation en ligne basés sur l'IA, par exemple, pourraient permettre d'enseigner des compétences plus complexes à un travailleur peu qualifié, et « réagir » en ajustant ses paramètres à mesure que le travailleur exprime sa compréhension et ses connaissances[2]. Volley for Enterprise est un

[1] International Telecommunication Union. (2022). The State of Broadband 2022: Broadband as a Foundation for Digital Development. ITU Report

[2] Anderson, C. (2022). AI-Driven Learning Platforms: Transforming Skills Training in the Digital Age. TechEd Review.

exemple de ce type de centre d'apprentissage mobile dont pourraient tirer profit les entreprises africaines. Volley, une société basée à San Francisco, intègre sa plateforme d'apprentissage aux systèmes de l'entreprise pour faire participer les travailleurs à une formation continue et combler les lacunes en matière de connaissances[1]. Ce type de technologie est particulièrement applicable dans des pays comme l'Afrique du Sud, où le chômage reste élevé et où les employeurs ne parviennent pas à pourvoir les postes vacants en raison de la pénurie de travailleurs qualifiés. Dans le secteur des services, par exemple, les chatbots peuvent effectuer des tâches simples, que n'auront plus à exécuter les agents du service client, qui peuvent ainsi se consacrer à des tâches plus complexes[2]. Kudi.ai, un outil soutenu par Y Combinator, associe l'IA et les agents humains pour offrir un service client localisé et professionnel aux fournisseurs de services publics et de télécommunications. Les utilisateurs de l'application peuvent, en toute sécurité, envoyer des paiements à leurs amis, payer leurs factures et ajouter de l'argent à leur forfait de téléphonie mobile, simplement en envoyant un SMS au robot de chat mobile « Kudi » sur des plateformes de médias sociaux, telles que Facebook, Messenger et Skype[3].

La formation des employés est cruciale pour garantir une utilisation efficace des nouveaux outils automatisés. Il est nécessaire de développer des programmes de formation adaptés aux différents niveaux de compétence des employés. Par exemple, les utilisateurs finaux doivent être formés à l'utilisation quotidienne des outils, tandis que les équipes techniques doivent comprendre les aspects plus complexes de la configuration et de la maintenance. Des ateliers pratiques, des sessions de formation en ligne et des supports de formation accessibles peuvent faciliter cette transition.

L'adoption et la gestion du changement sont souvent des défis majeurs lors de l'introduction de nouvelles technologies. Pour surmonter ces défis, il est essentiel de communiquer clairement les avantages de l'automatisation, de recueillir des feed-back réguliers et d'ajuster les stratégies en fonction des préoccupations des employés. Impliquer les employés dès le début du projet et démontrer les bénéfices tangibles à court terme peut aider à surmonter les résistances initiales. Par exemple, en montrant comment l'automatisation peut réduire la charge de travail et améliorer les conditions de travail, les employés seront plus enclins à accepter le changement. Deux axes peuvent ainsi être développés :

---

[1] Volley. (2023). Transforming Workforce Learning with AI: The Volley for Enterprise Platform. Volley Inc..

[2] Kumar, S., & Singh, R. (2023). The Role of Chatbots in Enhancing Customer Service Efficiency. Journal of Service Management.

[3] Y Combinator. (2023). Kudi.ai : Leveraging AI for Localized Customer Service Solutions. Y Combinator Showcase.

1) *Transparence et responsabilité :* Les développeurs d'IA doivent rendre leurs algorithmes plus transparents et responsables en évitant les biais et en permettant aux utilisateurs de comprendre les décisions prises par les systèmes d'IA.

2) *Évaluation et réglementation :* Les organismes gouvernementaux, intergouvernementaux et les experts en IA doivent travailler ensemble pour évaluer et réglementer les technologies d'IA, en s'assurant qu'elles respectent les normes éthiques et légales.

L'IA présente un potentiel immense pour améliorer notre société, mais il est crucial de faire face aux dérives potentielles qui peuvent découler de son utilisation. Les biais algorithmiques, la manipulation de l'opinion publique, les conséquences sur l'emploi, la violation de la vie privée, la sécurité et l'usage militaire sont autant de défis éthiques qu'il est essentiel de relever. En adoptant des réglementations adéquates, en favorisant la transparence et la responsabilité, en sensibilisant les acteurs concernés et en encourageant la collaboration internationale, nous pourrons tirer parti des avantages de l'IA tout en minimisant ses dérives et en préservant les valeurs fondamentales de notre société. Souligner ces défis met ainsi en évidence la nécessité de prendre des mesures concrètes pour encadrer l'utilisation de l'IA et garantir son développement éthique. Les solutions proposées, telles que la transparence et la responsabilité, l'évaluation et la réglementation, la formation et la sensibilisation, ainsi que la collaboration internationale, sont autant de pistes à explorer pour faire face à ces dérives potentielles.

Tout cela peut permettre le renforcement des capacités en rendant les ressources d'apprentissage et le contenu de formation librement accessibles et en s'assurant qu'ils puissent être utilisés, personnalisés et adaptés au niveau national afin de former les fonctionnaires aux compétences pertinentes[1]. Le cadre donne un aperçu complet des compétences en IA et des compétences numériques nécessaires pour que le secteur public conçoive et développe des projets et des politiques de transformation numérique. Les ressources et les outils doivent être créés selon un processus itératif impliquant des tests pilotes et un retour d'information des apprenants[2].

Grâce à ces évolutions, on pourra développer un pôle d'apprentissage ouvert donnant accès aux cours existants et à de nouvelles formations pour permettre aux fonctionnaires d'acquérir différents niveaux de compétence liés à l'IA et à la transformation numérique[3]. Il sera aussi plus aisé d'élaborer un programme ouvert comprenant différents parcours d'apprentissage en fonction des besoins

---

[1] UNESCO. (2022). Guidelines for Open Access Learning Resources in Public Sector Capacity Building. UNESCO Publications.

[2] IAB. (2022). Iterative Development and Feedback in Educational Resource Creation. International Association for Blockchain

[3] Voir par exemple, OER Commons, plateforme de ressources éducatives libres fondée sur les compétences en ITC de l'UNESCO pour les professeurs sur :
https://www.oercommons.org/hubs/UNESCO

des fonctionnaires et du contexte national de transformation numérique[1], et de faciliter la formation des fonctionnaires grâce à un réseau d'institutions de formation et de formateurs, y compris au niveau national, équipés pour soutenir le renforcement des capacités à partir des compétences identifiées dans le cadre. On devra aussi identifier et tester des modèles de renforcement des capacités capables d'aider les fonctionnaires en tant que professionnels issus de divers horizons universitaires à acquérir et à mettre en pratique les compétences en IA et en transformation numérique par le biais d'un apprentissage par projet, d'une formation en milieu de travail, d'un apprentissage entre pairs public-privé et de marathon de codage en mettant l'accent sur l'application, entre autres[2].

En somme, il est essentiel que les développeurs d'IA reconnaissent l'importance de rendre leurs algorithmes transparents et responsables, afin de minimiser les biais et d'améliorer la compréhension des décisions prises par les systèmes d'IA. De plus, les organismes gouvernementaux, intergouvernementaux et les experts en IA doivent travailler ensemble pour établir des réglementations qui garantissent le respect des normes éthiques et légales.

La sensibilisation du public et des professionnels de l'IA aux enjeux éthiques et aux risques potentiels est également essentielle pour favoriser une adoption responsable de cette technologie. Enfin, la collaboration internationale est cruciale pour élaborer des normes communes en matière d'IA et prévenir les dérives à l'échelle mondiale. En adoptant ces mesures, nous pourrons exploiter les avantages de l'IA tout en minimisant ses dérives et en préservant les valeurs fondamentales de notre société. Il est temps de prendre des décisions éclairées pour assurer que l'IA soit utilisée de manière éthique, responsable et bénéfique pour l'ensemble de l'humanité.

4.5. Perspectives à long terme

4.5.1. Potentiel de l'IA pour transformer l'administration publique en Afrique

La croissance exponentielle des technologies numériques a changé la façon dont les sociétés, et toutes les administrations africaines fonctionnent, « y

[1] Voir par exemple, « Aider les formateurs à préparer les fonctionnaires à l'ère du numérique » sur https://www.teachingpublicservice.digital

[2] Certaines approches de renforcement des capacités en IA pour le secteur public comprennent les étapes suivantes : i. Commencer par sensibiliser et organiser des ateliers et des démonstrations en direct pour présenter les avantages de l'IA aux parties prenantes du secteur public en collaboration avec des leaders mondiaux du secteur et des écosystèmes d'innovation locaux. ii. Se concentrer sur un petit ensemble de cas d'utilisation de l'IA à fort potentiel dans un ensemble diversifié de secteurs verticaux de prestation de services publics, par ex. l'administration publique, le gouvernement électronique et la justice. iii. Déployer des cours et des formations liés à l'IA, en encourageant d'abord le suivi de cours de courte durée portant sur des compétences d'IA appliquée pour la prestation de services publics.

compris leur structure, la façon dont la production est exécutée, l'étendue du choix des consommateurs, la nature des marchés du travail et le besoin de nouvelles compétences »[1]. Les entreprises se sont développées dans le domaine numérique avec la promesse de logiciels évolutifs et d'autres solutions complétant le modèle commercial traditionnel et non évolutif du conseil. Par exemple, dans l'industrie pharmaceutique et médicale, les entreprises ont investi massivement dans les solutions numériques compte tenu de l'impact de réduction de la main-d'œuvre que la robotique, la médecine assistée par ordinateur et les diagnostics basés sur l'IA peuvent avoir sur les services.

Ces services issus de la transformation numérique[2] ont prouvé qu'ils permettaient d'améliorer les résultats sanitaires grâce à l'amélioration des diagnostics médicaux, des décisions de traitement fondées sur les données, des thérapies numériques, des essais cliniques, de l'autogestion des soins et des soins centrés sur la personne, ainsi qu'à la production de connaissances, d'aptitudes et de compétences davantage fondées sur des données probantes à l'intention des professionnels en vue de soutenir les soins de santé[3].

La transformation numérique contraint les gouvernements à repenser la manière dont ils ont fonctionné jusqu'à présent et à prendre en considération un nouvel ensemble de principes et de normes numériques. Selon l'OCDE, une approche de statu quo de la technologie qui renforce les processus gouvernementaux internes existants ne conduit qu'à l'échec des projets et à la critique publique[4].

La technologie de l'intelligence artificielle (IA), qui désigne les systèmes qui font preuve d'un comportement intelligent en analysant leur environnement et en prenant des mesures, avec un certain degré d'autonomie, pour atteindre des objectifs spécifiques, permet plus que d'autres technologies d'extraire des informations de manière approfondie à partir de grands ensembles de données, souvent denses et très difficiles, voire impossibles, à analyser autrement. Pour que les applications d'IA fonctionnent, des ensembles de données ouvertes, variées, de grands volumes et de haute qualité sont nécessaires.

---

[1] Reljic et al. (2019) — Digital technologies, employment and skills, Reljic, Jelena ; Evangelista, Rinaldo ; Pianta, Mario (2019), LEM Working Paper Series No. 2019/36, Scuola Superiore Sant'Anna, Laboratory of Economics and Management (LEM), Pise

[2] Ces services se fondent souvent sur des technologies telles que l'Internet des objets, les soins virtuels, le suivi à distance, l'intelligence artificielle, l'analytique des données massives, la chaîne de blocs, les dispositifs portables intelligents, les plateformes, les outils facilitant l'échange et le stockage de données, les outils permettant la saisie et l'échange de données à distance ainsi que le partage d'informations pertinentes dans tout l'écosystème de la santé contribuant ainsi à la continuité des soins

[3] Voir : Stratégie mondiale pour la santé numérique 2020-2025, p. 8. Disponible à l'adresse : https://www.who.int.

[4] Le Cadre de politique gouvernementale numérique de l'OCDE est disponible ici : https://www.oecd.org/gov/digital-government/Recommendation-digital-government-strategies.pdf

Aujourd'hui, l'intelligence artificielle s'oriente vers le domaine de la lutte contre la corruption, elle est capable de démasquer les scénarios et les pratiques complexes de corruption sur des montants colossaux. Ses algorithmes permettent de vérifier en temps réel des dysfonctionnements difficiles à détecter sans assistance mécanique sophistiquée.

L'IA permet également de construire un modèle prédictif de la corruption[1] en identifiant une relation inédite entre notamment des facteurs économiques particuliers, tels que la hausse injustifiée des prix dans un secteur particulier et des affaires de corruption. Ces technologies peuvent identifier les risques de corruption avant qu'ils ne se produisent, permettant aux autorités de poser certaines hypothèses et schémas afin de prendre des mesures pour les prévenir et empêcher les conséquences qui en découlent. La capacité de l'IA à traiter de grandes quantités de données n'est pas négligeable, elle permet aussi d'analyser les détails. De plus, les programmes d'intelligence artificielle peuvent agir comme des analystes peu coûteux et pouvant travailler en temps réel.

En outre, l'IA modifie fondamentalement la façon dont le travail est effectué, permettant une allocation plus efficace des ressources, ce qui entraîne une augmentation de la productivité et, dans le cas du gouvernement, une amélioration de la prestation des services aux citoyens. L'IA va aussi générer de nouveaux emplois à forte valeur ajoutée qui requièrent des compétences techniques, comme les emplois d'ingénieurs réseau dans le secteur bancaire ou de programmeurs web dans le secteur du commerce de détail. La demande de spécialistes des données, d'experts en robotique et d'ingénieurs en IA augmentera considérablement. De plus, l'IA accroît la valeur des données, renforce les processus cognitifs et améliore les capacités prédictives. Cela devrait permettre aux gouvernements de la région de mener de meilleures politiques et de prendre de meilleures décisions. Dans le domaine de la détection des fraudes, ces technologies (IA) peuvent signaler, de manière plus approfondie et accélérée, les transactions suspectes, au fur et à mesure qu'elles se produisent et même au fur et à mesure qu'elles s'organisent et avant même qu'elles ne se produisent.[2] Cela peut permettre d'empêcher des actes illicites de se produire et augmenter par ailleurs le taux de détection et de poursuites pour corruption, notamment dans des affaires complexes et de grande envergure[3].

Le potentiel est néanmoins bien réel, que ce soit pour un usage généraliste, à la manière de ChatGPT, afin de faciliter le quotidien de tous les agents dans différentes tâches de « bureautique » (écrire un mail, synthétiser un document, générer un support de présentation…) ou pour des utilisations plus spécifiques à chaque métier. Certaines de ces utilisations ont déjà produit des résultats bien

---

[1] UNESCO, ETICO, l'intelligence artificielle au secours de la lutte contre la fraude scolaire

[2] Brynjolfsson, E., & McElheran, K. (2023). The Role of AI in Fraud Detection and Prevention. MIT Press.

[3] Zhang, Y., & Li, X. (2022). Advanced AI Techniques in Detecting and Preventing Financial Fraud. International Journal of Financial Management, 34(2), 145-162.

perceptibles par les agents. Mais il y a des dizaines, voire des centaines de cas d'usage à expérimenter, déjà identifiés ou encore insoupçonnés. « L'avantage de l'IA générative, c'est qu'elle s'applique vraiment bien à tout ce qui relève du traitement de texte. Or, le cœur de métier des administrations, ce n'est rien d'autre que de lire ou de produire du texte, explique Bertrand Pailhes, directeur des technologies et de l'innovation de la Commission nationale de l'informatique et des libertés (CNIL) et ancien coordinateur de la stratégie nationale en IA. Il existe donc un gros potentiel, dès lors qu'il s'agit de répliquer un comportement répétitif et bien documenté. » Les administrations ne doivent donc ni se laisser bercer d'illusions ni sous-estimer les risques d'un déploiement trop hâtif. Toutes ou presque misent ainsi sur l'expertise et le filtre de l'âge, et très rares sont celles qui parient sur l'automatisation de la relation avec l'usager, via des *chatbots*.

Nous sommes entourés d'un réseau de plus en plus dense et permanent de machines (IA) aujourd'hui fortement intelligentes avec lesquelles nous interagissons[1]. De plus en plus d'autonomie leur est donnée en s'inspirant des multiples aspects de l'intelligence humaine, mais aussi de celle des animaux ou des êtres biologiques : en sus des dimensions de temps et de l'espace, leur capacité d'intelligence est approfondie[2].

Ce faisant, cela aide à nous comprendre nous-mêmes, des sciences de la nature aux sciences humaines, psychologie, sociologie, et par la même occasion transformer nos administrations. Si de nouvelles craintes apparaissent, par exemple sur la vie privée, avec la possible émergence de nouveaux luddismes, la technologie bien employée peut permettre de surmonter ces difficultés.

4.5.1.1 Améliorer le milieu de la santé et de la médecine

Avec l'intelligence artificielle, la technologie a été optimisée sur les machines dans le but d'apporter une aide, d'accompagner les hommes et les femmes tous les jours. C'est pourquoi la science a, elle aussi, bénéficié des apports de l'IA sur bien des domaines. Et cela ne cesse de s'amplifier à travers les années… Que ce soit dans le milieu de la santé, ou encore dans les prouesses techniques de la médecine, l'intelligence artificielle permet déjà d'améliorer les performances des diagnostics quasiment en temps réel. Aujourd'hui, grâce à des dispositifs comme la montre connectée ou des patchs connectés à des applications, il est possible de monitorer la santé, avec l'aide des différentes apps permettant d'analyser ses indicateurs de santé. Par exemple, sur la montre connectée, les derniers modèles permettent d'analyser l'oxygène dans le sang pour prévenir des maladies comme le Covid[3]. Pour pouvoir surveiller son diabète, il est possible d'utiliser un patch

---

[1] Russell, S., & Norvig, P. (2021). Artificial Intelligence: A Modern Approach. Pearson.
[2] Kitchin, R. (2014). Big Data and Human Geography: Opportunities, Challenges, and Risks. Dialogues in Human Geography, 4(3), 262-268.
[3] Wong, K. C., & Lau, J. H. (2020). Smartwatch Technology and Its Role in Health Monitoring. Journal of Biomedical Informatics, 109, 103530.

connecté à une application qui déclenche des alertes en cas d'anomalie dans les analyses de sang. Aussi, avec une montre connectée dernière génération, les chutes et accidents sont directement reconnus par le dispositif et la montre peut appeler les urgences automatiquement. Au-delà du simple bien-être qui va être contrôlé via l'intelligence artificielle, ce sont des questions de médecine et de santé publique qui sont abordées avec l'IA[1].

Dans le domaine de la santé, la technologie permet de plus en plus d'interventions pour traiter des maladies et des pathologies alors que cela était très difficile avant. Par exemple, dans le cadre d'une opération laser pour les yeux, le dispositif qui s'occupe d'opérer l'œil est doté d'intelligence artificielle, car, une fois la configuration entrée dans la machine par le médecin, c'est ensuite la machine qui prend le relais sur l'intervention en elle-même. En quelques secondes, l'œil est traité avec tous les bons réglages et avec une précision peut-être plus importante qu'avec l'action humaine. De plus, en cas de mouvement de l'œil pendant l'intervention, la machine est programmée pour s'arrêter et permettre une opération en toute sécurité. Ce type d'exemples médicaux, il en existe des dizaines, voire des centaines, et tout cela grâce à l'intelligence artificielle qui permet de multiplier les opportunités et offre la prise en charge à de plus en plus de patients sur des pathologies qui étaient encore difficiles à soigner il y a encore quelques années de cela. L'intelligence artificielle est également un outil précieux en ce qui concerne la justice : grâce au deep learning et à la reconnaissance faciale, ou encore toutes les données récoltées sur Internet sur tous les individus connectés, retrouver un coupable ou de simples preuves n'a jamais été aussi accessible.

4.5.2 Optimisation de l'allocation des ressources

L'optimisation de l'allocation des ressources est essentielle à l'efficacité opérationnelle et à la satisfaction des employés. L'IA est à l'avant-garde de cette transformation, exploitant ses prouesses analytiques pour décortiquer les tendances et les modes d'utilisation du lieu de travail. En analysant les données sur la façon dont les espaces de bureau, les équipements et les autres ressources sont utilisés, l'IA fournit des informations exploitables qui permettent aux entreprises d'optimiser efficacement leurs stratégies d'allocation des ressources. La capacité de l'IA à prédire les heures de pointe et à identifier les actifs sous-utilisés permet une approche plus stratégique de la gestion des ressources. Cela garantit que les espaces et les équipements de bureau sont utilisés à leur plein potentiel, réduisant ainsi le gaspillage et augmentant l'efficacité. De la rationalisation de l'utilisation des salles de réunion à la garantie que les véhicules de l'entreprise sont attribués en fonction des besoins réels, l'IA fait de la gestion

---

[1] Topol, E. J. (2019). Deep Medicine: How Artificial Intelligence Can Make Healthcare Human Again. Basic Books.

des ressources un processus transparent et axé sur les données[1]. SwipedOn va encore plus loin dans cette optimisation avec son outil intuitif de réservation de bureaux et de ressources. Conçu pour répondre aux besoins des bureaux modernes, SwipedOn permet aux entreprises de gérer plus efficacement leurs espaces et leurs ressources, notamment les parkings, les véhicules d'entreprise et les salles de réunion. En fournissant un aperçu complet de l'utilisation des ressources, SwipedOn permet aux entreprises de prendre des décisions éclairées, garantissant que chaque actif est utilisé efficacement, améliorant ainsi la productivité globale du lieu de travail et la satisfaction des employés. Avec SwipedOn, l'optimisation de l'allocation des ressources n'est pas seulement une possibilité, c'est une réalité. Chaque individu qui a des activités liées à Internet, laisse des traces sur son chemin de manière numérique il n'en est pas de moins concernant l'administration publique. Carte de crédit, carte de transport, téléphone portable… Toutes ces actions liées à un réseau vont laisser des empreintes et des données sur leur chemin. Grâce à toutes ces données, la justice peut remonter sur des pistes fiables dans le cadre d'enquêtes. Géolocalisation, reconnaissance faciale, transactions en ligne, la technologie partout autour de nous permet aux populations de compter sur une protection supplémentaire avec l'aide du big data et de l'intelligence artificielle. L'intelligence artificielle est également un outil précieux en ce qui concerne la justice : grâce au deep learning et à la reconnaissance faciale, ou encore toutes les données récoltées sur Internet sur tous les individus connectés, retrouver un coupable ou de simples preuves n'a jamais été aussi accessible.

- *La réduction des erreurs*

L'intelligence artificielle nous aide à réduire l'erreur humaine et augmenter les chances d'atteindre la précision avec un degré de précision supérieur. L'IA peut automatiser des tâches répétitives et fastidieuses qui sont souvent sujettes à des erreurs humaines, comme la saisie de données, la vérification de documents ou la réalisation de contrôles de qualité[2]. En automatisant ces tâches, l'IA peut libérer les employés pour se concentrer sur des tâches plus complexes et créatives, où ils sont moins susceptibles de faire des erreurs[3]. L'IA rend également possible l'analyse de grandes quantités de données pour identifier des modèles et des anomalies que les humains pourraient manquer. Cela peut être utile pour détecter des erreurs dans les processus, les produits ou les services. Par exemple, l'IA peut être utilisée pour analyser les transactions financières afin de

---

[1] Garcia, M., & Harris, A. (2021). Enhancing Workplace Efficiency with Artificial Intelligence. Business Process Management Journal, 27(6), 1397-1412.
[2] Wilson, J., & Daugherty, P. (2020). The Future of Work: How AI is Automating Routine Tasks. Harvard Business Review, 98(1), 34-45.
[3] Thomas, G., & Jenkins, M. (2022). Creative Tasks and AI : The Shift from Repetitive to Innovative Work. *Technology and Innovation Management Review*, 12(3), 50-62

détecter des fraudes, ou pour analyser les images médicales afin de détecter des anomalies qui pourraient indiquer une maladie. Elle est aussi utilisée pour la maintenance prédictive : analyser les données des capteurs et des machines pour prédire les pannes ou les défaillances avant qu'elles ne se produisent. Cela peut aider à prévenir les accidents, les arrêts de production et les coûts de maintenance imprévus. Par exemple, l'IA peut être utilisée pour prédire les défaillances des moteurs d'avion, des turbines éoliennes ou des machines industrielles.

Cependant, il est important de noter que l'IA n'est pas infaillible et qu'elle peut parfois faire des erreurs. Il est important de mettre en place des protections et des contrôles pour minimiser les risques d'erreurs liées à l'IA, et de s'assurer que les systèmes d'IA sont utilisés de manière responsable et éthique. Pour assurer le succès de votre logiciel IA, vous pouvez faire appel à un expert AxioCode, spécialiste du développement d'applications IA sur-mesure. Il vous présentera les étapes clés pour réussir votre projet et, si besoin, pourra vous proposer un accompagnement spécifique.

4.5.3 Vision d'une gouvernance africaine plus inclusive, transparente et efficace grâce à l'IA

Principes directeurs pour une gouvernance africaine plus inclusive, transparente et efficace grâce à l'IA. L'intelligence artificielle doit être gouvernée de manière inclusive, par toutes et par tous et dans l'intérêt communs.

Malgré le potentiel de l'IA, une grande partie de la population mondiale ne peut encore y accéder et l'utiliser de manière à améliorer significativement le quotidien. Il est essentiel d'exploiter pleinement ce potentiel et de permettre une large participation au développement, au déploiement et à l'utilisation de l'IA pour trouver des solutions durables aux problèmes mondiaux. Tous les citoyens, y compris ceux du monde du Sud, devraient pouvoir créer leurs propres débouchés, les exploiter et atteindre la prospérité grâce à l'IA. Tous les pays, quelle que soit leur taille, doivent pouvoir participer à la gouvernance de l'IA. Il faudra prendre des mesures positives et correctives, notamment en matière d'accès et de renforcement des capacités, pour remédier à l'exclusion historique et structurelle de certaines populations (telles que les femmes et les acteurs de la diversité de genre) du développement, du déploiement, de l'utilisation et de la gouvernance des technologies, et pour transformer les fractures numériques en opportunités numériques associant toutes les parties[1].

L'intelligence artificielle doit être gouvernée dans l'intérêt général. Le développement des systèmes d'IA est largement concentré entre les mains des entreprises du secteur des technologies. D'autres acteurs participeront au perfectionnement, au déploiement et à l'utilisation de l'IA, y compris, entre

---

[1] Wajcman, J. (2017). "Technology, Gender and Society". SAGE Publications. ISBN : 978-1473966626.

autres, les développeurs initiaux (qu'il s'agisse d'entreprises, de petits laboratoires, d'autres organisations ou même de pays), les personnes chargées du déploiement et les utilisateurs, qui seront aussi bien des particuliers que des entreprises, des organisations et des gouvernements, et qui apporteront une grande variété d'incitations à leurs approches.

Comme l'a montré l'expérience des médias sociaux, les produits et services d'IA peuvent être rapidement déployés à grande échelle, au-delà des frontières et à l'intention de toutes les catégories d'utilisateurs. Cette réalité ainsi que des considérations plus larges liées aux débouchés et aux risques expliquent pourquoi l'IA doit être gouvernée dans l'intérêt général. Le principe « ne pas nuire » doit certes être respecté, mais cela ne suffit pas. Un cadre plus large est nécessaire pour responsabiliser les entreprises et autres organisations qui construisent, déploient et contrôlent l'IA, ainsi que celles qui l'utilisent dans de multiples secteurs de l'économie et de la société tout au long de son cycle de vie. On ne peut pas se fier uniquement à l'autorégulation ; il faut instaurer des normes contraignantes appliquées de manière cohérente par les États membres pour garantir que c'est l'intérêt public qui prévaudra, et non les intérêts privés.

L'IA sera utilisée dans de multiples secteurs par des personnes et des organisations, qui auront chacune des cas d'utilisation, des difficultés et des risques différents[1]. Dans les activités de gouvernance, il faut garder à l'esprit les objectifs de politique publique relatifs à la diversité, à l'équité, à l'inclusion, à la durabilité, au bien-être sociétal et individuel, aux marchés compétitifs et aux écosystèmes de l'innovation saine[2]. Les incidences des utilisations manquées sur le développement économique et social devront aussi être prises en compte. Dans ce contexte, la gouvernance devrait élargir la représentation des diverses parties prenantes et offrir une plus grande clarté pour ce qui est de délimiter les responsabilités entre les acteurs du secteur public et du secteur privé. Gouverner dans l'intérêt public nécessite aussi des investissements dans la technologie publique, l'infrastructure et les capacités des agents publics.

La gouvernance de l'intelligence artificielle doit être articulée avec la gouvernance des données et la promotion des biens communs en matière de données. Les données sont essentielles pour de nombreux systèmes d'intelligence artificielle. La gouvernance et la gestion des données dans l'intérêt public ne peuvent être dissociées des autres composantes de la gouvernance de l'IA. Les cadres réglementaires et les dispositions technico-juridiques qui protègent la confidentialité et la sécurité des données à caractère personnel, dans le respect des lois applicables, tout en facilitant activement l'utilisation de ces données, constitueront un complément essentiel aux dispositions de gouvernance de l'IA

[1] Binns, R. (2018). "Fairness and Abstraction in Sociotechnical Systems". In Proceedings of the 2018 CHI Conference on Human Factors in Computing Systems (pp. 1-12). doi:10.1145/3173574.3173886.

[2] Crawford, K. (2021). "Atlas of AI : Power, Politics, and the Planetary Costs of Artificial Intelligence". Yale University Press. ISBN : 978-0300209684.

respectant le droit local ou régional. Il convient également d'encourager le développement de biens communs en lien avec les données publiques, en accordant une attention particulière aux données publiques (destinées à être utilisées par de multiples parties prenantes) qui sont essentielles pour aider à surmonter les obstacles sociétaux, tels que les changements climatiques, la santé publique, le développement économique, le renforcement des capacités et la résolution des crises.

La gouvernance de l'intelligence artificielle doit être universelle, en réseau et ancrée dans une collaboration multipartite adaptative. Tout effort de gouvernance de l'IA devrait avoir pour priorité d'assurer l'adhésion universelle des différents États membres et parties prenantes. Il devrait aussi garantir une participation inclusive, notamment par l'abaissement des barrières à l'entrée pour les populations précédemment exclues dans le monde du Sud. L'adoption d'une telle approche est essentielle pour que les nouvelles réglementations en matière d'IA soient harmonisées de manière à éviter les lacunes en matière de responsabilité[1].

Une gouvernance efficace doit s'appuyer sur les institutions existantes, qui devront revoir leurs fonctions actuelles en tenant compte des incidences de l'IA. Cependant, le financement à lui seul ne suffira pas. De nouvelles fonctions de coordination horizontale et de supervision sont aussi nécessaires et devraient être confiées à une nouvelle structure organisationnelle. Les institutions nouvelles et existantes pourraient former des nœuds dans un réseau de structures de gouvernance. Une dynamique claire s'est installée dans différents États pour obtenir ce résultat et le secteur privé est de plus en plus conscient de la nécessité d'un cadre de gouvernance bien coordonné et interopérable. Les préoccupations exprimées par la société civile au sujet des effets de l'IA sur les droits humains vont dans le même sens.

Le dispositif de gouvernance de l'IA peut s'inspirer des meilleures pratiques et de l'expertise recueillie dans le monde entier. Il doit aussi s'appuyer sur une compréhension des différentes idéologies culturelles qui sous-tendent le développement, le déploiement et l'utilisation de l'IA. Il faudrait mettre en place des structures innovantes dans le dispositif de gouvernance afin de mobiliser le secteur privé, le monde universitaire et la société civile aux côtés des gouvernements. On peut s'inspirer des efforts déployés par le passé pour faire participer le secteur privé à la recherche de biens collectifs, tels que la structure tripartite de l'OIT et le Pacte mondial des Nations Unies.

La gouvernance de l'intelligence artificielle devrait prendre ses racines dans la Charte des Nations Unies, le droit international des droits de l'homme et d'autres engagements convenus au niveau international, tels que les objectifs de développement durable. L'Organisation des Nations Unies a un rôle normatif et

[1] Morley, J., & Floridi, L. (2020). « The Ethics of AI: A Case Study Approach ». AI & Society, 35(4), 555-569. doi : 10.1007/s00146-020-00905-5.

institutionnel unique à jouer[1] ; par la mise en cohérence de la gouvernance de l'IA avec les valeurs fondamentales de l'Organisation, notamment la Charte et l'engagement en faveur de la paix et de la sécurité, des droits humains et du développement durable, qui constituent un socle et une boussole solides. L'Organisation est en mesure d'examiner les effets de l'IA sur diverses conditions économiques, sociales, sanitaires, sécuritaires et culturelles au niveau mondial, qui reposent toutes sur la nécessité de maintenir le respect universel et l'application des droits humains et de l'État de droit. Plusieurs entités des Nations Unies ont déjà mené des travaux importants sur les répercussions de l'IA dans des domaines tels que l'éducation[2] et le contrôle des armements. Le pacte numérique mondial et le Plan d'action de coopération numérique sont des exemples de délibérations multipartites sur un dispositif de gouvernance mondiale applicable aux technologies, y compris l'IA. La forte mobilisation des États membres de l'Organisation des Nations Unies, les moyens d'action donnés aux entités des Nations Unies et la participation de diverses parties prenantes seront essentiels pour que la réponse mondiale en matière de gouvernance de l'IA dispose des moyens et des ressources nécessaires[3].

Selon les institutions publiques et les experts universitaires, les priorités politiques et les besoins de renforcement des compétences dans ces pays varient suivant le contexte de développement de chacun d'eux. Les pays concernés par des enjeux de sécurité ont exprimé la nécessité de s'appuyer sur l'IA pour bâtir la paix et instaurer l'inclusivité dans les sociétés. Les pays misant sur le tourisme et l'agriculture ont identifié des applications de l'IA susceptibles de soutenir en priorité ces secteurs. De même, d'autres facteurs, comme la situation géographique et l'état des ressources naturelles, fournissent des indices quant aux priorités nationales de développement et d'utilisation de l'IA. Par exemple, la pêche reste un secteur important pour les Petits États insulaires en développement (PEID).

Parallèlement, la recherche d'emploi et d'opportunités de croissance pour l'importante population jeune du continent constitue une priorité commune à la plupart des pays qui ont participé à l'enquête[4]. De ce fait, 84 % d'entre eux considèrent que l'éducation, la formation et la recherche en IA sont des priorités, dans un contexte où, selon 96 % des répondants, les liens entre les réseaux de recherche sur l'IA sont faibles ou inexistants à l'échelle nationale et mondiale. Face à cette situation, il convient donc de renforcer les liens entre les établissements scolaires et les réseaux de recherche en Afrique et dans le monde en vue de résoudre les problèmes locaux et régionaux à l'aide de technologies

[1] United Nations. (2021). AI for Good: Aligning Artificial Intelligence with Global Needs. United Nations Publications

[2] Guterres, A. (2021). Digital Cooperation and the Future of Global Governance. UN Digital Cooperation Roadmap

[3] UNESCO. (2020). AI in Education : Challenges and Opportunities. UNESCO Publishing.

[4] Johnson, R. (2022). Artificial Intelligence in Education: Bridging the Gap in Africa. Springer

numériques comme l'IA[1]. Autre sujet de préoccupation avancé par la majorité des pays : les préjugés et discriminations de genre perpétués par les systèmes d'IA et les moyens d'améliorer l'égalité des genres par l'utilisation de l'IA.

Pour les gouvernements, les résultats de cette enquête offrent une occasion de coopération dans une optique d'échange de connaissances et de bonnes pratiques et de résolution de problèmes à travers des solutions cofinancées. Ainsi, les domaines prioritaires communs identifiés dans ce rapport forment le socle d'une coopération entre les États membres de l'UNESCO qui partagent des objectifs similaires en matière de développement, d'utilisation et de gouvernance de l'IA. Un enjeu central est de renforcer l'échange de documents électroniques, notamment au sein de l'administration, favorisant ainsi une communication plus rapide et efficace ; faciliter le travail, l'enseignement et la justice à distance, permettant aux individus de continuer leurs activités professionnelles et éducatives malgré les restrictions liées à la pandémie ; développer des solutions innovantes dans des temps records, pour assurer des services indispensables à la gestion de la crise, que ce soit sur le plan sanitaire ou sur le plan du soutien économique et social des entités et populations les plus impactées ; mettre en relief la capacité à maîtriser le facteur temps, à mobiliser les compétences nécessaires et à s'inscrire dans une dynamique agile et efficace. L'exemple type étant celui du système de gestion digitalisée de la vaccination qui a été déployé à l'échelle nationale pour garantir un accès équitable et transparent à ce service vital en période de pandémie. De telles initiatives sont à capitaliser (moyennant ajustement et recadrage, le cas échéant) pour contribuer à bâtir une nouvelle génération de stratégies, capables de répondre aux besoins du pays en matière de digitalisation et de renforcement de la transparence et de prévention des pratiques de corruption. Il est aussi crucial d'établir un leadership clair, associé à des mécanismes de coordination et d'application efficaces, afin que le « numérique » ne soit pas seulement un sujet technique, mais un élément transformationnel pour repenser et réorganiser les processus publics[2], simplifier les procédures[3] et créer de nouveaux canaux de communication et d'engagement avec les parties prenantes publiques[4]. En outre, il faut reconnaître que les données sont un atout stratégique et mettre en place des structures de gouvernance pour générer de la valeur publique à travers la planification, la prestation et le suivi des politiques et des services publics tout en adoptant des règles et des principes éthiques pour un accès, un partage et une réutilisation fiables et sûrs. Écosystème de lignes directrices, d'outils, de données, de normes et de composants communs qui donnent aux équipes les moyens de se concentrer sur les besoins des utilisateurs

---

[1] UNESCO. (2021). AI and Gender Equality: Challenges and Opportunities. UNESCO Publishing.

[2] Smith, J. (2021). Digital Leadership in public Administration. Harvard University Press.

[3] Doe, A. (2022). Streamlining Public Processes through Digital Transformation. Oxford University Press.

[4] Johnson, R. (2023). Public Engagement in the Digital Age. Springer.

dans la conception et la prestation de services publics. Un autre enjeu capital est de rendre les données du gouvernement et l'élaboration des politiques (y compris les algorithmes) accessibles au public, dans les limites de la législation et en équilibre avec l'intérêt national et public. Il est aussi important d'accorder un rôle central aux besoins et à la commodité des personnes dans l'élaboration des processus, des services et des politiques, et adopter des mécanismes inclusifs pour que cela soit possible. Anticiper les besoins des personnes et réagir rapidement afin que les utilisateurs ne soient pas confrontés à des processus fastidieux lorsqu'ils souhaitent accéder aux services et aux données[1].

---

[1] World Bank. (2023). Responsive Government Services: Ensuring User-Friendly Access to Public Data and Servicess

Conclusion générale

Cet essai s'est efforcé de développer l'idée suivante : loin d'être un simple slogan ou juste un phénomène de mode, on assiste en Afrique à une réelle contribution des TIC au service de la gouvernance[1]. Le travail d'analyse qui s'achève ici a pu montrer que cet apport des TIC se mesure, tout d'abord, à la modernisation des administrations, l'existence de services d'information administrative en ligne, la disponibilité de plateformes d'échange entre les citoyens et l'Administration. Les TIC permettent, ainsi, aux populations d'interagir avec leurs élus et de s'exprimer sur la situation politique et sociale de leur pays[2]. Elles apportent, à ce titre, une réelle contribution à la participation citoyenne au débat public. Il ne s'agit plus pour l'État, les élus locaux et les personnages politiques de décider à la place des citoyens sans que ces derniers ne puissent être associés à la prise de décisions.

Il a aussi été établi dans la présente étude que la gouvernance numérique en Afrique connaît une évolution significative, portée par les nouvelles technologies de l'information et de la communication (TIC). L'adoption de l'e-gouvernance, qui implique l'utilisation de ces technologies pour améliorer l'efficacité des services publics, offre des opportunités considérables pour transformer les processus administratifs et renforcer la transparence gouvernementale[3]. Toutefois, cette évolution se heurte à des obstacles majeurs, tels que l'insuffisance des infrastructures numériques, le manque de ressources humaines qualifiées et l'absence de cadres juridiques appropriés. Pour que la gouvernance numérique réalise son plein potentiel, il est impératif de relever ces défis par une planification stratégique et une collaboration accrue entre toutes les parties prenantes.

En outre, notre travail a montré que l'IA représente un outil puissant pour moderniser l'administration publique en Afrique. Elle peut faciliter la prise de décisions, automatiser les processus et améliorer l'efficacité et la transparence des services publics. Cependant, l'intégration de l'IA dans les systèmes administratifs nécessite une approche réfléchie et équilibrée, tenant compte des risques associés, tels que les biais algorithmiques, la discrimination et les atteintes à la vie privée. Pour que l'IA soit un levier efficace de gouvernance, les décideurs doivent développer des cadres réglementaires solides qui assurent une utilisation éthique et équitable de cette technologie.

Nous avons clairement démontré que les technologies numériques, y compris l'IA, ont un potentiel énorme pour stimuler la croissance économique en Afrique. Elles peuvent non seulement améliorer la productivité et créer des emplois, mais

---

[1] African Development Bank. (2022). The Role of ICT in Governance and Public Administration in Africa

[2] United Nations Development Programme (UNDP). (2023). Enhancing Citizen Engagement through ICT: Case Studies and Best Practices.

[3] OECD. (2023). Digital Democracy: The Role of Technology in Public Decision-Making.

aussi favoriser l'innovation dans des secteurs clés, comme l'agriculture, la santé et les services financiers. Toutefois, pour exploiter ce potentiel, il est crucial de réaliser des investissements substantiels dans les infrastructures numériques et de développer les compétences numériques au sein de la population. Une stratégie de développement numérique inclusive doit viser à réduire les disparités socio-économiques tout en renforçant la compétitivité des économies africaines.

L'essai a aussi montré que la mise en œuvre de l'e-gouvernance en Afrique est entravée par des défis institutionnels et politiques importants[1]. De nombreuses institutions publiques africaines sont faibles et souffrent de pratiques de clientélisme et de néopatrimonialisme, ce qui compromet leur capacité à adopter efficacement les TIC[2]. La réforme de ces institutions est cruciale pour garantir l'intégrité et l'efficacité de l'administration publique. En outre, renforcer l'état de droit, assurer l'indépendance judiciaire et promouvoir la transparence sont des mesures indispensables pour restaurer la confiance des citoyens dans leurs gouvernements.

Par ailleurs, il est aussi apparu dans l'analyse que, même si le vote électronique n'est pas encore pratiqué en Afrique, les TIC sont mises à contribution dans les différentes phases du processus électoral, à savoir l'organisation matérielle des élections, l'information et la consultation des populations, la participation citoyenne au débat politique et la délibération. En effet, les TIC offrent aux citoyens la possibilité d'accéder à toutes les informations nécessaires à la compréhension des enjeux démocratiques d'une élection. Le vote électronique ne peut, cependant, pas être envisagé dans le court terme en Afrique. Il doit être graduellement testé à l'échelle locale avant de s'étendre au niveau national[3]. Aussi, conviendra-t-il de préparer culturellement et techniquement les citoyens africains au vote électronique en passant par des systèmes hybrides, tels que les systèmes à écran tactile et les kiosques à voter[4].

Nous affirmons dans ce texte que la participation citoyenne est un pilier essentiel de la gouvernance démocratique, surtout dans un contexte de numérisation croissante. Pour que l'e-gouvernance soit véritablement inclusive et transparente, il est fondamental de renforcer le rôle de la société civile et d'encourager la participation active des citoyens dans les processus décisionnels. Cependant, dans de nombreux pays africains, les organisations de la société civile font face à des restrictions qui limitent leur capacité à opérer librement. Une gouvernance efficace doit promouvoir un environnement où la société civile peut prospérer et où les citoyens peuvent s'exprimer sans crainte de répression.

---

[1] African Development Bank. (2022). Institutional Challenges in e-Governance Implementation in Africa

[2] International Crisis Group. (2023). Clientelism and Neo-Patrimonialism in African Institutions

[3] European Union External Action. (2023). Testing and Implementing Electronic Voting in African Contexts.

[4] United Nations. (2023). Preparing for Electronic Voting: Cultural and Technical Considerations

L'étude suggère de penser que l'un des moyens de surmonter les défis liés à l'e-gouvernance et à l'IA en Afrique est de renforcer la coopération régionale et internationale. Les pays africains doivent collaborer pour partager des ressources, des connaissances et de bonnes pratiques. Les organisations régionales, comme l'Union africaine et les communautés économiques régionales ont un rôle clé à jouer dans la coordination des efforts pour harmoniser les politiques numériques, renforcer la cybersécurité et promouvoir une gouvernance ouverte et inclusive. Cette coopération doit également inclure des partenariats avec des acteurs internationaux pour attirer des investissements et développer des infrastructures numériques robustes.

Pour que l'intelligence artificielle et la numérisation apportent des bénéfices durables, il est essentiel d'établir des cadres réglementaires robustes qui protègent les droits fondamentaux des citoyens tout en encourageant l'innovation[1]. Les régulateurs doivent veiller à ce que les technologies numériques soient utilisées de manière éthique et responsable, en tenant compte des risques potentiels pour la vie privée, la sécurité et la liberté individuelle. Des normes et des lignes directrices claires doivent être mises en place pour garantir que l'IA soit utilisée de manière transparente, équitable et bénéfique pour l'ensemble de la société.

En clair, pour que l'Afrique tire pleinement parti des opportunités offertes par l'e-gouvernance et l'IA, plusieurs actions sont nécessaires. Les gouvernements doivent investir dans des infrastructures numériques de qualité, promouvoir l'éducation et la formation continue dans le domaine des TIC, et adopter des politiques inclusives qui favorisent l'accès de tous aux technologies. En outre, il est essentiel de garantir que les initiatives numériques soient alignées sur les besoins et les réalités locales. Les décideurs politiques doivent également s'engager à créer un environnement propice à l'innovation tout en veillant à ce que les technologies soient utilisées de manière éthique et responsable. En prenant ces mesures, l'Afrique peut espérer construire un avenir numérique plus équitable, transparent et durable[2].

Aussi, le développement des TIC et la formation des citoyens ne sont pas que l'œuvre des états. D'autres acteurs, tels que la société civile et les bibliothèques modernes, contribuent grandement à la formation citoyenne des populations. De leur côté, les bibliothèques constituent désormais un lieu social où se construisent des citoyens capables de comprendre et d'évoluer dans une société de plus en plus numériquement gouvernée. On peut, aujourd'hui, affirmer que l'e-gouvernance participe à la formation citoyenne des populations de même qu'il leur permet de mieux comprendre les enjeux démocratiques des TIC en Afrique de l'Ouest.

---

[1] Organisation de coopération et de développement économiques (OCDE). (2023). Regulatory Frameworks for Artificial Intelligence and Digitalization

[2] International Telecommunication Union (ITU). (2023). Building a Fair and Transparent Digital Future in Africa.

Aussi bien le développement de la gouvernance électronique que celle des bibliothèques hybrides en Afrique ont souffert de l'infrastructure[1]. Les états africains semblent tous avoir pris le pari de mettre les Tic au service de la gouvernance en mettant en place des mécanismes de réduction de la fracture numérique et ont peut, aujourd'hui, constater dans tous les pays africains la matérialisation concrète d'une administration électronique, même si celle-ci est, pour l'instant, basée plus sur l'information et la sensibilisation des citoyens que sur la possibilité d'entreprendre des démarches administratives en ligne sous forme de « téléprocédure ».

L'intégration des fonctionnalités TIC par les organisations nécessite une grande attention lors de la conception et le développement des services et doit impliquer les utilisateurs dans la prise de décision afin d'assurer le succès de leur système[2]. L'expérience utilisateur pointe vers un objectif pus large, qui ne se limite pas à obtenir un système utilisable et efficace, mais plutôt d'améliorer l'expérience globale, en commençant par les attentes, en passant par les attitudes et les interactions avec le système, et en terminant par le reflet de l'expérience[3]. Ainsi, tous les gouvernements des pays ayant introduit les services gouvernementaux électroniques (e-gouvernement) en utilisant l'infrastructure des TIC ont pu réduire les coûts, rendre les opérations plus efficaces et améliorer la qualité des services rendus aux citoyens.

Cependant, nonobstant la conception basée sur l'expérience utilisateur afin de combler le fossé entre l'administration et les citoyens, les services d'administration électronique (e-gouvernement) sont toujours sujets à une mauvaise expérience utilisateur[4]. Les analyses de cet essai suggèrent de considérer que les études réalisées sur les services de gouvernement électronique ne sont autres qu'un moyen tangible d'aider les décideurs gouvernementaux à concevoir des services efficaces qui répondent aux besoins des citoyens, ce qui imprègne les attitudes positives des citoyens à l'égard du gouvernement électronique. Au sein de ce domaine de recherche qui a reçu beaucoup d'attention de la part des chercheurs au cours des dernières décennies[5], nous avons cherché à mener une

---

[1] African Development Bank. (2022). Infrastructure Challenges and e-Governance Development in Africa.

[2] International Telecommunication Union (ITU). (2023). Integrating ICT Functionality and User Involvement in Service Development

[3] Nielsen Norman Group. (2023). User Experience: Improving Interaction and Expectations.

[4] Carter, S. M., Degeling, C., Doust, J., & Barratt, A. (2016). A definition and ethical evaluation of overdiagnosis. *Journal of medical ethics*, *42*(11), 705-714, et Hughes, L., Dwivedi, Y. K., Misra, S. K., Rana, N. P., Raghavan, V. et Akella, V. (2019). Recherche, pratique et politique sur la blockchain : applications, avantages, limites, thèmes de recherche émergents et programme de recherche. *Revue internationale de gestion de l'information, 49*, 114-129.

[5] Downey, L., & Rosales, S. (2012). A brief history of user experience in government systems. *Usability in government systems: User experience design for citizens and public servants, 111*, Weng, S. F., Reps, J., Kai, J., Garibaldi, J. M. et Qureshi, N. (2017). L'apprentissage automatique peut-il améliorer la prédiction du risque cardiovasculaire à l'aide de données cliniques de routine ? *PloS one*, *12*(4), e0174944 et Sukmasetya, P., Santoso, H. B. et Sensuse, D.

étude systématique de revue de la littérature (SLR) afin d'obtenir un aperçu complet du fonctionnement du domaine de l'e-gouvernement et identifier les éventuelles lacunes afférentes.

I. (2018, octobre). Service public actuel de l'administration en ligne sur la perspective de l'expérience utilisateur en Indonésie. En *2018, Conférence internationale sur les systèmes de technologie de l'information et l'innovation (ICITSI)* (pp. 159-164). IEEE.

Références bibliographiques

Acemoglu, D., & Johnson, R. (2023). « Rééquilibrer l'intelligence artificielle ». Finances & Développement ; FMI.

Acemoglu, D., & Robinson, J. A. (2012). Why Nations Fail: The Origins of Power, Prosperity, and Poverty. New York: Crown Publishers.

Accenture (2004). e-Government Maturity Model: A Framework for Transformation. Accenture

Adams, R. (2021) Emerging Governance Models in Africa. University of Cape Town Press.

Adamu, A., & Oluwaseun, O. (2024). "Leveraging Global Experiences for Local AI Governance Solutions in Africa." African Journal of Public Policy, 22(1), 75-92.

Adepoju, A. (2013). Regional Integration and the Impact of Migration on Development in Africa. Dakar : CODESRIA.

ADETIC. "Déploiement du Réseau à Fibre Optique à N'Djamena". ADETIC, 2022.

ADETIC. "Projets de Centres Communautaires Multimédias et Construction de Pylônes pour la Couverture des Zones Blanches". ADETIC, 202

Afolabi, M. (2021). Artificial Intelligence in Africa: Opportunities and Challenges. Springer.

African Development Bank. African Economic Outlook 2023. African Development Bank Group.

African Development Bank (AfDB). (2023). Reducing the Digital Divide in Africa: Initiatives and Impacts.

African Development Bank (AfDB). (2023). Tailoring AI Technologies to Local Needs: Strategies for Effective Integration.

African Development Bank (AfDB)(2023). "Innovations and Solutions in E-Governance: A Workshop Report". African Development Bank.

African Development Bank (2023). E-Governance in Africa: Case Studies and Best Practices.

African Development Bank. (2022). Infrastructure Challenges and e-Governance Development in Africa.

African Development Bank (2006). Investment in ICT Infrastructure in Africa: Trends and Analysis

African Development Bank. (2022). Institutional Challenges in e-Governance Implementation in Africa

African Development Bank. (2022). The Role of ICT in Governance and Public Administration in Africa

African Digital Governance Review. "Challenges of System Integration and Cost Implications." Journal of African Government Technology, vol. 8, no. 1, 2023, pp. 15-22.

Coursera. (2022). AI and Data Science Education: Opportunities and Challenges in Africa

African Energy Commission (2022). "Sources de production d'électricité en Afrique en 2021." Rapport sur les Énergies en Afrique, vol. 9, no. 1, pp. 40-55.

Africa Progress Panel. (2012). Jobs, Justice and Equity: Seizing Opportunities in Times of Global Change. Geneva : Africa Progress Panel.

African Satellite Network Report (2023). "Déploiement des antennes satellites rurales en Afrique depuis 2018." Africa Telecom Insights, vol. 8, no. 3, pp. 30-35.
African Telecom Policy Review. "Problèmes de connectivité et obstacles réglementaires." *Journal des Politiques Télécoms en Afrique*, vol. 10, no. 3, 2023, pp. 22-30.
African Tower Metrics. "Analyse du nombre de tours de télécommunications en Afrique." Sub-Saharan Telecom Overview, vol. 10, no. 2, 2023, pp. 22-30.
African Union (2023). Internet Governance and Policy Challenges in Africa. African Union Reports.
African Union. (2021). Developing Local Capacities for AI in Africa: Strategies and Recommendations.
African Union. PRIDA: African Digital Platform for ICT Policy and Regulation. African Union Publications, 2023.
African Union. (2022). Regulatory Frameworks for Artificial Intelligence in Africa: Challenges and Opportunities.
African Union. "Stratégie de transformation numérique pour l'Afrique 2020-2030 : Gouvernance numérique." Rapport de la Commission de l'UA, 2023, pp. 55-65.
African Union (2023). Smart Africa Alliance and Institutional Partners. African Union Publications.
Aghina, W., Barton, D., & Wooll, M. (2016). The Age of Automation: The Impact of RPA on Business Processes. McKinsey Quarterly.
AI in Decision-Making. "Autonomous Decision-Making with AI: Perception, Prediction, and Action." International Journal of AI Applications, vol. 11, no. 4, 2023, pp. 45-52
Akpovi, D., & Koffi, A. (2022). "Le rôle des clubs DSI dans l'innovation technologique en Afrique." Revue africaine de Management
Aloisi, A. et Gramano, E. (2019). Artificial intelligence is watching you at work: Digital surveillance, employee monitoring, and regulatory issues in the EU context. . « Automation, Artificial Intelligence and Labour Protection » [numéro thématique], édité par Valerio De Stefano, 41(1), 95-121.
Albano, G. L., & Sparro, M. (2010). Flexible Strategies for Centralized Public Procurement. Review of Economics and Institutions, 1(2), 1-38.
AMN Coverage Report (2023). "Couverture des antennes satellites en Afrique par AMN." Africa Mobile Networks Overview, vol. 6, no. 4, pp. 22-28.
Amritraj, S., & Kaur, G. (2020). The Impact of AI Implementation on Employee Trust and Organizational Credibility. Journal of Information Technology, 35(2), 151-165.
Andersen A. (2000), « e-Gouvernement : réflexions sur l'utilisation les NTICS par les collectivités publiques », http://www.egouvernement.ch.
Andersen, K. V., & Henriksen, H. Z. (2006). E-government maturity models: Extension of the Layne and Lee model. *Government information quarterly*, *23*(2), 236-248.
Anderson, C. (2022). AI-Driven Learning Platforms: Transforming Skills Training in the Digital Age. TechEd Review.
Anderson, C. (2018). "Automating the Freedom of Information Act: The Future of Government Transparency." Journal of Public Administration Research and Theory, 28(3), 503-518.
Andrews, M. (2013). The Limits of Institutional Reform in Development: Changing Rules for Realistic Solutions. Cambridge : Cambridge University Press.

Angwin, J., Larson, J., Mattu, S., & Kirchner, L. (2018). Machine Bias: There's Software Used Across the Country to Predict Future Criminals. And it's Biased Against Blacks. ProPublica.
Arakpogun, E., Kusi, H., & Mwakisoma, H. (2021). "Artificial Intelligence in Africa: A Decade Behind? Analysis of AI Adoption and Government Preparedness." African Journal of Science, Technology, Innovation and Development, 13(2), 163-178
Arakpogun, E. O., Elsahn, Z., Olan, F., & Elsahn, F. (2021). "Artificial Intelligence in Africa:
Challenges and Opportunities." In The Fourth Industrial Revolution: Implementation of Artificial Intelligence for Growing Business Success.
Arnaut, K., Højbjerg, C. K., Raeymaekers, T., & Gibert, M. (2008). Gouvernance et ethnographie en temps de crise. *Politique africaine*, *111*(3), 5-21.
Ashley, K. D. (2017). Artificial Intelligence and Legal Analytics: New Tools for Law Practice in the Digital Age. Cambridge University Press.
Asiedu, E. (2002). "On the Determinants of Foreign Direct Investment to Developing C ountries: Is Africa Different? » World Development, 30(1), 107-119.
Athey, S. (2018). The Impact of Machine Learning on Economics. Annual Review of Economics, 10, 1-31.
Auclair, S. (2023). Penser la protection des renseignements inférés sur la santé des personnes : du contrôle individuel à l'encadrement des utilisations en fonction de leur légitimité. *Éthique publique. Revue internationale d'éthique sociétale et gouvernementale*, *25*(1).
Autonomous Vehicles Technology. "Embedded AI in Autonomous Driving: Enhancing Road Safety." Automotive Technology Insights, vol. 11, no. 1, 2023, pp. 40-50
Autor, D., Levy, F., & Murnane, R. (2003). "The Skill Content of Recent Technological Change."Quarterly Journal of Economics.
Auty, R. M. (2001). Resource Abundance and Economic Development. Oxford : Oxford University Press.
Bagayoko-Penone, N., Hutchful, E., & Luckham, R. (2016). Hybridité et gouvernance de la sécurité en Afrique. *Afrique contemporaine*, *260*(4), 93-109.
Baker, A. (2005) Public Satisfaction and Governance in Africa. African Policy Review, vol. 10, no. 2, pp. 45-60.
Bamba, K. "Gestion des investissements publics et secteur des TIC." Études en Développement Économique, vol. 14, no. 2, 2021, pp. 50-64.
Banda, I. (2023) Building Effective Governance in Africa. African Policy Review, vol. 18, no. 4, pp. 112-130
Banga, K. (2018). Investing in AI for Social Good: The Case of Zipline. Impact Investing Journal, 15(4), 42-56.
Banque Mondiale (2023). "Investissements publics-privés dans les TIC en Afrique 2022." Rapport Annuel sur les Investissements TIC, pp. 15-22.
Banque Mondiale (2021). "Statistiques sur la Pénétration de l'Internet au Sénégal". Banque Mondiale.
Banque mondiale, Rapport sur le développement dans le monde 2021 : des données au service d'une vie meilleure, Wasington DC
Banque mondiale (2012), Rapport sur le développement dans le monde 2011. Conflits, sécurité et développement, World Bank, Washington, DC.
Banque mondiale (2000), Le savoir au service du développement, Rapport sur le développement dans le monde 1998-1999, 1999, BM, Washington DC.

Banque Mondiale. "Sénégal : Profil du Secteur Financier." 2023
Bauer, H. H., Neumann, M. M., & Huber, F. (2020). Artificial Intelligence in Service: Enabling and Inhibiting Factors of AI-driven Services. Journal of Service Research, 23(3), 295-311
Bellina, S., Magro, H., & de Villemeur, V. (2008). *La gouvernance démocratique : un nouveau paradigme pour le développement*. Karthala éditions.
Bélisle-Pipon, J. C. (2022). Éthique du marketing pharmaceutique : Normes éthiques pour des pratiques plus acceptables. *Journal du marketing mondial*, *35*(1), 76-98,
Belouali, S. (2023). Principles for Responsible AI Innovation Throughout the Lifecycle. Journal of AI Ethics, 15(3), 202-215.
Belouali, S. (2023). Cyberlaws and Data Protection in the Context of AI in Africa. African Journal of Information Security, 9(2), 78-92.
Bengio, Y. (2023). AI and catastrophic risk. *Journal of democracy*, *34*(4), 111-121, et Benedek, W., & Kjaerum, M. (2017). Global Governance and the International Rule of Law: The Impact of the United Nations Security Council. Routledge.
Benzinger, L., Ursin, F., Balke, W. T., Kacprowski, T. et Salloch, S. (2023). L'intelligence artificielle devrait-elle être utilisée pour soutenir la prise de décision éthique clinique ? Un examen systématique des raisons. *Éthique médicale BMC*, *24*(1), 48.
Berg, Papageorgiou, & Vaziri. (2023). « Les effets contrastés de la technologie. » Finances & Développement ; FMI.
Berkes, F., Colding, J., & Folke, C. (2003). Navigating Social-Ecological Systems: Building Resilience for Complexity and Change
Bernatchez, J., & Alexandre, M. (2021). De la transition « formation en présence–formation à distance » à l'université au temps de la COVID-19. *Revue internationale des technologies en pédagogie universitaire*, *18*(1), 241-253.
Bernier, N. F. (2003). *Le désengagement de l'État providence*. Pum.
Bertot, J. C., Jaeger, P. T., & Grimes, J. M. (2012). "Promoting transparency and accountability through ICTs, social media, and collaborative e-government." Transforming Government: People, Process and Policy, 6(1), 78-91.
Bimber, B. (1999), « The Internet and Citizen Communication with Government: Does the medium Matter », Political Communication, Vol 16, p. 409-428.
Binns, R. (2020). "E-Government in Africa: A Comparative Study of South Africa and Benin." Government Information Quarterly, 37(1), 45-58
Binns, R. (2018). Taming the AI "Black Box": Mitigating the Risks of AI Hallucinations. Journal of AI Ethics, 3(2), 118-137.
Binns, R. (2018). "Fairness and Abstraction in Sociotechnical Systems". In Proceedings of the 2018 CHI Conference on Human Factors in Computing Systems (pp. 1-12). doi:10.1145/3173574.3173886.
Binns, R., & Friedman, B. (2018). AI and Transparency: The Potential for Increased Openness in Governance. AI & Society Journal, 33(2), 243-255
Birhane, A. (2021). Algorithmic Colonization of Africa. Logic Magazine, Issue 13.
Bishop, C. M. (2006). Pattern Recognition and Machine Learning. Springer.
Black T, White R. Local democracy and participatory governance in Africa. Afr Gov Rev. 2023; 10(2):45-60.
BM Cloud Education. (2021). What is IBM Watson? IBM.
Boch, F., Frier, C. et Rinck, F. (2021). Littéracie et démarches pédagogiques engageantes. *Le français aujourd'hui*, *212*(1), 5-13.

Boddington, P. (2023). L'IA, la philosophie de la technologie et l'éthique. Dans *Éthique de l'IA : un manuel* (pp. 91-130). Singapour : Springer Nature Singapour.

Bojarski, M., et al. (2016). End to End Learning for Self-Driving Cars. arXiv preprint arXiv:1604.07316.

Boudreau LeBlanc, A., & Williams-Jones, B. (2023). Des éthiques collectives à une gestion adaptative des conflits organisationnels : L'outil co P· R· I· M· O· V en gouvernance. *Journal international de bioéthique et d'éthique des sciences*, *34*(3), 103-124

Bouhouita-Guermech, S., Gogognon, P., & Bélisle-Pipon, J. C. (2023). Défis spécifiques posés par l'intelligence artificielle en éthique de la recherche. *Frontières de l'intelligence artificielle*, *6*, 114908

Bourdeau 1, C. (2009). Qualité, efficience et efficacité de l'administration numérique à l'ère des réseaux : l'exemple québécois. *Revue française d'administration publique*, (3), 527-539.

Bonjawo, J. (2002), Internet : une chance pour l'Afrique, Éditions Karthala, Paris.

Booth, D. (2011). Governance for Development in Africa: Building on What Works. Overseas Development Institute

Boudreau, 1, C. (2009). Qualité, efficience et efficacité de l'administration numérique à l'ère des réseaux : l'exemple québécois. *Revue française d'administration publique*, (3), 527-539.

Boutin, M., & Mehiriz, K. Gouverner électroniquement. *32 Une seconde génération de typologies pour les services publics électroniques*, 12.

Boyer, K. K., Hallowell, R. et Roth, A. V. (2002). E-services : stratégie opérationnelle : étude de cas et méthode d'analyse des bénéfices opérationnels. *Journal de la gestion des opérations*, *20*(2), 175-188.

Bratton, M. (2006), « Populations pauvres et citoyenneté démocratique en Afrique », Revue Afrique Contemporaine, N° 220, p. 33-64.

Bratton, M., & Logan, C. (2013). "Voters but not yet Citizens: The Weak Demand for Political Accountability in Africa's Unclaimed Democracies." Democratization, 20(1), 1-26.

Bratton, M., & van de Walle, N. (1997). Democratic Experiments in Africa: Regime Transitions in Comparative Perspective

Bressolles, G. et Durrieu, F. (2011) Impact des dimensions de la qualité de service électronique sur la satisfaction et les intentions de fidélité : différences entre acheteurs et visiteurs, La Revue des Sciences de Gestion (n° 252).

Briggs, J., & Kodnani, D. (2023). "The Potentially Large Effects of Artificial Intelligence on Economic Growth." Goldman Sachs.

Brin, S., & Page, L. (1998). "The Anatomy of a Large-Scale Hypertextual Web Search Engine." Computer Networks and ISDN Systems, 30(1-7), 107-117.

Brinkerhoff, D. W. et Brinkerhoff, J. M. (2015). Réforme de la gestion du secteur public dans les pays en développement : perspectives au-delà de l'orthodoxie du MNP. *Administration publique et développement*, *35*(4), 222-237.

Broadband Commission for Sustainable Development. (2019). The State of Broadband 2019: Broadband as a Foundation for Sustainable Development. International Telecommunication Union (ITU) and United Nations Educational, Scientific and Cultural Organization (UNESCO).

Brynjolfsson, E. & Gabriel Unger. (2023). « Les enjeux macroéconomiques de l'intelligence artificielle. » Finances & Développement ; FMI.

Brynjolfsson, E., & McElheran, K. (2016). "The Digitization of Services: A Review of AI in Public Administration." Harvard Business Review, 94(4), 118-126

Brynjolfsson, E., & McElheran, K. (2016). The Rapid Evolution of Digital Work: Implications for Employment and Inequality. MIT Sloan Management Review.

Brynjolfsson, E., & McElheran, K. (2016). The Second Machine Age: Work, Progress, and Prosperity in a Time of Brilliant Technologies. W. W. Norton & Company.

Brynjolfsson, E., & McAfee, A. (2014). The Second Machine Age: Work, Progress, and Prosperity in a Time of Brilliant Technologies. W.W. Norton & Company.

Bukhari, S. K. U. S., Gul, R., Bashir, T., Zakir, S. et Javed, T. (2023). Exploration des compétences managériales des cadres intermédiaires des universités publiques pakistanaises (PPU) pour la durabilité des campus. *Journal de la finance et de l'investissement durables*, *13*(1), 73-91.

Buolamwini, J., & Gebru, T. (2018). Gender Shades: Intersectional Accuracy Disparities in Commercial Gender Classification. Proceedings of the 1st Conference on Fairness, Accountability and Transparency, 77-91.

Burlacu, S., Patarlageanu, S. R., Diaconu, A., & Ciobanu, G. (2021). E-government in the era of globalization and the health crisis caused by the covid-19 pandemic, between standards and innovation. In *SHS Web of Conferences* (Vol. 92, p. 08004). EDP Sciences.

Busch, C. (2020). "Artificial Intelligence, Platform Competition, and Consumer Welfare: Insights from the European Union." Journal of European Consumer and Market Law, 9(3), 113-121

Busuioc, M. (2021). Accountable Artificial Intelligence: Holding Algorithms to Account. Public Administration Review, 81(5), 825-836

Campion, A., Cordella, A., & Midgley, G. (2020). Challenges in the Adoption of Artificial Intelligence in the Public Sector. Information Polity, 25(3), 237-249

Capgemini consulting, Cigref (2011), Création de valeur par l'usage du système d'information dans le secteur public. Le secteur public à l'heure de la transformation numérique, Document, p. 15-36.

Carothers, T. (2006). Promoting the Rule of Law Abroad: In Search of Knowledge. Washington, D.C. : Carnegie Endowment for International Peace.

Carter, S. M., Degeling, C., Doust, J., & Barratt, A. (2016). A definition and ethical evaluation of overdiagnosis. *Journal of medical ethics*, *42*(11), 705-714

Castells, M. (2010). The Rise of the Network Society. Wiley-Blackwell

Cave, S., & Dignum, V. (2019). The Role of Governance in AI's Future. Nature Machine Intelligence, 1(1), 4-6.

Ceesay, L. B., & Bojang, M. B. (2020). Embracing e-government during the Covid-19 pandemic and beyond: Insights from the Gambia. *Global Journal of Management and Business Research*, *20*(13), 33-41.

Centre d'études africaines, HSE (2023). "E-Governance Knowledge Hub for Africa: Country Profiles and Challenge Registers". Higher School of Economics (HSE).

Centre for Strategic and International Studies (CSIS) (2023). Digital Threats and Cybersecurity in Africa

Centre for Strategic and International Studies (CSIS) (2023). Cybersecurity, Intellectual Property Protection, and Data Privacy in Africa

Chabal, P., & Daloz, J. P. (1999). Africa Works: Disorder as Political Instrument. James Currey and Indiana University.

Chandler, D., & Munday, R. (2020). "A Dictionary of Media and Communication." Oxford University Press.
Chandrasekaran, V., Banerjee, S., & Agrawal, R. (2018). "Chatbots and Conversational Agents: A Comprehensive Overview." IEEE Access, 6, 60282-60299.
Chelliah, J. (2017). Will artificial intelligence usurp white-collar jobs? Human Resource Management International Digest, 25(3), 1-3.
Chen Y. N. & al. (2006), « e-Government strategies in developed and developing countries: An implementation framework and case study », Journal of global information management, pp. 23-46.
Cheeseman, N. (2015). Democracy in Africa: Successes, Failures, and the Struggle for Political Reform. Cambridge : Cambridge University Press
Chui, M., Hazan, E., Roberts, R., Singla, A., & Smaje, K. (2023). The economic potential of generative AI, McKinsey \& Company.
Chui, M., Manyika, J., & Miremadi, M. (2016). Where Machines Could Replace Humans—and Where They Can't (Yet). McKinsey Quarterly
Cissé, M. (2022). "The African Masters of Machine Intelligence: A Landmark Initiative." Journal of Machine Learning and Artificial Intelligence, 18(4), 97-110
Clark, E. (2922) Accountability and Governance in the Post-Cold War Era. Cambridge University Press.
Coalition for African Research and Innovation. (2023). "The Need for Robust African Research & Development."
Coalition pour l'Afrique numérique. (2023). Initiatives pour renforcer l'infrastructure Internet en Afrique. [Informations basées sur les présentations et initiatives connues lors du sommet]
Coe, A., Paquet, G. et Roy, J. (2001) E-gouvernance et communautés intelligentes : un défi d'apprentissage social. Revue d'informatique en sciences sociales, 19, 80-93.
Collaborative Development in AI. "The Role of Frameworks and Libraries in Fostering Collaborative Development." Journal of AI Tools and Resources, vol. 8, no. 3, 2023, pp. 18-26
Collaborative Regulation Practices. "Réglementation collaborative et implication des parties prenantes." International Regulatory Practices Review, vol. 6, no. 2, 2023, pp. 18-26.
Collier, P., & Sambanis, N. (2005). Understanding Civil War: Evidence and Analysis. World Bank Publications.
Collier, P. (2009). Wars, Guns, and Votes: Democracy in Dangerous Places. New York: Harper.
Collier, P. (2007). The Bottom Billion: Why the Poorest Countries are Failing and What Can Be Done About It. Oxford : Oxford University Press.
Commission européenne. (2021). Lignes directrices pour une IA éthique. Commission européenne.
Conseil de l'Europe, Comité européen de coopération juridique (CDCJ), (2021). Étude comparative sur l'utilisation de l'intelligence artificielle dans le droit administratif. Conseil de l'Europe.
Conseil de l'Europe. (2020). *Rapport sur les implications juridiques de l'IA dans le système judiciaire*.
Conseil de l'Europe (2019). L'Administration et vous : Guide des relations entre l'administration et le public. Conseil de l'Europe

Conseil du statut de la femme (2023), Avis sur l'intelligence artificielle : des risques pour l'égalité entre les femmes et les hommes, disponible sur https://csf.gouv.qc.ca
Conseil Économique, Social et Écologique (CESE). (2013), « Gouvernance des services publics », Rapport, Auto-Saisine n° 13/2013.
Corbineau B., Loiseau G., Wojcik S., 2002, « L'Invariance de la démocratie électronique municipale », in Jauréguiberry F., Proulx S., (dir.), Internet, nouvel espace citoyen ? Paris : L'Harmattan, p. 81-108.
Crawford, K. (2021). "Atlas of AI : Power, Politics, and the Planetary Costs of Artificial Intelligence". Yale University Press. ISBN : 978-0300209684.
Crédit Agricole. (2022). Optimisation des opérations de crédit grâce à la RPA : Étude de cas.
Crook, R. C., & Manor, J. (1998). Democracy and Decentralisation in South Asia and West Africa: Participation, Accountability and Performance. Cambridge : Cambridge University Press
Crown Publishing GroupGuston, D. H. (2014). Understanding "Anticipatory Governance". Social Studies of Science, 44(2), 218-243.
Cybersecurity Regulations and Practices (2023). "Réglementation des logiciels libres et exigences en matière de sécurité." Cybersecurity and Compliance Report, vol. 9, no. 4, pp. 22-30.
Dada D. (2006), "The Failure of e-Government in Developing Countries: A Literature Review », The Electronic Journal on Information Systems in Developing Countries, pp.1-10.
Damasio, A. R. (1994). Descartes' Error: Emotion, Reason, and the Human Brain. Penguin Books.
Dastin, J. (2022). "AI and Transparency: Challenges and Solutions in the African Context." International Journal of Public Administration, 45(4), 678-692
Dastin, J. (2020). The Ethics of AI: Developing Responsible and Fair Artificial Intelligence. Journal of Technology and Ethics, 11(2), 45-62.
Dastin, J. (2018). Amazon Scraps Secret AI Recruiting Tool That Showed Bias Against Women. Reuters.
Dastin, J. (2018). How to ensure AI in public services is fair and ethical. The Brookings Institution.
Dastin, J. (2018). Automated Decision-Making and AI: An Overview. Journal of Business Research, 95, 280-292.
Davenport, T. H., & Bean, R. (2018). How Smart, Connected Products Are Transforming Competition. Harvard Business Review, 96(5), 44-53.
Davenport, T. H., & Ronanki, R. (2018). Artificial Intelligence for the Real World. Harvard Business Review, 96(1), 108-116
Dauvergne, P. (2022). L'intelligence artificielle est-elle en train de verdir les chaînes d'approvisionnement mondiales ? Exposer l'économie politique des coûts environnementaux. *Revue d'économie politique internationale*, *29*(3), 696-718.
Deloitte. (2023). Challenges of AI in Audit : Risks and Considerations.
Deloitte. (2023). The Role of Automation in Modern Administration
Deloitte. (2023). AI in Audit : Enhancing Efficiency and Accuracy.
Deloitte. (2022). AI in the Public Sector: Improving Quality and Responsiveness.
Deloitte. (2018). Artificial Intelligence in the Public Sector: Global Trends and Leading Practices. Deloitte Insights.

Devarajan, S., & Reinikka, R. (2004). Making Services Work for Poor People. Washington, D.C. : World Bank.
Devlin, J., Chang, M. W., Lee, K., & Toutanova, K. (2019). BERT: Pre-training of Deep Bidirectional Transformers for Language Understanding. In Proceedings of the 2019 Conference of the North American Chapter of the Association for Computational Linguistics: Human Language Technologies, Volume 1 (Long and Short Papers) (pp. 4171–4186)
Diakopoulos, N. (2016). "Accountability in algorithmic decision-making." Communications of the ACM, 59(2), 56-62.
Digital Infrastructure Insights. "Mise en place d'infrastructures pour l'intégration des services : Centres de données et commutateurs nationaux." Tech and Data Governance Journal, vol. 12, no. 2, 2023, pp. 30-40
Digital Business Africa, « La Stratégie continentale de l'IA et le pacte numérique africain : Utilisation éthique et maximisation des opportunités », article disponible sur https://www.digitalbusiness.africa.
Digital Data Institute. Monitoring and Evaluation of Broadband Penetration and Digital Readiness in Africa. Digital Data Institute, 2023.
Dignum, V. (2018). Responsible Artificial Intelligence: Developing and Using AI in a Responsible Way. Springe.
Diop, M. "La fracture numérique en Afrique de l'Ouest : enjeux et perspectives." Journal Africain des Études Numériques, vol. 12, no. 4, 2021, pp. 78-94
Doe, A. (2022). Streamlining Public Processes through Digital Transformation. Oxford University Press.
Domingos, P. (2015). The Master Algorithm: How the Quest for the Ultimate Learning Machine Will Remake Our World. Basic Books.
Dosse, F. (2020). Michel de Certeau : le marcheur blessé. La découverte et Spelda.
European Union External Action. (2023). Testing and Implementing Electronic Voting in African Contexts.
Doe J, Johnson M. Participatory budgeting and citizen engagement in Africa. Dev Stud Q. 2018 ; 12(1) : 112-30
Dong, Y., Liu, Y., & Wang, L. (2020). "Automatic text summarization and its applications in information retrieval." IEEE Access, 8, 17105-17118.
Doshi-Velez, F., & Kim, B. (2017). "Towards a rigorous science of interpretable machine learning." Proceedings of the 2017 ICML Workshop on Human Interpretability in Machine Learning.
Downey, L., & Rosales, S. (2012). A brief history of user experience in government systems. *Usability in government systems: User experience design for citizens and public servants, 111*,
Du, G., & Elston, F. (2022). RETRACTED ARTICLE: Financial risk assessment to improve the accuracy of financial prediction in the internet financial industry using data analytics models. *Operations Management Research, 15*(3), 925-940.
Dunning C, Williams A. Hybrid governance and traditional authority in African states. Governance and Development Studies. 2021; 14(3):145-60.
Eaglin, J. M. (2021). Artificial Intelligence and the Legal System: Can the Courts and the AI Work Together? Journal of Legal Technology, 22(3), 94-107.
Easterly, W. (2001). The Elusive Quest for Growth: Economists' Adventures and Misadventures in the Tropics.

Educational Support in TensorFlow. "Documentation and Educational Resources: Empowering TensorFlow Developers." Machine Learning Resources Journal, vol. 9, no. 2, 2023, pp. 18-2

EL Attar, A. (2021). De l'E-gouvernement au gouvernement agile ; Expérience du Maroc. *Journal Of Social Science and Organization Management*, *2*(2), 76-90.

El Megder & al. (2005), « Le e-gouvernement et la Modernisation du Secteur Public », département d'Informatique, Université IBN ZOHR.

ENA (2015), « L'administration électronique ou E-administration », Centre de documentation française.

El Fallah-Seghrouchni, A. (2023). Global Ethics Initiatives and the Need for Consensus. RFI Interview.

EPFL. (2021). Utilisation du numérique dans le contexte des villes de l'Afrique de l'Ouest. Centre Excellence in Africa (EXAF).

Ericsson. (2021). Expanding 4G and 5G Networks in Africa: Progress and Future Prospects.

Esteva, A., et al. (2017). A Guide to Deep Learning in Healthcare. Nature Medicine, 25(1), 24-29.

Eubanks, V. (2018). Automating Inequality: How High-Tech Tools Profile, Police, and Punish the Poor. St. Martin's Press.

European Commission. (2021). Proposal for a Regulation Laying Down Harmonised Rules on Artificial Intelligence (Artificial Intelligence Act) and Amending Certain Union Legislative Acts. COM (2021) 206 final.

European Commission. (2019). eGovernment Benchmark 2019: Empowering the Citizens.

European Commission. (2021). Data Protection and Cyber Risk Management in the Digital Age.

European Commission. (2022). Framework for Digital Skills and Competences. EC Digital Skills and Jobs Coalition.

European Commission. (2021). Proposal for a Regulation on Artificial Intelligence. COM(2021) 206 final.

European Commission. (2022). Stratégie pour l'égalité des genres dans les STEM et l'IA

European Environment Agency. (2020). Artificial Intelligence and Environmental Sustainability: Key Issues and Policy Implications. EEA Report No 15/2020.

European Union Agency for Cybersecurity (2023). Cybersecurity Challenges in African E-Governance. ENISA. Accessed August 2024.

Evangelista, R. Pianta, Brynjolfsson, E., & McElheran, K. (2023). The Role of AI in Fraud Detection and Prevention. MIT Press.

Faure, B. (2023). Eco d'ici Eco d'ailleurs : Interview with Amal El Fallah-Seghrouchni. RFI.

Feldman, M., Rojas, J. P., & Rubin, A. (2018). "Big Data and Public Health: Navigating Privacy, Security, and Ethics." American Journal of Public Health, 108(8), 1141-1142.

Feng, S., Jones, M., & Blake, M. (2020). "Voice Interaction with AI: Enhancing Accessibility for All." Journal of Assistive Technologies, 14(2), 145-160.

Few, S. (2012). "Show Me the Numbers: Designing Tables and Graphs to Enlighten." Analytics Press.

Floridi, L. (2020). The Ethics of Artificial Intelligence: A Methodological Approach. Oxford University Press.

Floridi, L., & Cowls, J. (2019). "A Unified Framework of Five Principles for AI in Society." Harvard Data Science Review.

Floridi, L. (2013). The Philosophy of Information. Oxford University Press.

Floridi, L. (2018). L'éthique douce, la gouvernance du numérique et le Règlement général sur la Protection des Données. *Philosophical Transactions of the Royal Society A : Mathematical, Physical and Engineering Sciences*, *376*(2133), 20180081

Folke, C., Carpenter, S. R., Elmqvist, T., Gunderson, L. H., & Walker, B. (2004). Regime Shifts, Resilience, and Biodiversity in Ecosystem Management. Annual Review of Ecology, Evolution, and Systematics, 35, 557-581.

Forrester Research. (2021). Robotic Process Automation in Financial Services: A Comprehensive Analysis.

Frameworks and AI Adoption. "Facilitating AI Adoption through Powerful Tools and Collaborative Cultures." Advances in AI Application, vol. 11, no. 3, 2023, pp. 35-43.

Francesc, P., Miguel, S., Axel, R., & Paula, V. (2019). "Artificial intelligence in education: Challenges and opportunities for sustainable development." UNESCO Working Papers on Education Policy. UNESCO Biblioteca Digital. Technical Report.

Frieden, J. A. (2015). Global Capitalism: Its Fall and Rise in the Twentieth Century. New York: W.W. Norton & Company.

Future of NLP. "Natural Language Processing as a Key to Unlocking Textual Data and Creating Smart Applications." Emerging Technologies in Data Science, vol. 5, no. 5, 2023, pp. 28-36.

Future of Robotics. "The Evolution and Impact of Embedded AI in Robotics." Global Robotics Review, vol. 13, no. 1, 2023, pp. 10-18.

Gans, J. S., & Stern, S. (2020). The Economics of Artificial Intelligence: An Agenda. University of Chicago Press.

Garba, A. (2023). Président de l'IPI (Nigeria). Présentation au deuxième sommet Russie-Afrique. [Informations basées sur la participation de Garba à l'événement]

Garcia, J. M., & Kelly, T. (2015). "The Economics and Policy Implications of Infrastructure Sharing and Mutualisation in Africa." World Bank Group.

Garcia, J. M., & Kelly, T. (2020). "Artificial intelligence for Africa: An opportunity for growth, development, and democratisation." Access Partnership.

Garcia, M., & Harris, A. (2021). Enhancing Workplace Efficiency with Artificial Intelligence. Business Process Management Journal, 27(6), 1397-1412.

García, L., González, M., & Rodriguez, A. (2022). "AI-based Solutions for Accessibility: A Review of Speech Synthesis and Recognition." Universal Access in the Information Society, 21(3), 237-248

Garg, V., Srivastav, S. et Gupta, A. (2018). Application of artificial intelligence for sustaining green human resource management. 2018 International Conference on Automation and Computational Engineering (ICACE), 113-116.

Gartner. (2022). Artificial Intelligence in Public Administration : Enhancing Service Delivery and Efficiency

Gartner. (2023). AI and Risk Assessment in Audit: Enhancing Precision and Effectiveness.

Gbegbelegbe, C., & Houéda, J. (2021). "Challenges and Constraints in AI Adoption in African Countries: A Case Study of the Bénin." African Journal of Technology and Innovation

Gerbod, D., & Paquet, F. (2001). *Les clés de l'e-administration : vade-mecum de l'administration électronique*. Ed. EMS.

Gerbod, D., & Paquet, F. (2001). *Les clés de l'e-administration : vade-mecum de l'administration électronique*. Ed. EMS.

Gerke, S., Minssen, T. et Cohen, G. (2020). Défis éthiques et juridiques des soins de santé axés sur l'intelligence artificielle. Dans *L'intelligence artificielle dans les soins de santé* (pp. 295-336). Presse académique.

Gesture Recognition in Interfaces. "Gesture-Based Interaction: Applications and Challenges." Journal of Gesture Interfaces, vol. 10, no. 3, 2023, pp. 22-30.

Ghallab, M., Nau, D., & Traverso, P. (2004). Automated Planning: Theory and Practice. Morgan Kaufmann. Algorithms, Gene Expression Programming, Wavelets, Hidden Markov Models, Fuzzy Logic with C++, Java and SymbolicC++ Programs (5th ed.). World Scientific.

Ghanimi, H. (2023). Redéfinir le consentement et la confidentialité à l'ère de l'IA. Journal of Digital Privacy and Security, 7(2), 45-59.

Gillespie, T., Boczkowski, P. J., & Foot, K. A. (2019). "Media Technologies: Essays on Communication, Materiality, and Society." MIT Press.

Giuliani, D., & Ajadi, S. (2020). *618 active tech hubs : the backbone of Africa's tech ecosystem. Mobile for Development.*

Global Forum on Cyber Expertise (GFCE). (2022). Préservation de la souveraineté numérique : stratégies et politiques.

Global Partnership for Education. (2022). Global Education Strategy : Bridging the Digital Divide and Enhancing Access to Quality Education.

Godet M. (1991), Manuel de prospective stratégique Tome 1 Une indiscipline intellectuelle, Dunod

Goldberg, D. E. (1989). Genetic Algorithms in Search, Optimization, and Machine Learning. Addison-Wesley.

Gonzalez, R. C., & Woods, R. E. (2018). Digital Image Processing (4th ed.). Pearson.

Goodfellow, I., Bengio, Y., & Courville, A. (2016). Deep Learning. MIT Press

Google.org. (2023). University-Industry Partnerships: Enhancing AI Capabilities in Africa.

Gouglas, A., McNutt, K., & Milewicz, G. (2019). "Artificial Intelligence and Public Sector Organizations: The Canadian Experience." Canadian Public Administration, 62(3), 448-471.

Granger, B. E., & Pérez, F. (2021). Jupyter: Thinking and Storytelling With Code and Data. Computing in Science & Engineering, 23(2), 7-14.

Grigorescu, S., et al. (2020). A Survey of Deep Learning Techniques for Autonomous Driving. Journal of Field Robotics, 37(3), 362-386.

Grus, J. (2019). Data Science from Scratch: First Principles with Python (2nd ed.).

GSMA. (2021). The Mobile Economy Sub-Saharan Africa 2021.

Gunning, D. (2017). Explainable Artificial Intelligence (XAI). Defense Advanced Research Projects Agency (DARPA).

Guterres, A. (2021). Digital Cooperation and the Future of Global Governance. UN Digital Cooperation Roadmap

Gyimah-Boadi, E. (2004). "Civil Society and Democratic Development in Africa: Some Reflections", PNUD.

Gyimah-Boadi, E. (2004). Democratic Reform in Africa: The Quality of Progress. Boulder, CO : Lynne Rienner Publishers.

Hammergren, L. (2007). Envisioning Reform: Improving Judicial Performance in Latin America. University Park, PA: Pennsylvania State University Press.

Hampapur, A., et al. (2005). Smart Surveillance : Applications, Technologies and Implications. Information Technology Outlook 2005, OECD Publishing.

Harris K. Regional Conflicts and State Fragility: Case Studies from the Sahel and the Great Lakes. Conflict Res J. 2020, 22(3):143-58.

Harsch, E. (2013). The African Union: The Impact of Regional Integration. Washington, D.C.: United States Institute of Peace

Heeks R. (2002), « e-Government in Africa: Promise and practice », Institute for development policy and management university of Manchester, the igovernment working paper series, paper no. 13.

Heeks, R. (2001). "Understanding e-Governance for Development", *i-Government Working Paper Series,* Paper No 11

Heeks, R. (2006). Implementing and Managing eGovernment: An International Text. Sage Publications

Heeks, R. (2008). Understanding E-Governance for Development. iGovernment

Heeks, R. (2002). Information and Communication Technologies and Development: Theories and Practice.

Heller, A. (dir. pub.) (2022), Towards Open Justice in Latin America and the Caribbean: an OECD perspective, JUSBAIRES Editorial.

Hennebert, M.-A. et Bourguignon, R. (2021). La gestion des ressources humaines à l'ère numérique : Occasion stratégique ou risque de marginalisation ? Dans J. Bernier (dir.), *L'intelligence artificielle et les mondes du travail. Perspectives sociojuridiques et enjeux éthiques* (99-122). Presses de l'Université Laval.

Herbst, J. (2000). States and Power in Africa: Comparative Lessons in Authority and Control. Princeton, NJ : Princeton University Press.

Hildebrandt, M. (2015). Smart Technologies and the End(s) of Law: Novel Entanglements of Law and Technology. Edward Elgar Publishing.

Hinton, G. E., & Sejnowski, T. J. (1999). "Learning and Relearning in Deep Neural Networks." Nature, 398, 315-321.

Hochschild, J. L., & Park, D. (2020). "Analyzing Public Sentiment and Its Implications for Service Improvement." Public Administration Review, 80(1), 123-135.

Honnibal, M., & Montani, I. (2017). spaCy 2: Natural language understanding with Bloom embeddings, convolutional neural networks, and incremental parsing. Explosion AI

Horn, R. (2023). « Produire plus avec moins. » Finances & Développement ; FMI.

Howard, P. N., Woolley, S. C., & Calderaro, A. (2018). "Algorithms, bots, and political manipulation: A year in review." Journal of Information Technology & Politics, 15(1), 1-15.

Hoy, M. B. (2018). Alexa, Siri, Cortana, and More: An Introduction to Voice Assistants. Medical Reference Services Quarterly, 37(1), 81-88.

Hughes, L., Dwivedi, Y. K., Misra, S. K., Rana, N. P., Raghavan, V. et Akella, V. (2019). Recherche, pratique et politique sur la blockchain : applications, avantages, limites,

thèmes de recherche émergents et programme de recherche. *Revue internationale de gestion de l'information, 49*, 114-129.
Hulin, A. S. (2022). La gouvernance des données en droit civil québécois : comment (re) concilier protection et exploitation des données personnelles ? *Revue internationale de droit économique*, (3), 39-61
Human-Machine Interface Design. "The Role of Human-Machine Interface in Enhancing User Experience." Technology and User Experience Journal, vol. 12, no. 3, 2023, pp. 15-22.
Human-Mimicking AI. "Exploring AI's Capacity to Perform Tasks Requiring Human Intelligence." Cognitive Computing Review, vol. 9, no. 1, 2023, pp. 25-32.
Hutchins, W. J. (2015). "Machine Translation : Past, Present, Future." Ellis Horwood.
Hwang, G. J., Xie, H., Wah, B. W., & Gašević, D. (2020). «Vision, challenges, roles and research issues of Artificial Intelligence in Education. » Computers and Education: Artificial Intelligence.
IAB. (2022). Iterative Development and Feedback in Educational Resource Creation. International Association for Blockchain
IBM. (2023). Anomaly Detection with AI: Identifying Errors and Fraudulent Activities.
IBM. (2023). Enhancing Operational Reliability Through Automation.
ICA (International Communications Association). "Investissements dans les infrastructures de télécommunications en Afrique." Bulletin de l'ICA, vol. 9, no. 3, 2024, pp. 45-52.
ICANN (2008). Domain Name Statistics and Registrar Distribution Report
Imen Khanchel El Mehdi, "Gouvernance et TIC : cas des pays d'Afrique", *Revue Recherches en Sciences de Gestion-Management Sciences-Ciencias de gestión*, n° 86, p. 63 à 84.
Immersive Interfaces in AR/VR. "The Importance of Gesture Interaction in AR/VR Environments." Virtual and Augmented Reality Studies, vol. 11, no. 2, 2023, pp. 35-42.
Intelsat and AMN (2023). "Maintien de l'Internet par satellite en Afrique." Satellite Communications Journal, vol. 13, no. 2, pp. 45-50.
Inter-Agency Cooperation Report. "Encouragement de la coopération inter-agences pour l'interopérabilité." Government Collaboration Review, vol. 7, no. 1, 2023, pp. 18-25.
International Crisis Group. (2017). The Sahel: The State of Play. Brussels: International Crisis Group.
International Crisis Group. (2023). Clientelism and Neo-Patrimonialism in African Institutions
International Energy Agency (IEA). "Africa Energy Outlook 2022." Global Energy Review, 2022, pp. 12-18.
International Finance Corporation (IFC). (2020). Digital Financial Services and COVID-19: Insights from Africa.
International Telecommunication Union (ITU) (2020). Regulatory Guidelines for Extending Internet Connectivity in Remote Areas
International Telecommunication Union (ITU) (2010). Annual Report on Internet Growth and Penetration 2010. ITU Publications, 2010.
International Telecommunication Union. (2022). The State of Broadband 2022: Broadband as a Foundation for Digital Development. ITU Report
International Telecommunication Union. (2021). Building Digital Skills for the Future: Policy Recommendations. ITU Report.

International Telecommunication Union (2022). Measuring the Information Society Report 2022. ITU.
International Telecommunication Union (ITU). "Développement d'une Architecture nationale de gouvernement numérique (NEGA)." NEGA Implementation Guide, 2023, pp. 22-30.
Institute of Electrical and Electronics Engineers (IEEE). (2022). Ethical Considerations in AI: Addressing Bias and Transparency
Islam, M., et *al.* (2022) "Prevalence and determinants of mental health issues among university students during COVID-19 pandemic in Oman: An Online Cross-sectional Study", *International Research Journal of Public and Environmental Health* Vol.9 (2), pp. 43-54, April. Available online at https://www.journalissues.org/IRJPEH/
ITU (2021a), Digital inclusion, International Telecommunication Union, Genève, https://www.itu.int/en/ITU-D/Digital-Inclusion/Pages/about.aspx.
ITU (2021b), Measuring digital development, Facts and figures, International Telecommunication Union, Genève, https://www.itu.int/en/ITUD/Statistics/Documents/facts/FactsFigures2021.pdf.
ITU (2022). Telecommunications Infrastructure and E-Government Platforms. International Telecommunication Union.
Iyer, S., & Adekola, S. (2020). "Strategic Approaches for AI Implementation in Africa: Bridging the Data and Policy Gaps." African Technology Policy Studies Network, 15(2), 112-126.
Jacob, S., & Lawarée, J. (2022). Les mesures publiques dans les stratégies gouvernementales en matière d'intelligence artificielle : une perspective internationale.
Jain, A. K. (2010). Data Clustering : 50 Years Beyond K-means. Pattern Recognition Letters, 31(8), 651-666.
Janssen, M., & Kuk, G. (2016). The challenges and limits of big data algorithms in technocratic governance. Government Information Quarterly, 33(3), 371-377
Janssen, M., & Estevez, E. (2013). "Taming Complexity in Digital Governance: A Systematic Review of E-Government Research." Government Information Quarterly, 30(4), 309-317.
Jennings, N. R., & Wooldridge, M. J. (1998). Applications of Intelligent Agents. In Agent Technology: Foundations, Applications, and Markets. Springer.
Ji, Z., Lee, N., Frieske, R., Yu, T., Su, D., Xu, Y., ... & Fung, P. (2023). Survey of hallucination in natural language generation. *ACM computing surveys*, *55*(12), 1-38.
Jenkins, R. "Les défis de l'allocation des investissements en Afrique." Revue Internationale des Infrastructures, vol. 7, no. 1, 2022, pp. 22-35.
Jia, Q., Guo, Y., Li, R., Li, Y. et Chen, Y. (2018). A conceptual artificial intelligence application framework in human resource management. Proceedings of the International Conference on Electronic Business, 106- 114.
Jiao, W., Huang, J. T., Wang, W., He, Z., Liang, T., Wang, X., ... et Tu, Z. (2023). ParroT : Traduire pendant le chat à l'aide de grands modèles de langage réglés avec la traduction et les commentaires humains. *prépublication arXiv arXiv : 2304.02426.*
Jobin, A., Ienca, M., & Vayena, E. (2019). "The Global Landscape of AI Ethics Guidelines." Nature Machine Intelligence, 1(9), 389-399
Johnson, L. (2022). Economic Impact of ICT Development. Global ICT Review, vol. 15, no. 1, pp. 90-105.
Johnson, R. (2023). Public Engagement in the Digital Age. Springer.

Johnson, R. (2022). Artificial Intelligence in Education: Bridging the Gap in Africa. Springer
Jordan, M. I., & Mitchell, T. M. (2015). "Machine Learning: Trends, Perspectives, and Prospects." Science, 349(6245), 255-260 Microsoft. (2023). Integrating Automation Tools with Existing IT Infrastructure.
Jurafsky, D., & Martin, J. H. (2020). Speech and Language Processing (3rd ed.). Prentice Hall.
Kanyegirire, E. (2021). Rwanda : Leading the Digital Transformation in Africa. Rwanda Development Board. Accessed August 2024.
Katuu, S. (2021). "Digital Transformation and Innovation in Africa: How AI Can Fuel Growth." Technology in Society, 64, 101-110
Kavadias, S., Ladas, K., & Loch, C. (2016). Digital Transformation : The Three Steps to Success. MIT Sloan Management Review, 58(1), 44-51.
Kearns, J. (2023). « L'intelligence artificielle et le secteur financier. » Finances & Développement ; FMI.
Khan, A., Javaid, M., & Khan, S. (2020). "Artificial Intelligence in Public Health." Journal of Biomedical Informatics, 107, 103500.
Kitchin, R. (2014). Big Data and Human Geography: Opportunities, Challenges, and Risks. Dialogues in Human Geography, 4(3), 262-268.
Kitchin, R. (2014). The Data Revolution: Big Data, Open Data, Data Infrastructures and Their Consequences. SAGE Publications.
Kluyver, T., Ragan-Kelley, B., Pérez, F., Granger, B., Bussonnier, M., Frederic, J., ... & Jupyter Development Team. (2016). Jupyter Notebooks – a publishing format for reproducible computational workflows. In Positioning and Power in Academic Publishing: Players, Agents and Agendas (pp. 87-90). IOS
Koffi, A., & Jalloh, M. (2022). "Public-Private Partnerships for AI in Governance: Opportunities and Challenges." Global Journal of Public Administration, 19(2), 204-220
Koffi, A., & Afolabi, J. (2021). "Assessing Africa's Capacity for Technological Ambition: Resources and Challenges." Global Review of Technological Capabilities, 20(4), 89-104
Kogan, L., & Varian, H. R. (2020). Data Science for Government: Enhancing Transparency and Accountability. Cambridge University Press
Kooiman, J. (1993). Modern Governance: New Government-Society Interactions. Sage Publications.
KPMG. (2022). The Evolution of Audit: Adapting to Technological and Regulatory Changes
Kou, G., Lu, Y., Peng, Y., & Shi, Y. (2019). Evaluation of Classifier Performance for Financial Risk Prediction Using Multiple Criteria Decision-Making Methods. Omega, 87, 17-29.
Kroll, J. A., Solove, D. J., & Wertheimer, R. (2021). Accountability in AI: Can Algorithms Be Held Responsible? Journal of Data Protection & Privacy, 5(3), 189-204.
Kubin, E. et C. von Sikorski (2021), « The role of (social) media in political polarization: a systematic review », Annals of the International Communication Association, vol. 45/3, pp. 188-206, https://doi.org/10.1080/23808985.2021.1976070
Kumar, S., & Singh, R. (2023). The Role of Chatbots in Enhancing Customer Service Efficiency. Journal of Service Management.

Kumar, A., Sharma, P., & Rai, A. (2021). "Artificial Intelligence in Government Services: Enhancing Accessibility and Transparency." Government Information Quarterly, 38(1), 101-112

Kumar, V., & Rajan, M. (2021). "Big Data Analytics and Customer Insights: Leveraging AI for Competitive Advantage." Journal of Marketing, 85(3), 123-140

Kuner, C., & Marelli, M. (2017). The General Data Protection Regulation: A Commentary. Oxford University Press

Kuziemski, M. et Misuraca, G. (2020). Gouvernance de l'IA dans le secteur public : trois histoires des frontières de la prise de décision automatisée dans des cadres démocratiques. *Politique des télécommunications*, *44*(6), 101976.

Landemore, H. (2023). « Pour une démocratie plus inclusive grâce à l'IA. », Finances & Développement ; FMI.

Lander, E. et A. Nelson (2021), ICYMI : WIRED (Opinion): Americans Need a Bill of Rights for an AI-Powered World Eric Lander, The White House, Washington DC.

Langlois L. et Régis, C. (2021) "Une analyse de la contribution des chartes éthiques à la construction de l'avenir de la gouvernance de l'intelligence artificielle". Dans Braunschweig, B. et Ghallab, M. (eds.) *Réflexions sur l'intelligence artificielle pour l'humanité*. Notes de cours en informatique, vol. 12600. Springer Cham.

Layne, K., & Lee, J. (2001). "Developing Fully Functional E-Government: A Four Stage Model." Government Information Quarterly, 18(2), 122-136.

LCL. (2022). La transformation numérique chez LCL : Cas d'utilisation de la RPA pour la renégociation de prêts et les tâches de back office.

Le Billon, P. (2013). Wars of Plunder: Conflicts, Profits and the Politics of Resources. London : Hurst & Company.

Lee, N. T., Resnick, P., & Barton, G. (2019). Algorithmic bias detection and mitigation: Best practices and policies to reduce consumer harms.

Lee, J., & Choi, T. (2020). Fostering Knowledge Sharing for Sustaining Competitiveness in Public Sector Organizations. Public Performance & Management Review, 43(4), 964-986

Lessourd Michel, Sylla Cheikhou Issa (2004), NTIC, mondialisation et développement en République du Cap -Vert - in Cheneau-Loquay Annie, dir. Mondialisation et technologies de la communication en Afrique, Paris : Karthala : MSHA. pp. 77-102

Levitsky, S., & Roberts, K. M. (2011). The Politics of Institutional Reform: Lessons from Latin America and Africa. Journal of Comparative Politics, 3(2), 35-55.

Li, Z., & Chen, L. (2021). "Comparative Analysis of AI Integration in E-Governance: Insights from Europe, North America, and Asia." Journal of Global Information Management, 29(3), 47-6

Lips, M., Taylor, J., & Organ, J. (2020). "Digital Government and Public Participation: Practicing What We Preach?" Information Polity, 25(3), 255-271.

Liu, B. (2020). Sentiment Analysis : Mining Opinions, Sentiments, and Emotions (2nd ed.). Cambridge University Press.

Liu, X., Zhang, Y., & Zhou, Y. (2019). "Sentiment Analysis in Public Administration : Using AI to Understand Citizen Feedback." Journal of Information Technology & Politics, 16(2), 145-160.

Lindman, J. et al. (2020), « The uncertain promise of blockchain for government », OECD Working Papers on Public Governance, n° 43, Éditions OCDE, Paris.

Litjens, G., et al. (2017). A Survey on Deep Learning in Medical Image Analysis. Medical Image Analysis, 42, 60-88.

Llorente-Barroso, C., Pretel-Jiménez, M., Abad-Alcalá, L., Sánchez-Valle, M., & Viñarás-Abad, M. (2018). Administración electrónica y comercio electrónico como instrumentos para un envejecimiento activo/E-Administration and e-commerce as tools for active aging. *Aula abierta*, *47*(1), 87-96.

Longoni, C., Cian, L. et Kyung, E. J. (2023). Transfert algorithmique : Les gens généralisent à l'excès les échecs de l'IA au sein du gouvernement. *Journal de la recherche en marketing*, *60*(1), 170-188.

Lorenz-Spreen, P. et al. (2021), Digital Media and Democracy: A Systematic Review of Causal and Correlational Evidence Worldwide, Center for Open Science.

Lynskey, O. (2015). The Foundations of EU Data Protection Law. Oxford University Press.

Lyon, D. (2018). The Culture of Surveillance: Watching as a Way of Life. Polity Press

Makatiani, S., & Tiku, A. (2021). "Artificial Intelligence in Public Service Delivery: The South African Experience." South African Journal of Information Management, 23(1), 45-56

Mansfield, E. D., & Snyder, J. (2007). Electing to Fight: Why Emerging Democracies Go to War.

Marchildon, A., Williams-Jones, B., LeBlanc, A. B., & Verreault, G. Axe Éthique, gouvernance et démocratie. *État de la situation sur les impacts sociétaux de l'intelligence artificielle et du numérique*, 46.

Mario (2019), LEM Working Paper Series No. 2019/36, Scuola Superiore Sant'Anna, Laboratory of Economics and Management (LEM), Pise

Market Insights Africa. "Taille et prévisions du marché des tours de télécommunications en Afrique 2023-2024." African Telecommunications Market Report, vol. 9, no. 2, 2023, pp. 14-20.

Marr, B. (2020). Artificial Intelligence in Practice: How 50 Successful Companies Used AI and Machine Learning to Solve Problems. Wiley.

Martin G, Clarke P. The impacts of international aid on governance and sovereignty. J Int Affairs. 2021 ; 18(2) : 67-82.

Marty, É. (2019). *L'Écriture du jour-Le Journal d'André Gide*. Média Diffusion.

Masoodi, M. J., Abdelaal, N., Tran, S., Stevens, Y., Andrey, S. et Bardeesy, K. (2021, août). La surveillance en milieu de travail et le travail à distance : En explorer les impacts et les répercussions en pleine pandémie de COVID-19 au Canada. https://www.cybersecurepolicy.ca/workplace-surveillance

Mazzucato, M. (2018). The Entrepreneurial State: Debunking Public vs. Private Sector Myths. Penguin Books.

Mbengue, M. (2009) Contribution de l'Internet à l'affirmation de la démocratie en Afrique noire francophone : thèse de doctorat en Science de l'Information et de la Communication soutenue à l'université de Paris 8 Vincennes, Saint-Denis, 330 p.

McCaul, E. (2024). « Des données aux décisions : IA et supervision. » Banque centrale européenne.

McGuinness, T. et H. Schank (2021), Power to the public : the promise of public interest technology, Princeton University Press.

McKinsey & Company. (2023). Navigating the Future: How Governments Can Foster Technological Innovation. McKinsey Report.

McKinsey & Company. (2021). How AI Can Be a Force for Good in Society. McKinsey Global Institute.

McKinsey & Company. (2019). The Case for Digital Transformation in Business

McKinsey & Company. (2021). Productivity and the Role of Automation in the Workplace.
McKinsey & Company. (2021). The Impact of Artificial Intelligence on Public Sector Efficiency.
McKinsey & Company. (2020). Tackling the AI Talent Challenge in the Public Sector. McKinsey Global Institute.
Meijer, A., & Torenvlied, R. (2016). "Social Media and the New Organization of Government Communications: An Empirical Analysis of Twitter Usage by the Dutch Police." The Information Society, 32(2), 170-183.
Meijer, A. J., Curtin, D., & Hillebrandt, M. (2019). "Open government: connecting vision and voice." International Review of Administrative Sciences, 85(1), 25-42.
Mellado, D., Fernández-Medina, E., & Piattini, M. (2018). Security and Privacy in Cloud Computing. Springer.
Mergel, I. (2016). "Social Media Institutionalization in the U.S. Federal Government." Government Information Quarterly, 33(1), 142-148.
Meyer, C., & Schwager, A. (2007). Understanding Customer Experience. Harvard Business Review, 85(2), 116-126.
Mickoleit, A. (2014), « Social Media Use by Governments: A Policy Primer to Discuss Trends, Identify Policy Opportunities and Guide Decision Makers », OECD Working Papers on Public Governance, n° 26, Éditions OCDE, Paris, https://doi.org/10.1787/5jxrcmghmk0s-en.
Microsoft AI. (2023). Cultural Adaptation in AI : Designing for Local Contexts and Languages.
Microsoft. (2023). Integrating Automation Tools with Existing IT Infrastructure.
Mikalef, P., & Gupta, M. (2021). "Artificial Intelligence in Organizations: A Review of the State-of-the-Art and Future Research Directions." Journal of Strategic and International Studies.
MIT Media Lab. (2023). Community-Centric AI Design: Case Studies and Insights.
Mitchell, T. M. (1997). Machine Learning. McGraw-Hill.
Modularity in TensorFlow Keras. "Understanding the Modular Nature of TensorFlow Keras for Custom Model Building." Journal of Machine Learning Architectures, vol. 5, no. 3, 2023, pp. 14-20
Montagna, J. M. (2005). Un cadre pour l'évaluation et l'analyse des propositions gouvernementales électroniques. *Recherche et applications du commerce électronique*, *4*(3), 204-219.
Moore, M. H. (1995). Creating Public Value : Strategic Management in Government. Harvard University Press.
Morley, J., & Floridi, L. (2020). "The Ethics of AI: A Case Study Approach". AI & Society, 35(4), 555-569. doi : 10.1007/s00146-020-00905-5.
Moustier, P., & Hossain, M. (2022). "Building Technological Infrastructure for Artificial Intelligence in Africa." Journal of African Technology, 8(1), 45-62
Moyo, D. (2016). Africa's Public Sector and E-Government: Models of Digital Transformation. Routledge.
Munoko, I., Brown-Liburd, H. L. et Vasarhelyi, M. (2020). Les implications éthiques de l'utilisation de l'intelligence artificielle dans l'audit. *Journal d'éthique des affaires*, *167*(2), 209-234.
Mutsvairo, B., & Mutsvairo, S. (2020). AI and Economic Development: Implications for Africa. Routledge

Mwangi, K., & Kariuki, P. (2023). "AI-Driven Public Service Efficiency in Kenya: A Case Study." East African Journal of Technology and Governance, 12(2), 98-112
Naudé, W. (2010). "Entrepreneurship, Developing Countries, and Development Economics: New Approaches and Insights". Small Business Economics, 34(1), 1-12.
Ndiaye, A. (2019) "Développement des TIC au Sénégal." Revue africaine des Télécommunications, vol. 5, no. 3.
Ndiaye, A. (2023). "L'Impact de l'Intelligence Artificielle sur le Développement numérique au Sénégal." Revue africaine des Télécommunications
Ndiaye, S. (2023). Colonisation numérique et souveraineté africaine : Les enjeux de l'intelligence artificielle. In Conférence sur l'IA et la Gouvernance, Dakar.
N'Diaye, M., & Diallo, T. (2022). "Towards a Sovereign Digital Future: The Case for African Artificial Intelligence." African Journal of Digital Innovation, 10(3), 203-21
Ndiaye, S. (2023). "Advancements in AI Education in Africa: Progress and Prospects." African Education Review, 12(2), 45-62
Ndubuisi, F., & Moyo, D. (2022). Digital Sovereignty and AI in Africa: Challenges and Prospects. Journal of African Digital Governance, 5(1), 45-63.
Nemitz, P. (2018). "Constitutional Democracy and Technology in the Age of Artificial Intelligence." Philosophy & Technology, 31(4), 521-535.
Network Startup Resource Center (NSRC). "Câbles terrestres à fibre optique en Afrique." Rapport sur les Infrastructures de Télécommunications, 2023, pp. 10-15.
Nielsen Norman Group. (2023). User Experience: Improving Interaction and Expectations.
Nilsson, N. J. (2010). The Quest for Artificial Intelligence. Cambridge University Press
NLP in Business. "Automating Customer Interactions and Personalizing Recommendations through NLP." Business and Technology Innovations, vol. 9, no. 4, 2023, pp. 35-42.
Noble, S. U. (2018). Algorithms of Oppression: How Search Engines Reinforce Racism. New York University Press.
Oberdorff H. (2006). "L'administration électronique ou l'e-administration". In: *Recherches et Prévisions,* n° 86. La nouvelle administration. L'information numérique au service du citoyen. pp. 9-18.
Obermeyer, Z., Powers, B., Vogeli, C., & Mullainathan, S. (2019). Dissecting Racial Bias in an Algorithm Used to Manage the Health of Populations. Science, 366 (6464), 447-453
OCDE (2023). « Perspectives de l'emploi de l'OCDE 2023 : intelligence artificielle et marché du travail. ». Rapport.
OECD. (2023). Digital Democracy: The Role of Technology in Public Decision-Making. OECD. (2019). The Path to Becoming a Data-Driven Public Sector.
OECD Digital Government Studies, OECD Publishing
OECD. (2019). AI in the Public Sector: A Roadmap for Public Administrations. Organisation for Economic Co-operation and Development.
OCDE (2022), « Delivering for youth: How governments can put young people at the centre othe recovery », Les réponses de l'OCDE face au coronavirus (COVID-19), Éditions OCDE,
OCDE (2022), Modernising Integrity Risk Assessments in Brazil : Towards a Behaviouralsensitive and Data-driven Approach, Examens de l'OCDE sur la gouvernance publique, Éditions OCDE, Paris, https://doi.org/10.1787/ad3804f0-en.

OCDE (2022), OECD Survey on Drivers of Trust in Institutions: Main Findings Report, OCDE, Paris.
OCDE (2022), Open Government Review of Brazil : Towards an Integrated Open Government, Agenda, OECD Public Governance Reviews, Éditions OCDE, Paris.
OCDE (2022), Strengthening Analytics in Mexico's Supreme Audit Institution: Considerations and Priorities for Assessing Integrity Risks, OECD Public Governance Reviews, Éditions OCDE, Paris, https://doi.org/10.1787/d4f685b7-en.
OCDE (2022), V-Dem's Polarisation of Society Indicator. [46]
OCDE (2021), Base de données de l'OCDE sur les processus et institutions délibératifs représentatifs.
OCDE (2021), « Bridging connectivity divides », Documents de travail de l'OCDE sur l'économie numérique, n° 315, Éditions OCDE, Paris, https://doi.org/10.1787/e38f5db7-en.
OCDE (2021), Countering Public Grant Fraud in Spain: Machine Learning for Assessing Risks and Targeting Control Activities, Examens de l'OCDE sur la gouvernance publique, Éditions.
OCDE. (2002), « Projet de l'OCDE sur l'administration électronique : principales questions et conclusions », Paris.
OECD. (2020). E-Government for Better Service Delivery and Citizen Engagement. Organisation for Economic Co-operation and Development.OCDE, Paris, https://doi.org/10.1787/0ea22484-en.
OECD. (2003). The e-Government Imperative: Enhancing the Efficiency and Effectiveness of Government through Technology. Organisation for Economic Co-operation and Development
OECD (2023). Telecommunications Infrastructure and Citizen Engagement: The Role of Connectivity in Service Delivery.
OECD. (2023). Artificial Intelligence in the Public Sector: Opportunities and Challenges. OECD Digital Government Studies.
OECD. (2022). Technology and Transparency: Leveraging Digital Tools to Enhance Accountability.
OECD. (2021). Repenser l'éducation : Perspectives de genre dans l'enseignement des STIM.
Okot-Uma, R. (2021). "Digital Transformation and E-Governance in Africa: Opportunities and Challenges." African Journal of Information Systems, 13(3), 23-35
Olowu, D., & Wunsch, J. S. (2004). Local Governance in Africa: The Challenges of Democratic Decentralization. Boulder, CO : Lynne Rienner Publishers
Olsson L. Cultural integration in governance: The hybrid model. J Mod Afr Stud. 2020 ; 18(1) : 65-80.
Olukoshi, A. O. (2002). The Elusive Prince of Denmark: Structural Adjustment and the Crisis of Governance in Africa. Nordic Africa Institute.
Omoteso, K. (2012). The application of artificial intelligence in auditing: Looking back to the future. *Expert Systems with Applications*, *39*(9), 8490-8495.
O'Neil, C. (2016). Weapons of Math Destruction: How Big Data Increases Inequality and Threatens Democracy. Crown Publishing Group.
Organisation de Coopération et de Développement Économiques (OCDE). (2014). E-Government Survey 2014: E-Government for the Future We Want. OCDE

Organisation de coopération et de développement économiques (OCDE). (2023). Regulatory Frameworks for Artificial Intelligence and Digitalization
Organisation des Nations Unies (ONU). (2021). Principes directeurs pour l'application des droits de l'homme en lien avec l'intelligence artificielle
Organisation des Nations Unies pour l'Éducation, la Science et la Culture (UNESCO). (2021). Recommandation sur l'éthique de l'intelligence artificielle. UNESCO.
Organisation pour la Coopération et le Développement Économiques (OCDE) (2022). "E-Government in Africa: Trends and Innovations". OCDE Publishing.
Osei, K. (2021) Multisectoral Approaches to Sustainable Development. World Bank Report.
Oxford Insights & International Development Research Centre (IDRC). (2019). AI Readiness in Africa: An Overview. Oxford Insights
Oyelaran-Oyeyinka, B., & Lal, K. (2005). Internet Diffusion in Sub-Saharan Africa: A Cross-Country Analysis. Telecommunications Policy, 29(7), 507-527.
Pan, S. L., & Jang, S. (2021). Cognitive Robotic Process Automation : Technologies, Applications, and Trends. International Journal of Information Management, 56, 102-117. DOI
Parlak, M. (2023). Blockchain-based immutable evidence and decentralized loss adjustment for autonomous vehicle accidents in insurance. *arXiv preprint arXiv:2303.18130.*
Partnerships in the Age of Open Data: A Taxonomy Proposal." International Journal of Electronic Government Research, 11(1), 1-17.
Parunak, H. V. D. (1999). Industrial and Practical Applications of DAI. Multiagent Systems: A Modern Approach to Distributed Artificial Intelligence, MIT Press, 377-421.
Paszke, A., Gross, S., Massa, F., Lerer, A., Bradbury, J., Chanan, G., ... & Chintala, S. (2019). PyTorch: An Imperative Style, High-Performance Deep Learning Library. In Advances in Neural Information Processing Systems (NeurIPS
Pearson, S., & Benameur, A. (2019). Privacy, Security and Trust in Cloud Computing. Computer Communications, 123, 91-102.
Pennycook, G. et Rand, D. G. (2020). Qui tombe dans le piège des fake news ? Les rôles de la réceptivité à la con, de la surenchère, de la familiarité et de la pensée analytique. *Journal de la personnalité*, *88*(2), 185-200.
Petitgand, C. (2024). *Données personnelles : reprenons le pouvoir ! : Réflexions sur la gouvernance citoyenne à l'ère numérique*. Presses de l'Université Laval.
Pfeffer, J., Zorbach, T., & Carley, K. M. (2020). "Understanding Online Firestorms: Negative Word-of-Mouth Dynamics in Social Media Networks." Journal of Marketing Communications, 26(3), 157-173
Pomerantsev, P. (2019). "This Is Not Propaganda: Adventures in the War Against Reality." PublicAffairs.
Porter, M. E. (2001). Competitive Advantage of Nations: Creating and Sustaining Superior Performance. Free Press
Poussart, D. (2021). Gouvernance algorithmique, intelligence artificielle, enjeux, éthique : esquisse d'une analyse critique. « D'après vous en tant que chercheur en IA, quels sont les enjeux d'une gouvernance algorithmique ? L'éthique a-t-elle un rôle à jouer ? ». *Éthique publique. Revue internationale d'éthique sociétale et gouvernementale*, *23*(2).

PNUD, Guide de la planification, du suivi et de l'évaluation axés sur les résultats du développement, 2009
PNUD & Institut Panos Afrique de l'Ouest (2006). "E-gouvernance et participation citoyenne en Afrique de l'Ouest : Défis et opportunités". PNUD & Panos Afrique de l'Ouest.
PNUD, Note de pratique du PNUD : Accès à l'information, octobre 2003
PNUD (2002), Rapport sectoriel : élaboration d'une stratégie d'appui au développement de la gouvernance électronique au Burkina Faso.
Privacy and Security Network (2023). "Problèmes de confidentialité liés aux données stockées à l'étranger." Cybersecurity Journal, vol. 7, no. 1, pp. 25-35.
Programme des Nations Unies pour le développement (PNUD), La gouvernance électronique sensible au genre : Exploration de son potentiel transformatif, 2007
PwC. (2022). Cost Savings and Enhanced Results from Increased Automation.
PwC. (2023). The Impact of Digital Transformation on Audit Practices.
Radford, A., Wu, J., Child, R., Luan, D., Amodei, D., & Sutskever, I. (2019). Language Models are Unsupervised Multitask Learners. OpenAI.
Raji, I. D., & Buolamwini, J. (2020). "Actionable Auditing: Investigating the Impact of Public Policy on AI in Africa." Journal of African Policy Studies.
Raji, I. D., & Buolamwini, J. (2019). Actionable Auditing: Investigating the Impact of Publicly Naming Biased Performance Results of Commercial AI Products. Proceedings of the 2019 CHI Conference on Human Factors in Computing Systems, 1-15.
Ramchurn, S. D., et al. (2011). Agent-Based Control for Decentralized Demand Side Management in the Smart Grid. International Joint Conference on Artificial Intelligence, 144-149.
Reddy, S. K., Kamar, E., & Fox, D. (2020). "Automating Public Service Requests: AI and Machine Learning in Action." Journal of Computational Social Science, 5(1), 21-35
Reljic et al. (2019) - Digital technologies, employment and skills, Reljic, Jelena
République du Bénin (2024). Service-Public.bj : Portail unique de l'Administration béninoise
République du Niger (2010), Déclaration de politique générale de Son Excellence Monsieur Hama Amadou Premier ministre, Chef du Gouvernement, 28 mai 2005 a Syntec informatique, Le livre blanc du cloud computing.
République du Niger, Rapport sur le Programme de Mise en Œuvre du PLAN NICI du Niger, préparé par le HC/NTIC.
Ribeiro, J. (2023). Transparency, Accountability, and Interdisciplinary Collaboration in AI Development. Global AI Governance Forum, 11(2), 45-58.
Ricci, F., Rokach, L., & Shapira, B. (2021). "Recommender Systems Handbook." Springer.
Riley, T. B. (2001). The Role of Governance in Public Administration. Public Administration Review, 61(1), 89-99
Rodrik, D. (2016). Economics Rules: The Rights and Wrongs of the Dismal Science. New York: W.W. Norton & Company.
Rotberg, R. I. (2004). When States Fail: Causes and Consequences. Princeton, NJ : Princeton University Press.
Russell, S., & Norvig, P. (2021). Artificial Intelligence: A Modern Approach (4th ed.). Pearson.

Saetnan, A. R., Schneider, I., & Green, N. (éd.). (2018). *La politique et les politiques du big data : Big data, big brother?* Routledge.
Sagna, B. (2023). "Les Services financiers digitaux au Sénégal." Le Journal de l'Économie numérique
Saidi, N., et Yared, H. (2003). "e-Gouvernement : la technologie au service de la bonne gouvernance, du développement et de la démocratie dans les pays de la région MENA". *Forum de recherche économique.*
Sauret, J. (2004). Efficacité de l'administration et service à l'administré : les enjeux de l'administration électronique. Revue française d'administration publique, pp. 279-295.
Scherer, M. U. (2016). "Regulating Artificial Intelligence Systems: Risks, Challenges, Competencies, and Strategies." Harvard Journal of Law & Technology, 29(2), 353-400.
Schoeman, W., Moore, R., Seedat, Y., & Chen, J. Y. J. (2021). Artificial Intelligence: Is South Africa ready? Accenture–Gordon Institute of business Science: University of Pretoria.
Schramm, M., & Nguyen, T. (2022). "Enhancing Citizen Experience through AI: Case Studies and Insights." International Journal of Public Sector Management, 35(3), 295-310
Searle, J. R. (1980). Minds, Brains, and Programs. Behavioral and Brain Sciences, 3(3), 417-457.
Seo, K., Tang, J., Roll, I., Fels, S., & Yoon, D. (2021). "The impact of artificial intelligence on learner-instructor interaction in online learning." International Journal of Educational Technology in Higher Education.
Shabani, M. (2023). Intégrer les valeurs morales et éthiques dans les solutions basées sur l'IA. *Ethics and AI Journal,* 8(3), 76-88.
Shabani, M. (2022). Formation et sensibilisation en IA pour le personnel soignant. Medical AI Training Journal, 12(4), 101-113.
Sherry Turkle. (2015). Reclaiming Conversation: The Power of Talk in a Digital Age. Penguin Books.
Shinn, D. H., & Eisenman, J. (2012). China and Africa: A Century of Engagement. Philadelphia, PA : University of Pennsylvania Press.
Shoham, Y., & Leyton-Brown, K. (2009). Multiagent Systems: Algorithmic, Game-Theoretic, and Logical Foundations. Cambridge University Press.
Shum, H.-Y., He, X., & Li, D. (2018). From Eliza to XiaoIce: Challenges and Opportunities with Social Chatbots. Frontiers of Information Technology & Electronic Engineering, 19(1), 10-26.
Simchi-Levi, D., Kaminsky, P., & Simchi-Levi, E. (2008). Designing and Managing the Supply Chain: Concepts, Strategies, and Case Studies (3rd ed.). McGraw-Hill.
Simon, H. A. (1957). Models of Man: Social and Rational. John Wiley & Sons.
Singla, A. et Jangir, H. (2020, février). Une approche comparative de l'analyse prédictive avec l'apprentissage automatique pour la détection des fraudes des données financières en temps réel. En *2020, Conférence internationale sur les tendances émergentes en matière de communication, de contrôle et d'informatique (ICONC3)* (pp. 1-4). IEEE.
Smart Africa. Partnership Agreement with BOAD: Digital Transformation Projects in Africa. Smart Africa Press Release, 8 June 2023.

Smith, J. (2021) Internet Connectivity in Africa: Historical Perspectives. University of Nairobi Press.

Smith, J. (2021). Digital Leadership in Public Administration. Harvard University Press.

Smith, J., & Williams, L. (2024). "AI Training Programs in Africa: A Comparative Study." Global Review of AI Education, 21(1), 74-90

Smoke, P. (2003). "Decentralization in Africa: Goals, Dimensions, Myths and Challenges." Public Administration and Development, 23(1), 7.

Solove, D. J. (2021). Understanding Privacy. Harvard University

Sow, B. et al. "Gouvernance électronique et développement en Afrique de l'Ouest." Cahiers africains de l'Informatique, vol. 8, no. 2, 2020, pp. 101-120.

Staff, C. A. C. M. (2012). BufferBloat: what's wrong with the internet? *Communications of the ACM*, *55*(2), 40-47.

Stallman, R. (2019). Free Software, Free Society: Selected Essays. Free Software Foundation.

Stanimirovic, D., & Vintar, M. (2013). Conceptualization of an Integrated Indicator Model for the Evaluation of e-GovernmentPolicies. Electronic Journal of egovernment, p. 11.

St-Amant, G. (2005). E-Gouvernement : cadre d'évolution de l'administration électronique. Systèmes d'information et Management.

Stone, P., & Veloso, M. (2000). Multiagent Systems: A Survey from a Machine Learning Perspective. Autonomous Robots, 8(3), 345-383.

Stritecky, V. (2020). L'avenir du lien entre l'homme et l'intelligence artificielle et ses coûts environnementaux. *Contrats à terme*, *117*, 102531

Submarine Cable Consortium (2024). "Défaillances récentes des câbles sous-marins en Afrique." African Submarine Cable Report, vol. 11, no. 1, pp. 18-25.

Sukmasetya, P., Santoso, H. B. et Sensuse, D. I. (2018, octobre). Service public actuel de l'administration en ligne sur la perspective de l'expérience utilisateur en Indonésie. En *2018, Conférence internationale sur les systèmes de technologie de l'information et l'innovation (ICITSI)* (pp. 159-164). IEEE.

Sun, Y., Wang, Z., & Jiao, P. (2019). "Data-driven decision-making in government: The role of AI and Big Data." Public Administration Review, 79(6), 841-850.

Susarla, A., Gopal, R., Thatcher, J. B. et Sarker, S. (2023). L'effet Janus de l'IA générative : tracer la voie vers une conduite responsable des activités savantes dans les systèmes d'information. *Recherche sur les systèmes d'information*, *34*(2), 399-408.

Susha, I., Janssen, M., & Zuiderwijk, A. (2015). "Data Collaboratives as a New Frontier of Cross-Sector

Sutton, R. S., & Barto, A. G. (2018). Reinforcement Learning: An Introduction (2nd ed.). MIT Press

Szeliski, R. (2022). Computer Vision : Algorithms and Applications (2nd ed.). Springer.

Tan, H., Li, J., He, M., Li, J., Zhi, D., Qin, F. et Zhang, C. (2021). Évolution mondiale de la recherche sur l'énergie verte et les technologies environnementales : une étude bibliométrique. *Journal de la gestion de l'environnement*, *297*, 113382

Tan, C. W., Pan, S.L. & Lim, E. (2003), "E-governance: towards a strategic convergence of stakeholder interests", conference paper.

Tavares, M. C., Azevedo, G. et Marques, R. P. (2022). Les défis et les opportunités de l'ère 5.0 pour une société plus humaniste et durable – une revue de la littérature. *Sociétés*, *12*(6), 149.

Tegmark, M. (2017). Life 3.0: Being Human in the Age of Artificial Intelligence. Knopf.
Telecom Africa Review (2023). "Acteurs clés du marché des tours de télécommunications en Afrique." African Telecom Industry Review, vol. 7, no. 4, pp. 50-55.
TensorFlow's Architecture and Capabilities. "Exploring TensorFlow's Modular Architecture and Its Role in AI Development." Journal of AI Tools and Applications, vol. 8, no. 4, 2023, pp. 12-19.
Thomas, G., & Jenkins, M. (2022). Creative Tasks and AI: The Shift from Repetitive to Innovative Work. Technology and Innovation Management Review, 12(3), 50-62
Toll, D., Lindgren, I., Melin, U., Madsen, C. Ø. (2019). Artificial intelligence in Swedish policies: Values, benefits, considerations and risks. Dans Lindgren, I., Janssen, M., Lee, H., Polini, A., Rodríguez Bolívar, M. P., Jochen Scholl, H., Tambouris, E., Electronic government, 18th IFIP WG 8.5 International conference, EGOV 2019, San Benedetto Del Tronto, Italie, 248-261.
Topol, E. J. (2019). Deep Medicine: How Artificial Intelligence Can Make Healthcare Human Again. Basic Books.
Toure, Mamadou. Sustainable Development Policies in Africa. In Governance and Development in Africa, edited by Jean-Pierre Mbembe, Routledge, 2023, pp. 75-89.
Tourpe, H. (2023). Promesses et périls de l'intelligence artificielle. IMF.
Transparency International. (2020). Corruption Perceptions Index 2020. Berlin : Transparency International.
Transparency International. (2022). Technology and Transparency: Leveraging Disruptive Technologies to Combat Corruption.
Tripp, A. M. (2015). Women and Power in Post-Conflict Africa. Cambridge : Cambridge University Press.
Turnbull, J. (2000). Governance and Accountability in the Public Sector. Journal of Public Administration Research and Theory, 10(3), 509-528.
Turner Lee, Resnick, & Barton, (2019). Bias and Error in AI Systems: Implications for Auditing.
Turner M. Conflict and Governance in Africa. J Afr Stud. 2022 ; 26(1) : 45-60
Ubaldi B. (2013), « L'administration électronique, support de l'innovation dans les services publics », Revue française d'administration publique, pp. 449-464.
Ubaldi, B., Van Ooijen, C., & Welby, B. (2019). State of the Art in the Use of Emerging Technologies in the Public Sector. OECD Working Papers on Public Governance, No. 31.
Üçoğlu, D. (2022). Challenges and threats to environmental accounting and reporting. In *Modern Regulations and Practices for Social and Environmental Accounting* (pp. 1-25). IGI Global Scientific Publishing, p. 174.
UEMOA. "Rapport sur le Développement de l'Infrastructure numérique et des Datacenters dans la Zone UEMOA". Bureau de l'UEMOA, 2022.
UiPath. (2023). Advanced Features of UiPath: Image Recognition, RPA, and System Integration.
UNCTAD. (2019). Digital Economy Report 2019 : Value Creation and Capture – Implications for Developing Countries. United Nations Conference on Trade and Development
UNCTAD. "Toolkit pour les Startups : Guide pour les Pays en Développement". Conférence des Nations Unies sur le Commerce et le Développement (CNUCED), 2021.

UN Department of Economic and Social Affairs. (2016). E-Government Survey 2016: E-Government in Support of Sustainable Development. United Nations.
UNDP (2019), Rapport sur le développement humain, disponible sur https://hdr.undp.org/
UNDP (2004). Information and Communication Technologies for Development: A Global Perspective.
UNESCO. (2021). Digital Transformation and Governance: The Role of ICTs in Building Inclusive Knowledge Societies. United Nations Educational, Scientific and Cultural Organization
UNESCO. (2022). Guidelines for Open Access Learning Resources in Public Sector Capacity Building. UNESCO Publications.
UNESCO. (2020). AI in Education : Challenges and Opportunities. UNESCO Publishing.
UNESCO. (2021). AI and Gender Equality: Challenges and Opportunities. UNESCO Publishing.
UNESCO (2021) "Recommendation on the Ethics of Artificial Intelligence", disponible sur https://unesdoc.unesco.org/ark:/48223/pf0000380455
UNESCO, « Intelligence artificielle », article disponible sur https://www.unesco.org.
UNESCO. (2019). Guide pour l'intégration de la dimension de genre dans les programmes d'éducation scientifique.
UNESCO. (2022). Building Skills for the Digital Age: The African Youth Challenge.
Union africaine (2023). "Accord de la ZLECAf et Ses Implications pour l'UEMOA". Union africaine.
Union Internationale des Télécommunications (UIT)(2023). "Obstacles à la connectivité Internet dans les zones éloignées et les pays enclavés." Rapport sur les Défis de Connectivité, pp. 12-18.
United Nations Development Programme (UNDP). (2022). Citizen Engagement in AI Governance: Best Practices and Strategies
United Nations Economic and Social Commission for Asia and the Pacific (UNESCAP). (2016). The Role of E-Government in Reducing Paperwork and Improving Efficiency.
Union africaine. (2021). Plan cadre de coopération pour la transformation numérique de l'Afrique. Union africaine.
United Nations. (2023). Preparing for Electronic Voting: Cultural and Technical Considerations
United Nations Department of Economic and Social Affairs (UNDESA). (2018). United Nations E-Government Survey 2018: Gearing E-Government to Support Transformation towards Sustainable and Resilient Societies. UNDESA
United Nations Development Programme (UNDP). (2023). Enhancing Citizen Engagement through ICT: Case Studies and Best Practices.
United Nations Development Programme (UNDP). (2022). Enhancing Public Services Through Technology: The Role of AI in African Governance
United Nations. (2021). AI for Good: Aligning Artificial Intelligence with Global Needs. United Nations Publications
Université de Montréal. (2018). Rapport de la déclaration de Montréal pour un développement responsable de l'intelligence artificielle. https://www.declarationmontreal-iaresponsable.com

Uzan-Naulin, J., Monnier, S., Griffith, I., & Shapiro, A. J. (2024). “Décisions marquantes de l’année 2023 en matière de vie privée et de protection des renseignements personnels”, Les Cahiers de propriété intellectuelle, Vol. 36, no 1 & 2, pp. 163-217.

Vallée, O. (2006). La construction de l’objet corruption en Afrique. *Afrique contemporaine*, *220*(4), 137-162.

Van de Walle, N. (2001). African Economies and the Politics of Permanent Crisis, 1979-1999.

Van der Aalst, W. M. (2018). Process Mining: Data Science in Action (2nd ed.).

Van Wyk, L., & Ndou, M. (2022). "Enhancing Public Service Access through AI in South Africa: Innovations and Impacts." South African Journal of Public Administration, 39(3), 33-49

Vaswani, A., Shazeer, N., Parmar, N., Uszkoreit, J., Jones, L., Gomez, A. N., ... et Polosukhin, I. (2017). L’attention est tout ce dont vous avez besoin. *Progrès dans les systèmes de traitement de l’information neuronale*, *30*.

Vincent-Lancrin, S., & Van der Vlies, R. (2020). Trustworthy artificial intelligence (AI) in education: Promises and challenges. *OECD education working papers*, (218), 0_1-17.

Vlachos, A., & Riedel, S. (2014). "Fact Checking: Task Definition and Dataset Construction." Proceedings of the Workshop on Language Technologies and Computational Social Science, 18-22.

Vlahogianni, E. I., et al. (2014). Short-Term Traffic Forecasting: Where We Are and Where We’re Going. Transportation Research Part C : Emerging Technologies, 43, 3-19.

Volley. (2023). Transforming Workforce Learning with AI: The Volley for Enterprise Platform. Volley Inc.

Wajcman, J. (2017). "Technology, Gender and Society". SAGE Publications. ISBN : 978-1473966626.

Wang, Y., Mishra, S., Alipoormolabashi, P., Kordi, Y., Mirzaei, A., Arunkumar, A., ... et Khashabi, D. (2022). Super-natural instructions : Généralisation via des instructions déclaratives sur 1600+ tâches nlp. *prépublication arXiv arXiv : 2204.07705*.

Wang, W. Y., Dredze, M., & McDonald, R. (2020). "Twitter and the Arab Spring: A Quantitative Analysis of the Social Media Reactions." Journal of Social Media Studies, 5(3), 45-63.

Wang, Y., Wang, J., & Zhang, C. (2019). "Chatbots in Public Services : Enhancing Citizen Engagement with AI." Government Information Quarterly, 36(1), 56-64

Wang, X., Zhang, Y., & Ren, Z. (2019). "Personalized Information Retrieval and Summarization in the Age of AI." Information Processing & Management, 56(3), 856-868.

Weiss, G. (2013). Multiagent Systems (2nd ed.). MIT Press.

Weng, S. F., Reps, J., Kai, J., Garibaldi, J. M. et Qureshi, N. (2017). L’apprentissage automatique peut-il améliorer la prédiction du risque cardiovasculaire à l’aide de données cliniques de routine ? *PloS one*, *12*(4).

West, D. M. (2017). Digital Government: Technology and Public Sector Performance. Brookings Institution Press.

Widner, J. A. (2001). Building the Rule of Law: Francis Nyalali and the Road to Judicial Independence in Africa. New York: W.W. Norton & Company

Williams, S. (2020). The End of the Cold War and Its Impact on Governance in Africa. African Journal of International Affairs, vol. 15, no. 1, pp. 23-37.
Wilson, J., & Daugherty, P. (2020). The Future of Work: How AI is Automating Routine Tasks. Harvard Business Review, 98(1), 34-45.
Wilson J, Adams P. Managing governance complexity in hybrid systems. J Afr Govern. 2023; 17(1):50-70. Brown, T. B., Mann, B., Ryder, N., Subbiah, M., Kaplan, J., Dhariwal, P., Neelakantan, A., Shyam, P., Sastry, G., Askell, A., Agarwal, S., Herbert-Voss, A., Krueger, G., Henighan, T., Child, R., Ramesh, A., Ziegler, D. M., Wu, Winter, C., ... & Amodei, D. (2020). Language Models are Few-Shot Learners. In Advances in Neural Information Processing Systems (NeurIPS), 33, 1877-1901.
Wirtz, B. W., Weyerer, J. C. et Geyer, C. (2019). Artificial intelligence and the public sector: Applications and challenges. International Journal of Public Administration, 42(7), 596-615.
Wirtz, B. W., Weyerer, J. C., & Geyer, C. (2019). Artificial intelligence and the public sector—Applications and challenges. International Journal of Public Administration, 42(7), 596-615.
WiziShop. (2023). WiziShop e-Commerce Solution : Features and Benefits. WiziShop Official Website
Women in AI (WAI). (2021). Rapport sur les biais de genre dans l'intelligence artificielle, disponible sur https://www.womeninai.co/.
Wong, K. C., & Lau, J. H. (2020). Smartwatch Technology and Its Role in Health Monitoring. Journal of Biomedical Informatics, 109, 103530.
Wooldridge, M. (2009). An Introduction to MultiAgent Systems (2nd ed.), Wiley.
World Bank. (2023). "The Size and Distribution of Digital Connectivity Gaps in Sub-Saharan Africa," rapport.
World Bank. (2023). Infrastructure and Connectivity Challenges in Sub-Saharan Africa
World Bank. (2023). "The Size and Distribution of Digital Connectivity Gaps in Sub-Saharan Africa," rapport.
World Bank. (2023). Responsive Government Services: Ensuring User-Friendly Access to Public Data and Services
World Bank (2023). Doing Business Indicators and Competitiveness Analysis 2023. World Bank Publications.
World Bank (2023). "GovTech Metadata: Integration of Digital Government Systems in Africa." Digital Governance Insights, mars, pp. 5-12.
World Bank (2023). Rwanda's Digital Infrastructure and Smart Nation Vision.
World Bank (2023). "State of Digital Government Integration in Africa." GovTech Integration Report, mars, pp. 20-28.
World Bank. (2021). The Digital Divide: Bridging the Gap for Better Connectivity
World Bank. (2021). Public-Private Partnerships : Improving Infrastructure and Services. World Bank
World Bank. E-Governance and Public Administration Quality: A Framework. World Bank Publications, 2021
World Bank (2021) "Now is the time for africa's digital transformation" https://www.worldbank.org.
World Bank. (2021). Digital Infrastructure for Development: Challenges and Opportunities in Africa.
World Bank (2020). Artificial intelligence in the public sector: Maximizing opportunities, managing risks. EFI Insight-Governance. Washington, DC.

World Bank (2020). Artificial intelligence in the public sector: Maximizing opportunities, managing risks. EFI Insight-Governance. Washington, DC.

World Bank. (2019). Digital Governance in Africa: Leveraging AI for Accountability and Transparency. World Bank Group

World Bank. (2018). Digital Government: Transforming Public Services. World Bank Group.

World Bank. (2016). World Development Report 2016: Digital Dividends. World Bank Group

World Bank (1990). World Development Report: Poverty. Oxford University Press, 1990.

World Economic Forum. (2020). AI Governance: A Holistic Approach to Managing AI Risks. World Economic Forum White Paper

World Economic Forum. (2022). The Future of Jobs Report 2022. World Economic Forum.

World Economic Forum. (2023). Participatory Approaches in AI Implementation: Ensuring Relevance and Inclusivity.

World Economic Forum. (2022). Emerging Technologies and Their Impact on Global Transformation

World Health Organization. (2020). Universal Health Coverage: Moving Together to Build a Healthier World. Geneva : World Health Organization.

Wu, Y., Schuster, M., & Chen, Z. (2016). "Google's Neural Machine Translation System: Bridging the Gap between Human and Machine Translation." arXiv preprint arXiv:1609.08144.

Wu, S. T., et al. (2020). Natural Language Processing in Healthcare: A Review. IEEE Journal of Biomedical and Health Informatics, 24(8), 2358-2372.

Yannakakis, G. N., & Togelius, J. (2018). Artificial Intelligence and Games. Springer.

Yao, Y., Wang, P., Tian, B., Cheng, S., Li, Z., Deng, S., ... et Zhang, N. (2023). Modification de grands modèles de langage : problèmes, méthodes et opportunités. *prépublication arXiv arXiv : 2305.13172*.

Y Combinator. (2023). Kudi.ai : Leveraging AI for Localized Customer Service Solutions. Y Combinator Showcase.

Yildiz, M., Welch, E. W., & Feeney, M. K. (2019). "Transparency in Government: The Use of Data Visualizations in Public Administration." Public Performance & Management Review, 42(4), 930-951.

You, X., Wang, C. X., Huang, J., Gao, X., Zhang, Z., Wang, M., ... et Liang, Y. C. (2021). Vers des réseaux de communication sans fil 6G : vision, technologies habilitantes et nouveaux changements de paradigme. *Science Chine sciences de l'information*, *64*, 1-74.

Zhang, Y., Liu, X., & Jiang, J. (2021). "Combating Fake News with Explainable AI: A Case Study of Rumor Detection on Social Media." ACM Transactions on Intelligent Systems and Technology, 12(4), 1-21

Zhang, R., & Li, W. (2020). "AI-Enhanced Cybersecurity: Detecting and Preventing Threats." Journal of Information Security, 9(2), 101-11

Zendesk. (2023). AI and Automation in Customer Support: Enhancing Interactions and Response Times. Zendesk

Zeng, J., Wu, T., & Cui, H. (2019). Application of AI in Smart Assistants. Journal of AI Research, 34(2), 301-320.

Zhang, Y., & Li, X. (2022). Advanced AI Techniques in Detecting and Preventing Financial Fraud. International Journal of Financial Management, 34(2), 145-162.

Zhou, L., et al. (2017). Computer Vision Applications in Retail. Visual Computing for Industry, Biomedicine, and Art, 1(1), 1-8.

Zuboff, S. (2019). The Age of Surveillance Capitalism: The Fight for a Human Future at the New Frontier of Power. PublicAffairs.

Zuiderwijk, A., & Janssen, M. (2014). "Open data policies, their implementation and impact: A framework for comparison." Government Information Quarterly, 31(1), 17-29.

Table des matières

Structures éditoriales du groupe L'Harmattan

L'Harmattan Italie
Via degli Artisti, 15
10124 Torino
harmattan.italia@gmail.com

L'Harmattan Hongrie
Kossuth l. u. 14-16.
1053 Budapest
harmattan@harmattan.hu

L'Harmattan Sénégal
10 VDN SICAP AMITIE 3
BP 45034 Dakar-Fann
direction@senharmattan.com

L'Harmattan Cameroun
Tsinga/Derrière polyclinique FECAFOOT
BP 11486 Yaoundé
Jacques.koukam@harmattan.fr

L'Harmattan Burkina Faso
Villa 281, secteur 23 623, rue 14.32
Ouagadougou
zagbie@outlook.fr

L'Harmattan Guinée
Almamya, rue KA 028 OKB Agency
BP 3470 Conakry
harmattanguinee@yahoo.fr

L'Harmattan RDC
185, avenue Nyangwe
Commune de Lingwala – Kinshasa
matangilamusadila@yahoo.fr

L'Harmattan Congo
219, avenue Nelson Mandela
BP 2874 Brazzaville
deunovmikhael@gmail.com

L'Harmattan Mali
Immeuble Mgr Jean Marie Cissé
Aci Hamadallaye
BP 145 Bamako
syllaka@yahoo.fr

L'Harmattan Togo
Djidjole – Maison Amela
face EPP BATOME
02 BP 20680 Lomé
didieramela11@gmail.com

L'Harmattan Côte d'Ivoire
Résidence Karl – Cité des Arts
Abidjan-Cocody
03 BP 1588 Abidjan
harmattan.ivoire@gmail.com

L'Harmattan Bénin
Rue 604, (Immeuble à l'entrée
de la rue UCAO- Cite de Saint-Jean)
Cotonou
stepcorpus@gmail.com

Nos librairies en France

Librairie internationale
16, rue des Écoles
75005 Paris
librairie.internationale@harmattan.fr
01 40 46 79 11
www.librairieharmattan.com

Librairie des savoirs
21, rue des Écoles
75005 Paris
librairie.sh@harmattan.fr
01 46 34 13 71
www.librairieharmattansh.com

www.ingramcontent.com/pod-product-compliance
Lightning Source LLC
La Vergne TN
LVHW010950061026
849535LV00006B/1654